贵州省交通运输厅技术指南

贵州省高速公路绿化工程植物选择指南

Plant Selection Guide for Highway Greening Engineering in Guizhou Province

JTT 52/01—2014

主编单位：贵州省交通规划勘察设计研究院股份有限公司
　　　　　贵州省交通建设工程质量监督局
　　　　　贵州黔贵园艺景观有限公司
批准部门：贵州省交通运输厅
实施日期：2014 年 2 月 10 日

图书在版编目(CIP)数据

贵州省高速公路绿化工程植物选择指南 / 贵州省交通规划勘察设计研究院股份有限公司等主编. --北京：人民交通出版社股份有限公司，2014.7
ISBN 978-7-114-11466-3

Ⅰ.①贵… Ⅱ.①贵… Ⅲ.①高速公路－绿化规划－园林植物—贵州省—指南 Ⅳ.①S731.8-62

中国版本图书馆 CIP 数据核字(2014)第 122388 号

贵州省交通运输厅技术指南
书　　名：贵州省高速公路绿化工程植物选择指南
著　作　者：贵州省交通规划勘察设计研究院股份有限公司
　　　　　　贵州省交通建设工程质量监督局
　　　　　　贵州黔贵园艺景观有限公司
责任编辑：周　宇　潘艳霞
出版发行：人民交通出版社股份有限公司
地　　址：(100011)北京市朝阳区安定门外外馆斜街 3 号
网　　址：http://www.ccpress.com.cn
销售电话：(010)59757973
总 经 销：人民交通出版社股份有限公司发行部
经　　销：各地新华书店
印　　刷：北京市密东印刷有限公司
开　　本：880×1230　1/16
印　　张：4.75
字　　数：110 千
版　　次：2015 年 2 月　第 1 版
印　　次：2015 年 2 月　第 1 次印刷
书　　号：ISBN 978-7-114-11466-3
定　　价：33.00 元

(有印刷、装订质量问题的图书由本公司负责调换)

贵州省交通运输厅文件

黔交科教〔2014〕第3号

关于发布《贵州省高速公路绿化工程植物选择指南》的通知

各市(州)交通运输局、厅属各有关单位、各高速公路业主单位、仁怀市交通运输局、威宁县交通运输局:

由贵州省交通规划勘察设计研究院股份有限公司、贵州省交通建设工程质量监督局、贵州黔贵园艺景观有限公司编制的《贵州省高速公路绿化工程植物选择指南》已完成,现予发布,编号为 JTT 52/01—2014,自2014年2月10日起实施。

该指南由贵州省交通运输厅组织出版、发行,由贵州省交通规划勘察设计研究院股份有限公司负责解释。各单位在该指南实施过程中,将修改意见和建议及时反馈至贵州省交通运输厅科教处。

贵州省交通运输厅
2014 年 2 月 7 日

前　言

高速公路建设逐步向精细、环保、人性化方向发展。绿化工程对于公路融于自然、恢复生态作用重大，为选取更符合当地气候、土壤等条件的植物，指导省内高速公路绿化工程设计，贵州省交通运输厅组织编写了《贵州省高速公路绿化工程植物选择指南》，以进一步规范该项工作，并使高速公路达到"一条大道、两路风景、三季有花、四季洁美"的景观效果。

本指南结合贵州省的实际编写，包含总则、术语和定义、贵州高速公路环境特征及立地区划分、贵州高速公路绿化工程设计及植物选择要点、贵州高速公路绿化工程植物选择和植物配置示例。

批 准 部 门：贵州省交通运输厅

主 编 单 位：贵州省交通规划勘察设计研究院股份有限公司
　　　　　　　贵州省交通建设工程质量监督局
　　　　　　　贵州黔贵园艺景观有限公司

主要起草人：潘　海　许湘华　张晓忠　漆贵荣　张　林　龙万学
　　　　　　　凌桂香　杨德龙　张晓龙　陈健蕾　张海波　周　森
　　　　　　　杨　寅　韩　超　李少娜　李　涛　周　明　周伦高
　　　　　　　董　翔

审 查 人：陈志刚　罗　强　康厚荣　粟周瑜　张　恒　梅世龙
　　　　　　　马显红　丁贵杰　祝小科　安明态　周洪英　王建国
　　　　　　　段树明　蹇华雄

目 录

1 总则 ·· 1
   1.1 适用范围 ·· 1
   1.2 绿化工程设计原则 ·· 1
   1.3 植物选择原则 ·· 1

2 术语和定义 ··· 3

3 贵州高速公路环境特征及立地区划分 ·· 5
   3.1 地理位置 ·· 5
   3.2 地形地貌 ·· 5
   3.3 气候 ·· 5
   3.4 高速公路绿化立地区划分 ·· 5
   3.5 各立地区概况 ·· 6

4 贵州高速公路绿化工程设计及植物选择要点 ·· 8
   4.1 绿化工程总体设计 ·· 8
   4.2 绿化工程设计内容 ·· 8
   4.3 绿化工程植物选择要点 ··· 8

5 贵州高速公路绿化工程植物选择 ·· 10
   5.1 绿化工程植物选择划分 ··· 10
   5.2 绿化工程植物选择 ·· 10
   5.3 主要绿化备选植物特性 ··· 18

6 植物配置示例 ·· 61
   6.1 黔北中山峡谷立地区植物配置示例 ··· 61
   6.2 黔中中山丘原立地区植物配置示例 ··· 62
   6.3 黔南低中山峰丛盆谷立地区植物配置示例 ·· 63
   6.4 黔东北低山丘陵立地区植物配置示例 ·· 64
   6.5 黔东南低山丘陵立地区植物配置示例 ·· 65
   6.6 黔西偏干性高原中山立地区植物配置示例 ·· 66
   6.7 黔西南偏干性中山、河谷立地区植物配置示例 ····································· 67

1 总则

1.1 适用范围

为指导贵州省高速公路绿化工程设计,选取更符合绿化工程设计要求的适宜当地气候、土壤等条件的植物种类,制定本指南。本指南适用于贵州省境内高速公路新建、改建和修复绿化工程。

1.2 绿化工程设计原则

1.2.1 满足功能要求的原则

绿化工程除了美化公路外,还应满足一定的功能要求,如中央分隔带的防眩要求、互通立交三角区域的视线通透要求等。

1.2.2 恢复性原则

恢复性是指在高速公路绿化设计中运用多种生态修复手段来恢复已遭破坏的生态环境。如针对高速公路建设过程中形成的大量边坡,选择适当的植物护坡绿化措施,恢复边坡的植被,以起到固土护坡作用。

1.2.3 自然式原则

自然式与传统的规则式设计相对应,通过植物群落设计和地形起伏处理,从形式上表现自然,立足于将公路环境充分融入自然环境中,创造和谐、自然的新景观。

1.2.4 和谐统一的原则

公路沿线的山岭、平原、河流,构成美丽的风景,千变万化的植被体现出一种自然美。公路作为一种构造物,既要满足车辆通行的基本要求,又要达到自然与再造的和谐统一。

1.2.5 突出景观效果的原则

公路通过各类植物的合理搭配,不仅能够显现丰富的层次性,最重要的是合理的群落配置,可以使花期、果期和植物季相变化形成延续性和变化性,使高速公路达到"一条大道、两路风景、三季有花、四季洁美"的景观效果。

1.3 植物选择原则

1.3.1 功能性原则

选择满足高速公路绿化功能要求的植物,对部分工程区域绿化植物有特殊要求的需满足其相应功能。

1.3.2 适应性原则

适应性原则是指因地制宜,适地适树,注重乡土植物应用,突出地方特色;也可以适当引种、驯化一些效果好、适应性强的园林绿化植物,以丰富高速公路绿化效果。

1.3.3 经济性原则

在进行绿化设计时,植物的选择需要综合考虑其景观性、生态性及经济性。在保证景观效果、生态效益的情况下,选择经济性较高的植物。

1.3.4 多样性原则

植物选择以乔、灌、草相结合,常绿为主,常绿与落叶相结合,速生树与慢生树相结合,营造多层次的植物群落。

2 术语和定义

(1) 乔木 arbor

指多年生木本植物,具有高大而明显的主干,并多次分枝,可明显地分为树冠和枝下高两部分。

(2) 灌木 shrub

通常没有明显主干,多年生木本植物,高在3m以下,分枝从近地面处开始,无明显树冠和枝下高区分。

(3) 藤本(攀缘)植物 vine

茎细长而柔软,缠绕或攀缘其他物体上升的植物。茎木质化的称木质藤本,茎草质的称为草质藤本。茎细长而柔软,不能独立向上生长,必须依靠特殊器官(吸盘、吸附根、卷须和缠绕茎等)依附于其他物体上,才能伸展于空中的植物,称为藤本植物,亦称攀缘植物。

(4) 草本植物 herb

茎内木质部不发达,木质化细胞较少的植物,植株一般较小,茎干一般柔软,多数在生长季终结时,其整体或地面上部死亡。根据其完成整个生活史的年限长短,可分为一年生草本植物、两年生草本植物和多年生草本植物。

(5) 针叶树 needle-leaved plant

裸子植物,其叶多为针状或鳞片状,种子一般裸露在果鳞上。

(6) 阔叶树 broad-leaved plant

叶片一般比较大而且喜湿的植物。

(7) 季相 seasonal aspect

植物在不同季节表现的外貌。

(8) 生境 habitat

指生物的个体、种群或群落生活地域的环境,包括必需的生存条件和其他对生物起作用的生态因素。

(9) 生态习性 ecological habitus

生物与环境长期相互作用下所形成的固有适应属性。

(10) 立地条件 site condition

指在一定地段上体现气候、地质、地貌、土壤、水文、植被等对植物生存、生长有重大意义的生态环境因子的综合条件。

(11) 立地区 site type district

根据地带性内部水热条件的次级分异和大地貌单元特性的立地一级分区,区内气候、地貌、土壤类型及其组合具有明显特点。

3 贵州高速公路环境特征及立地区划分

3.1 地理位置

贵州位于我国西南地区东南部,东接湖南、西连云南、南衔广西、北临重庆、四川,地处东经103°36′~109°35′、北纬24°37′~29°13′。全省国土总面积176 167km²,占全国总面积的1.84%。

3.2 地形地貌

贵州地貌属于中国西部高原山地,通称贵州高原,境内地势西高东低,向北、东、南三面倾斜,平均海拔在1 100m左右。贵州地貌的特征之一是高原山地居多,素有"八山一水一分田"之说。全省地貌可概括分为高原山地、丘陵和盆地三种类型,其中,92.5%的面积为山地和丘陵。境内山脉众多,重峦叠嶂,绵延纵横,山高谷深。北部有大娄山,自西向东北斜贯北境,川黔要隘娄山关海拔1 444m;南部苗岭横亘,主峰雷公山海拔2 178m;东北境有武陵山,由湘蜿蜒入黔,主峰梵净山海拔2 572m;西部高耸乌蒙山,属此山脉的赫章县珠市乡韭菜坪海拔2 900.6m,为贵州境内最高点。而黔东南州的黎平县地坪乡水口河出省处,海拔147.8m,为境内最低点。特征之二是境内岩溶地貌分布范围广泛,喀斯特(出露)面积109 084km²,占全省总面积的61.9%,且形态类型齐全,地域分异明显,构成一种特殊的岩溶生态系统。

3.3 气候

贵州属亚热带湿润季风气候。由于纬度较低,海拔较高,地表崎岖,北来的冷空气团和南来的暖空气团经常交汇与此,形成准静止锋。因此,省内以黔中为代表的大部分地区气候特点是:冬无严寒,夏无酷暑,无霜期长,雨量充沛,阴雨日多,日照少,气候温和湿润,雨热同季。

全省年平均气温在10~20℃之间,以威宁10.5℃最低,罗甸19.6℃最高,省内其他广大地区年平均气温多在14~16℃之间。最热月份(7月)全省平均气温在17~28℃之间,以铜仁、思南、沿河、赤水等河谷地区28℃最高,以威宁17.8℃最低。最冷月份(1月)全省平均气温1~10℃,以西部大方、威宁、赫章一带1.8℃最低,以南部册亨、望谟、罗甸一带边缘地区8℃以上最高。

3.4 高速公路绿化立地区划分

3.4.1 立地区划分目的

贵州的地理位置特点和地理环境的复杂性,使公路路域立地分化复杂,类型多样,其所适应树种差异很大,反映出明显的地域分异规律。根据这些规律,做出高速公路绿化立地区划分,对绿化设计方案合理布局,选择适宜当地生长环境条件的植物,避免盲目选取不适宜当地气候条件或较名贵的树种,做到"适地适树"等具有重要意义。

3.4.2 立地区划分结果

贵州公路立地区划分参照《贵州森林立地区划》,共分为7个立地区(图3-1)。
(1)黔北中山峡谷立地区;
(2)黔中中山丘原立地区;
(3)黔南低中山峰丛盆谷立地区;
(4)黔东北低山丘陵立地区;

(5)黔东南低山丘陵立地区；
(6)黔西偏干性高原中山立地区；
(7)黔西南偏干性中山、河谷立地区。

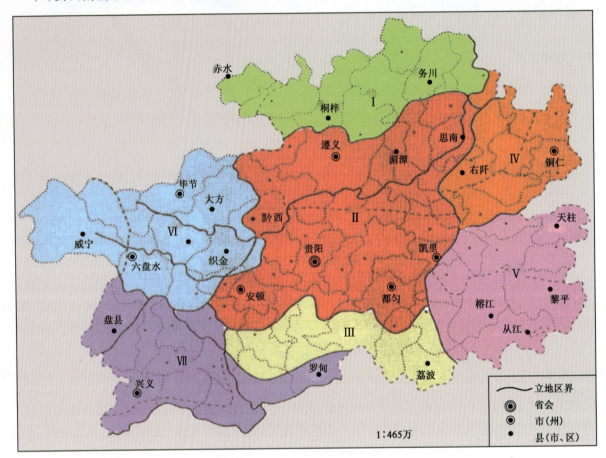

图 3-1 贵州公路立地区示意图

3.5 各立地区概况

3.5.1 黔北中山峡谷立地区

本区主要包括大娄山北坡以及赤水、乌江河谷下游地区，为贵州高原北部斜坡地带，赤水河、松坎河、芙蓉江、洪渡河、乌江干流深切其中，形成中山峡谷地貌。本区以砂页岩中山中层黄壤、砂页岩低山中厚层黄壤、白云岩中山薄层黄色石灰土类型为多。山地海拔一般为 900～1 200m，平均气温 14～16.5℃，年均降水量 1 100～1 300mm，气候属温和春夏半湿类型，河谷地区属温热湿润类型。地带性植被为湿润常绿阔叶林，以含樟楠、山茶科种属的栲树林为典型，河谷地区有桫椤、霸王鞭等喜热性种类。

3.5.2 黔中中山丘原立地区

本区大致包括大娄山以南，苗岭以北，东至佛顶山、凯里、丹寨一线，西以黔西、织金、关岭、北盘江一线为界。地貌多山原中山，以碳酸盐中山薄层黄色石灰土类型分布最广，煤系砂页岩中山中厚层黄壤类型在碳酸盐岩间呈条块状分布，数量也较多，立地质量较好。海拔一般 1 100～1 300m，相对高差小于 300m，年平均气温 13.5～15.5℃，年降水量 1 100～1 200mm，气温属温和春夏半湿及春干夏湿类型。地带性植被为湿性常绿栎林，石灰岩山地为常绿落叶阔叶混交林。

3.5.3 黔南低中山峰丛盆谷立地区

本区位于苗岭以南,是贵州山原向广西丘陵过渡的南斜坡地带,以碳酸盐低中山薄层石灰土类型为主。山地海拔700～1 300m,地势起伏较大,相对高差可达500～700m,涟江、各必河、曹渡河、六洞河、樟江等深切其中,形成峡谷及河谷盆地。年平均气温15～19.5℃,年降水量1 200～1 300mm,属温热春半干夏湿气候类型,水热条件较好,地带性植被以石灰岩常绿落叶阔叶混交林为主。

3.5.4 黔东北低山丘陵立地区

本区范围大致为乌江以南、镇远、三穗一线以北地区,武陵山地北东向由湘西贯入本区。地势西、南高,北、东低,区内除梵净山隆起为高中山外,大部分为海拔1 000m以下的低山丘陵,相对高差一般小于300m。以砂页岩低山中厚层黄壤和丘陵厚层黄红壤类型较多,碳酸盐岩山地中薄层黄色石灰土类型在乌江沿岸和松桃、铜仁、玉屏一线较为普遍。平均气温16～17℃,年降水量1 100～1 300mm,属温和湿润类型,西部春夏半湿、东部春湿夏半湿。地带性植被为中亚热带典型栲树林。

3.5.5 黔东南低山丘陵立地区

本区范围大致包括凯里、丹寨、三都一线以东地区,属江南台隆地区,地势西高东低,除雷公山隆起为中山地形外,其余多为800m以下的低山丘陵,大部分为变质岩低山厚层黄壤、黄红壤类型。年均气温15.5～16.5℃,从江、榕江达18℃,年均降水量1 200～1 300mm,属温热湿润气候。地带性植被为中亚热带典型的含樟楠类的栲树林。

3.5.6 黔西偏干性高原中山立地区

本区范围大致包括毕节市大部分(除金沙和黔西),六盘水市全部。大部分为海拔1 400～2 400m的高原中山,地貌主要有高原、高中山、中山、低中山类型,岩性主要有碳酸盐岩、砂页岩、紫色岩、玄武岩、第四纪黏土,土壤主要有山地棕壤、黄棕壤、黄壤、紫色土,石灰土等。年均气温10～15℃,年均降水量800～1 200mm,北部高原高中山地区属温凉春干夏湿气候类型,南部中山属温和春干夏湿类型。地带性植被类型为偏干性常绿栎林。

3.5.7 黔西南偏干性中山河谷立地区

本区范围主要包括黔西南州大部分地区和黔南州的罗甸县。地势由西、北向东倾斜。地貌以中山、中原、河谷为主;岩性以碳酸盐岩、砂页岩为主;土壤以山地黄壤、黄红壤、红壤性土和黄色石灰土、红色石灰土为主。在中、北部碳酸盐岩中山中薄层石灰土类型较多,砂页岩类型比例较小,南部以砂页岩中山中层黄壤、黄红壤类型为主,河谷地区以砂页岩中厚层红壤性土类型为多。年均气温14～17℃,南部18～19℃,年降水量1 250～1 550mm,气候类型由北向南由温和、温热到暖热,但均属春干夏湿类型。地带性植被为偏干性常绿栎林和河谷半湿性常绿阔叶林。

4 贵州高速公路绿化工程设计及植物选择要点

绿化工程植物选择首先要满足沿线道路交通功能的需要,改善行车条件,使高速公路更为安全、快捷、舒适,同时给道路增添色彩,使道路更具地域特色及观赏性。

4.1 绿化工程总体设计

总体设计应在工程技术的基础上结合园林、生态学原理,充分利用地形地貌、当地苗木资源,结合沿线土壤、气候以及自然、人文环境,进行植物造景,力求创造源于自然、融入自然的公路绿化。为此,应利用公路两旁的自然植物群落,结合公路环境中人工植物群落的建立,采用障景、借景等造景手法,通过植被的分割变化来衬托道路的植被轮廓线,从而形成一条绿色风景线。

为便于后期养护,可结合地形在洼地修砌地表水收集池(低位水池),以备必要时通过泵送浇灌,满足植物生长对水分的需求,达到降低养护成本的目的。

在路基工程基本贯通,绿化工程准备实施前,设计单位应对项目沿线局部区域立地条件进行实地核对,修改完善植物选型。

4.2 绿化工程设计内容

(1)中央分隔带绿化工程;
(2)路堤边坡绿化工程;
(3)挖方路侧绿化工程;
(4)互通式立交绿化工程;
(5)隧道出入口区域绿化工程;
(6)弃土场绿化工程;
(7)服务设施、管养设施站场绿化工程;
(8)路堑边坡绿化工程。

4.3 绿化工程植物选择要点

(1)中央分隔带的绿化和美化直接体现着高速公路的美观与舒适,是高速公路的主体组成部分。根据其具有遮光防眩、引导视线、美化环境、降低噪声、隔离车道的特点及给广大驾乘人员一种安全、舒适、自然美感的要求,植物的选择常常以常绿、慢生、耐寒、耐旱、耐修剪为原则,防眩乔木列植并适当点缀花草、灌木,色彩搭配在一定限度内充分表现植物的季相变化,并形成丰富的层次。

(2)挖方路侧绿化工程以美化沿线公路路侧为目的,使之具有良好的功能性及景观性。通常情况下路侧种植区域宽度较窄,因此,在方案中通常采用列植的形式,主要以常绿乔木、灌木、花草相搭配,所选植物规格不宜过大。

(3)互通立交作为高速公路一个重要的节点,此区域的绿化工程也是比较重要的一项内容,因为互通绿化区域较大,且受到地形的影响,所以此处的绿化方案没有一定的模式,可以是自然式的群落配置方式,在地形较为平整的区域同样可以营造规整的色块和图案。在植物的选择上,通过不同植物的搭配种植,突出绿化的层次感及立体效果,追求植物的季相变化,以达到四季有景可观、三季有花可赏的绿化效果。部分互通在条件允许时,可考虑经营及管养需要,种植经济林及路段常规植物,以增加收益或对绿化中的病株、死株进行替换及补种。

(4)隧道出入口填平或挖平区域,作为高速公路绿化工程的另一个重要节点,可以通过植物的搭配来展现其优美的景观性。在植物配置方面,因为出入口区域宽度和长度通常情况下都较大,因此,要注意给驾乘人员在视线上营造一定的节奏感、韵律感。

(5)对于弃土场区域的绿化工程要注重水土保持、遮挡裸露土层的要求,因此,在选择植物上,主要以适应性较强,对土壤以及水分要求都不高,生长较快以及覆盖率较好的植物为主。在条件允许时,应考虑经营及管养需要,可以种植经济林及路段常规植物。

(6)服务区、停车区及收费站等站场绿化工程与高速公路其他区域有所区别。站场区域作为工作人员、驾乘人员等工作、休息的场所,绿化是可以供其驻足观赏的,因此,在植物选择时,可选植物种类较多,且植物的配置方式也较为多样化,可以孤植、群植、列植等,还可以通过植物营造一定的空间,以满足人员活动、休息的需要。

(7)高速公路路堤、路堑边坡的植物防护和绿化不仅能够防止水土流失,还能够有效地改善公路生态环境。土质边坡绿化应重视草、花、灌不同配比的发芽率、覆盖率等指标,岩质边坡不宜采用喷播种植土方式绿化,应在坡脚及平台上砌筑种植池并选用藤本(攀缘)植物进行绿化。

5 贵州高速公路绿化工程植物选择

5.1 绿化工程植物选择划分

根据各立地区不同的气候、土壤等特点，分布植物有所区别，各立地区高速公路不同工程区域植物选择方案见表5-1(未含经济植物)，备选植物特性见表5-2～表5-5。

5.2 绿化工程植物选择

5 贵州高速公路绿化工程植物选择

表 5-1 植物选择表

立地区名称及编号	高速公路工程区域		植物名称及编号
黔北中山峡谷立地区（Ⅰ区）	中央分隔带		乔木：塔柏 4，紫薇 5，山茶 11； 灌木：海桐 72，黄杨 69，金叶女贞 73，红叶石楠 70
	路堤边坡		灌木：黄花槐 79，胡枝子 104，紫穗槐 103，蔷薇 64； 草本：金鸡菊 117，紫花苜蓿 123，波斯菊 113
	挖方路侧		乔木：刺桐 1，复羽叶栾树 6，柳杉 19，紫荆 55，紫薇 5，山茶 11，梧桐 34，碧桃 13，山柱英 49； 灌木：木夫蓉 77，海桐 72，红花檵木 71，黄杨 69，金叶女贞 73，红叶石楠 70，紫花檵木 84，紫叶小檗 88，杜鹃 67，龟甲冬青 80，黄花槐 79，南天竹 90，十大功劳 98，法国冬青 82
	互通式立交		乔木：刺桐 1，银杏 24，香樟 23，复羽叶栾树 6，桂花 19，雪松 26，罗汉松 30，白玉兰 15，合欢 27，紫荆 55，日本花柏 37，厚朴 40，鹅掌楸 28，枫香树 7，四照花 58，杨梅 52，碧桃 13，山柱英 49； 灌木：海桐 72，火棘 68，红花檵木 71，黄杨 69，金叶女贞 73，红叶石楠 70，迎春花 84，紫叶小檗 88，龟甲冬青 80； 草本：黑麦草 115，波斯菊 113，紫花苜蓿 123
	隧道出入口		乔木：刺桐 1，楠竹 3，慈竹 62，紫竹 63，小箬竹 61，水杉 35，南方红豆杉 47，银杏 24，白玉兰 15，桂花 19，合欢 27，紫荆 55，龙爪槐 31，厚朴 40，鹅掌楸 28，木荷 46，四照花 58，杨梅 52，罗汉松 30； 灌木：海桐 72，蜡梅 91，红花檵木 71，红叶石楠 70，紫叶小檗 88，金丝桃 95； 草本：波斯菊 113，紫花苜蓿 123
	站场		乔木：刺桐 1，楠竹 3，慈竹 62，紫竹 63，山茶 11，紫薇 5，罗汉松 30，白玉兰 15，桂花 19，合欢 27，紫荆 55，龙爪槐 31，厚朴 40，鹅掌楸 28，银杏 24，南方红豆杉 47，苏铁 81，南天竹 90，十大功劳 98，蜡梅 91，月季 87，金丝桃 95，石榴 99； 灌木：海桐 72，榆叶梅 53，灯台树 56，山茶 11，红花檵木 71，火棘 68，夹竹桃 92，红叶石楠 70； 草本：黑麦草 115，波斯菊 113，紫花苜蓿 123
	弃土场		乔木：柏木 43，女贞 48，刺槐 32，柳杉 45； 灌木：火棘 68，夹竹桃 92，檵木 83； 草本：葎草 118，香根草 127
	路堑边坡	岩质边坡	藤本：常春油麻藤 107，爬山虎 110，常春藤 108，葛藤 109
		土质边坡	灌木：黄花槐 79，胡枝子 104，紫穗槐 103，蔷薇 64； 草本：金鸡菊 117，紫花苜蓿 123，黑麦草 115，波斯菊 113，狗牙根 114

续上表

立地区名称及编号	高速公路工程区域		植物名称及编号
黔中中山丘原立地区（Ⅱ区）	中央分隔带		**乔木**：塔柏 4，山茶 11，紫薇 5； **灌木**：红叶石楠 70，红花檵木 71，海桐 72，黄杨 69
	路堤边坡		**灌木**：黄花槐 79，胡枝子 104，紫穗槐 103，蔷薇 64； **草本**：波斯菊 113，白三叶 112，金鸡菊 117，早熟禾 122，紫花苜蓿 123，狗牙根 114
	挖方路侧		**乔木**：鸡爪槭 8，复羽叶栾树 6，柳杉 2，紫薇 5，山茶 11，梧桐 34，碧桃 13； **灌木**：红花檵木 71，红叶石楠 70，紫叶小檗 88，金叶女贞 73，紫梅 75，海桐 72，黄杨 69，迎春花 84，黄花槐 79，胡颓子 85，野扇花 101，龟甲冬青 80，西南红山茶 76，紫玉兰 65，南天竹 90
	互通式立交		**乔木**：三角枫 9，鸡爪枫 8，枫香树 7，复羽叶栾树 6，雪松 26，银杏 24，香樟 23，桂花 19，合欢 27，广玉兰 14，紫荆 55，紫薇 5，华山松 18，厚朴 40，红花木莲 12，碧桃 13，鹅掌楸 28，四照花 58，喜树 50，杨梅 52，槭树 45，木荷 46； **灌木**：红叶石楠 71，红叶石楠 70，金叶女贞 73，紫叶小檗 88，海桐 72，火棘 68，黄杨 69，夹竹桃 92，迎春花 84； **草本**：波斯菊 113，白三叶 112，金鸡菊 117，紫花苜蓿 123
	隧道出入口		**乔木**：三角枫 9，鸡爪枫 8，枫香树 7，复羽叶栾树 6，雪松 26，桂花 19，合欢 27，紫荆 55，紫薇 5，南方红豆杉 47，罗汉松 30，凹叶厚朴 60，深山含笑 17，红花檵木 12，鹅掌楸 28，榛木 59，红果罗浮槭 44，四照花 58； **灌木**：红叶石楠 70，红花檵木 71，金叶女贞 73，紫叶小檗 88，海桐 72，龟甲冬青 80，金丝桃 95； **草本**：波斯菊 113，白三叶 112，金鸡菊 117，紫花苜蓿 123
	站场		**乔木**：三角枫 9，鸡爪枫 8，银杏 24，雪松 26，罗汉松 30，白玉兰 15，广玉兰 14，桂花 19，枫杨 29，合欢 27，紫荆 55，水杉 35，日本香柏 38，南方红豆杉 47，罗汉松 30，厚朴 40，鹅掌楸 28，木荷 46，四照花 58，灯台树 56； **灌木**：红叶石楠 71，红叶石楠 70，海桐 72，火棘 68，夹竹桃 92，榆树 58，栀子花 89，紫玉兰 65，南天竹 90，十大功劳 98，绣球 100，含笑 78； **草本**：波斯菊 113，白三叶 112，金鸡菊 117，紫花苜蓿 123，鸢尾 121
	弃土场		**乔木**：柏木 43，刺槐 32，华山松 18，柳杉 45，女贞 48； **灌木**：千头柏 96，火棘 68，檵木 83，夹竹桃 92； **草本**：狗牙根 114，鸢尾 121，早熟禾 122
	路堑边坡	岩质边坡	**藤本**：常春油麻藤 107，狗牙根 114，爬山虎 110，胡枝子 104，常春藤 103，蔷薇 64；
		土质边坡	**灌木**：黄花槐 79，狗牙根 114，白三叶 112，金鸡菊 117，早熟禾 122，葛藤 109 **草本**：波斯菊 113，白三叶 122，紫花苜蓿 123

5 贵州高速公路绿化工程植物选择

续上表

立地区名称及编号	高速公路工程区域		植物名称及编号
黔南低中山峰丛盆合立地区（Ⅲ区）	中央分隔带		**乔木**：塔柏4，山茶11，紫薇5； **灌木**：海桐72，黄杨69，蔷薇64，金叶女贞73，红叶石楠70，红花檵木71
	路堤边坡		**灌木**：黄花槐79，蔷薇64，粉背羊蹄甲106； **草本**：白三叶112，狗牙根114，紫花苜蓿123，金鸡菊117，黑麦草115
	挖方路侧		**乔木**：小叶榕10，复羽叶栾树6，柳杉2，乌桕54，桂花19，紫薇5，山茶11，梧桐34，油茶57，山杜英49； **灌木**：海桐72，红花檵木71，黄杨69，金叶女贞73，红叶石楠70，紫叶小檗88，胡颓子85，杜鹃67，龟甲冬青80，黄花槐79
	互通式立交		**乔木**：小叶榕10，广玉兰14，乌桕54，复羽叶栾树6，桂花19，紫薇5，广东五针松41，日本花柏37，厚朴40，红花木莲12，鹅掌楸28，檫木59，枫香树7，四照花58，喜树50，楝树45，短萼仪花42； **灌木**：海桐72，红花檵木71，黄杨69，金叶女贞73，红叶石楠70，迎春花84，紫叶小檗88； **草本**：白三叶112，紫花苜蓿123，金鸡菊117
	隧道出入口		**乔木**：小叶榕10，广玉兰14，乌桕54，枫香树7，复羽叶栾树6，桂花19，杨梅52，南方红豆杉47，厚朴40，鹅掌楸28，红花木莲12，鹅掌楸28，檫木59，木荷46，四照花58，榆树53，山杜英49； **灌木**：海桐72，四照花46，红花檵木71，金叶女贞73，红叶石楠70，迎春花84，紫叶小檗88； **草本**：白三叶112，紫花苜蓿123，金鸡菊117
	站场		**乔木**：柏木43，银杏24，雪松26，罗汉松30，白玉兰15，桂花19，杨梅52，南方红豆杉47，鹅掌楸28，木荷46，四照花58，榆树80，金丝桃95，石榴99； **灌木**：火棘68，红花檵木71，夹竹桃92，红花檵木71，迎春花84，蜡梅91，月季87，龟甲冬青80，南天竹90，蜡梅91，月季87，金丝桃95，石榴99； **草本**：白三叶112，紫花苜蓿123，金鸡菊117，沿阶草128
	弃土场		**乔木**：柏木43，女贞48，刺槐32，柳杉2，楝树45； **灌木**：火棘68，檵木83，夹竹桃92； **草本**：沿阶草128
	路堑边坡	岩质边坡	**藤本**：粉背羊蹄甲106，爬山虎110，黄花槐79，蔷薇64，常春藤108，葛藤109，细圆藤111
		土质边坡	**灌木**：粉背羊蹄甲106，黄花槐79，蔷薇64； **草本**：白三叶112，粉背羊蹄甲114，紫花苜蓿123，金鸡菊117，黑麦草115

续上表

立地区名称及编号	高速公路工程区域		植物名称及编号
黔东北低山丘陵立地地区（Ⅳ区）	中央分隔带		乔木：塔柏4，紫薇5，山茶11；灌木：海桐72，黄杨69，金叶女贞73，红叶石楠70，红花檵木71
	路堤边坡		灌木：黄花槐79，蔷薇64；草本：紫花苜蓿123，波斯菊113，萱草119，千里光120
	挖方路侧		乔木：深山含笑17，阔瓣含笑16，广玉兰15，桂花19，红花木莲12，乌桕54，紫荆55，紫薇5，油茶57，梧桐34，柳杉13，碧桐2，复羽叶栾树6，碧桃13；灌木：海桐72，红花檵木71，黄杨69，金叶女贞73，红叶石楠70，迎春花84，紫叶小檗88，十大功劳98，西南红山茶76，胡颓子85，法国冬青32；草本：紫花苜蓿123，波斯菊113，萱草119
	互通式立交		乔木：深山含笑17，阔瓣含笑16，广玉兰15，白玉兰19，红花木莲12，红花木莲12，鹅掌楸28，樟木59，银杏24，四照花58，圆柏25，乌桕54，枫香树7，复羽叶栾树6，厚朴40，营木50，榉树45；灌木：海桐72，红花檵木71，黄杨69，金叶女贞73，夹竹桃92，红叶石楠70，迎春花84，紫叶小檗88，胡颓子85，龟甲冬青80；草本：紫花苜蓿123，波斯菊113，萱草119
	隧道出入口		乔木：白玉兰15，广玉兰15，阔瓣含笑16，深山含笑17，合欢27，桂花19，乌桕54，枫香树7，复羽叶栾树6，雪松26，杨梅52，紫荆55，紫薇5，凹叶厚朴60，四照花58，榉树45，短萼仪花42，碧桃13；灌木：海桐72，红花檵木71，金叶女贞73，红叶石楠70，紫叶小檗88，金丝桃95；草本：紫花苜蓿123，波斯菊113，萱草119
	站场		乔木：白玉兰15，广玉兰15，桂花19，银杏24，雪松26，罗汉松30，桂花19，紫松55，日本扁柏37，日本扁柏38，日本花柏19，紫荆55，日本扁柏37，日本花柏19，紫松55，南方红豆杉47，厚朴40，鹅掌楸28，木荷46，四照花58，杨梅52，榆树53；灌木：紫玉兰65，海桐72，火棘68，红花檵木71，夹竹桃92，红叶石楠70，迎春花84，栀子花89，南天竹90，十大功劳98，含笑78，石榴99，鹅掌柴93，凤尾兰94；草本：紫花苜蓿123，波斯菊113，沿阶草128
	弃土场		乔木：柏木43，女贞48，剌槐32，柳杉13，夹竹桃92；灌木：千头柏96，火棘68，红花檵木71，夹竹桃92，红花檵木71，银桦33；草本：沿阶草128
路堑边坡	岩质边坡		藤本：爬山虎110，常春藤108，葛藤109，蔷薇64；灌木：黄花槐79，千里光120，蔷薇64；草本：紫花苜蓿123，波斯菊113，粉背羊蹄甲106
	土质边坡		灌木：黄花槐79，千里光120，夹竹桃92；草本：紫花苜蓿123，波斯菊113，萱草119

5 贵州高速公路绿化工程植物选择

续上表

立地区名称及编号	高速公路工程区域		植物名称及编号
	中央分隔带		乔木：塔柏 4，紫薇 5，山茶 11； 灌木：海桐 72，黄杨 69，金叶女贞 73，红叶石楠 70，红花檵木 71
	路堤边坡		灌木：胡枝子 104，黄花槐 79，蔷薇 64，粉背羊蹄甲 106，紫穗槐 103； 草本：萱草 119，狗牙根 114，鸭茅 125，红花酢浆草 116，波斯菊 113
	挖方路侧		乔木：深山含笑 17，阔瓣含笑 16，广玉兰 15，桂花 19，红花木莲 12，乌桕 54，梧桐 34，云南紫荆 51，柳杉 2，复羽叶栾树 6，紫薇 5，山杜英 49； 灌木：法国冬青 82，海桐 72，红花檵木 71，黄杨 69，迎春花 84，金叶女贞 73，红叶石楠 70，西南红山茶 76，油茶 57，黄花槐 79
	互通式立交		乔木：深山含笑 17，广玉兰 15，白玉兰 14，红花木莲 12，桂花 19，合欢 27，厚朴 40，鹅掌楸 28，枫香树 7，银杏 24，雪松 26，圆柏 25，香樟 23，乌桕 54，枫香树 7，复羽叶栾树 6，柳杉 2，迎春花 84，红叶石楠 70，十大功劳 98，西南红山茶 76，油茶 57，黄花槐 79； 灌木：海桐 72，枫香树 50，檫木 59，木荷 46，棕树 45，紫薇 5，山杜英 49； 草本：萱草 119，红花酢浆草 116，波斯菊 113
黔东南低山丘陵立地区（V区）	隧道出入口		乔木：白玉兰 15，广玉兰 15，红花木莲 12，桂花 14，红花木莲 12，乌桕 54，枫香树 7，复羽叶栾树 6，杨梅 52，紫荆 55，南方红豆杉 47，鹅掌楸 28，檫木 46，金叶女贞 73，红叶石楠 70，迎春花 84，紫叶小檗 88，胡颓子 85，龟甲冬青 80； 灌木：海桐 72，红花檵木 71，金叶女贞 73，红叶石楠 70，紫叶小檗 88，龟甲冬青 80，金丝桃 95，迎春花 84； 草本：萱草 119，红花酢浆草 116，波斯菊 113
	站场		乔木：白玉兰 15，广玉兰 15，桂花 14，红花木莲 12，桂花 19，银杏 24，苏铁 81，雪松 26，罗汉松 30，枫杨 29，广东五针松 35，日本香柏 38，日本扁柏 36，南方红豆杉 47，罗汉松 30，厚朴 40，鹅掌楸 28，檫木 59，木荷 46，四照花 58，广东五针松 41，水杉 35，日本香柏 38，日本扁柏 36，南方红豆杉 47； 灌木：紫玉兰 65，海桐 72，火棘 68，红花檵木 71，紫叶小檗 88，夹竹桃 71，红叶石楠 70，夹竹桃 92，月季 87，茶梅 75，南天竹 90，金丝桃 95； 草本：萱草 119，红花酢浆草 116，波斯菊 113
	弃土场		乔木：柏木 43，女贞 48，刺槐 32，柳杉 2，加拿大杨 39； 灌木：千头柏 96，火棘 68，檫木 83，夹竹桃 92； 草本：狗牙根 114
	路堑边坡	岩质边坡	藤本：常春油麻藤 107，爬山虎 110，常春藤 108，葛藤 109
		土质边坡	灌木：胡枝子 104，黄花槐 79，蔷薇 64，粉背羊蹄甲 106，紫穗槐 103； 草本：萱草 119，狗牙根 114，鸭茅 125，红花酢浆草 116，波斯菊 113

贵州省高速公路绿化工程植物选择指南

续上表

立地区名称及编号	高速公路工程区域	植物名称及编号
黔西偏干性高原中山立地区（Ⅵ区）	中央分隔带	乔木：塔柏 4，山茶 11； 灌木：黄杨 69，金叶女贞 73，马缨杜鹃 66
	路堤边坡	灌木：爬山虎 110，黄花槐 79； 草本：高羊茅 126，紫花苜蓿 123，白三叶 112，金鸡菊 117，鸢尾 121
	挖方路侧	乔木：紫荆 55，龙爪槐 31，山茶 11，云南紫荆 51，油茶 57，柳杉 2，复羽叶栾树 6，碧桃 13，山杜英 49； 灌木：杜鹃 67，马缨杜鹃 66，西南红山茶 76，黄杨 69，金叶女贞 73，迎春花 84，紫叶小檗 88
	互通式立交	乔木：华山松 18，映山红 22，雪松 26，白玉兰 15，紫荆 55，日本花柏 37，厚朴 40，檫木 59，四照花 58，银杏 24； 灌木：杜鹃 67，马缨杜鹃 66，火棘 68，金叶女贞 73，夹竹桃 92，迎春花 84，紫叶小檗 88； 草本：紫花苜蓿 123，白三叶 112，金鸡菊 117
	隧道出入口	乔木：华山松 18，映山红 22，雪松 26，紫荆 55，厚朴 40，檫木 59，枫香树 7，四照花 58，碧桃 13； 灌木：杜鹃 67，马缨杜鹃 66，金叶女贞 73，紫叶小檗 88，蜡梅 91； 草本：紫花苜蓿 123，白三叶 112，金鸡菊 117，鸢尾 121
	站场	乔木：华山松 18，映山红 22，银杏 24，雪松 26，白玉兰 15，四照花 58，紫荆 55，龙爪槐 31，山茶 11，水杉 35，厚朴 40，檫木 59，四照花 58，榆树 53，灯台树 56，山杜英 49； 灌木：杜鹃 67，马缨杜鹃 66，火棘 68，夹竹桃 92，迎春花 84，蜡梅 91，月季 87，金丝桃 95，清香木 97； 草本：紫花苜蓿 123，白三叶 112，金鸡菊 117，鸢尾 121
	弃土场	乔木：华山松 18，刺槐 32，柳杉 2，加拿大杨 39； 灌木：千头柏 96，火棘 68，夹竹桃 92； 草本：狗牙根 118，白三叶 112，鸢尾 121，香根草 127
路堑边坡	岩质边坡	藤本：爬山虎 110，常春藤 108，葛藤 109
	土质边坡	灌木：爬山虎 110，黄花槐 79； 草本：高羊茅 126，紫花苜蓿 123，白三叶 112，金鸡菊 117，鸢尾 121

5 贵州高速公路绿化工程植物选择

续上表

立地区名称及编号	高速公路工程区域		植物名称及编号
黔西南偏干性中山、河谷立地区（Ⅶ区）	中央分隔带		**乔木**：塔柏 4，紫薇 5，山茶 11； **灌木**：三角梅 74，海桐 72，金叶女贞 73，红叶石楠 69，红花檵木 71
	路堤边坡		**灌木**：粉背羊蹄甲 106，黄花槐 79； **草本**：萱草 119，二月兰 124，白三叶 112，黑麦草 115
	挖方路侧		**乔木**：柳杉 2，复羽叶栾树 6，乌桕 54，桂花 19，紫荆 55，梧桐 34，碧桃 13； **灌木**：三角梅 74，法国冬青 82，南天竹 90，海桐 72，红花檵木 71，黄杨 69，金叶女贞 73，红叶石楠 70，迎春花 84，紫叶小檗 88，十大功劳 98，油茶 57，龟甲冬青 80，胡颓子 85
	互通式立交		**乔木**：无患子 21，棕榈 20，雪松 26，广玉兰 30，罗汉松 25，圆柏 23，香樟 14，乌桕 54，枫香树 6，复羽叶栾树 6，桂花 19，厚朴 40，鹅掌楸 28，樟木 59，四照花 58，樟树 50，棟树 45，短萼仪花 42； **灌木**：三角梅 74，海桐 72，火棘 68，红花檵木 71，黄杨 69，金叶女贞 73，红叶石楠 70，迎春花 84，紫叶小檗 88，龟甲冬青 80，胡颓子 85； **草本**：萱草 119，二月兰 124，白三叶 112
	隧道出入口		**乔木**：无患子 21，棕榈 20，雪松 26，广玉兰 30，罗汉松 26，香樟 14，乌桕 54，枫香树 7，复羽叶栾树 6，桂花 19，南方红豆杉 47，厚朴 40，鹅掌楸 28，四照花 58，棟树 45，碧桃 13； **灌木**：三角梅 74，海桐 72，红花檵木 71，迎春花 84，紫叶小檗 88，金丝桃 95； **草本**：萱草 119，二月兰 124，白三叶 112
	站场		**乔木**：无患子 21，棕榈 20，雪松 26，南方红豆杉 47，银杏 24，雪松 26，罗汉松 30，白玉兰 15，桂花 19，合欢 27，日本花柏 37，罗汉松 30，厚朴 40，鹅掌楸 28，樟木 59，木荷 46，四照花 58； **灌木**：三角梅 74，紫玉兰 65，海桐 72，火棘 68，苏铁 81，红花檵木 71，夹竹桃 92，南天竹 90，紫薇 75，月季 87，龟甲冬青 80，金丝桃 95，鹅掌柴 93，栀子花 89，清香木 97； **草本**：萱草 119，二月兰 124，白三叶 112，沿阶草 128
	弃土场		**乔木**：刺槐 32，柏木 43，女贞 48，柳杉 39，加拿大杨 39； **灌木**：千头柏 96，火棘 68，檵木 83，夹竹桃 92，香根草 127； **草本**：沿阶草 128，白三叶 112，香根草 127
	路堑边坡	岩质边坡	**藤本**：常春油麻藤 107，爬山虎 110，常春藤 108，葛藤 109； **灌木**：粉背羊蹄甲 106，车桑子 105，黄花槐 79； **草本**：萱草 119，二月兰 124，白三叶 112，黑麦草 115
		土质边坡	

17

5.3 主要绿化备选植物特性

表 5-2　植物特性表(乔木篇)

1. 刺桐(山芙蓉) Erythrrna variegata	
【生长区域】 　贵州各地多见栽培	
【生长特性】 　(1)适应性较强,对土壤要求不高; 　(2)喜光、有一定耐寒性	
【观赏特性】 　(1)落叶大乔木; 　(2)花艳丽,先花后叶,诱人夺目; 　(3)优良春季观花树种,花期3月,果期9月	
2. 柳杉 Cryptomeria fortunei	
【生长区域】 　贵州多数地区见栽培或作荒山造林之用,主要集中在贵阳、遵义、黔南、毕节等地	
【生长特性】 　中等的阳性树,略耐阴,略耐寒,喜空气湿度高,怕夏季酷热或干旱,不耐积水	
【观赏特性】 　(1)常绿乔木; 　(2)荫木类,叶色深绿,主要观树形; 　(3)花期4月,果期10～11月	
3. 楠竹 Phyllostachys pubescens	
【生长区域】 　(1)主要分布在四川宜宾,湖南,江西,福建,浙江等地; 　(2)现贵州黔北多地有分布	
【生长特性】 　适应强,分布广,易栽培,生长快,成材早,易成林,材性好,用途广,功能全,价值高	
【观赏特性】 　常绿乔木状竹类	

续上表

4. 塔柏 Sabina chinensis cv. Pyramidalis	
【生长区域】 贵州大部分地区均有栽培	
【生长特性】 (1)喜光,耐寒,耐干旱瘠薄,也耐水湿; (2)耐修剪,易整形	
【观赏特性】 常绿乔木,常作为造型乔木观赏及中央分隔带防眩树种	

5. 紫薇(痒痒树) Lagerstroemia indica	
【生长区域】 贵州各地有栽培	
【生长特性】 喜光,稍耐阴,喜温暖气候,耐寒性不强	
【观赏特性】 (1)落叶灌木或小乔木; (2)树姿优美,树干光滑洁净; (3)花色艳丽,花期6~9月,果期10~11月	

6. 复羽叶栾树(灯笼树) Koelreuteria bipinnata	
【生长区域】 分布于道真、关岭、兴仁、兴义、望谟、清镇、安顺、沿河、施秉、平塘、三都、荔波、水城、瓮安、松桃、罗甸、麻江等地	
【生长特性】 (1)喜生沟谷林缘或疏林,喜光,喜肥沃环境,适应性较强; (2)海拔550~1 200m	
【观赏特性】 (1)落叶乔木; (2)8~10月观红果,7~9月观黄花,10~11月观黄叶	

续上表

7. 枫香树(枫香) *Liquidambar formosona*	
【生长区域】 (1)分布于全省大部地区; (2)垂直分布一般在海拔1 000～1 500m以下的丘陵及平原	
【生长特性】 (1)强阳性先锋树种,适应性强; (2)海拔400～1 350m	
【观赏特性】 (1)落叶乔木; (2)10～12月观红叶,4～5月观紫红色幼叶	

8. 鸡爪槭(枫树) *Acer palmatum*	
【生长区域】 (1)生于海拔200～1 200m的林边或疏林中; (2)贵州大部分地区有栽植	
【生长特性】 (1)耐酸碱,不耐水涝,喜疏阴的环境,夏日怕日光暴晒; (2)抗寒性强,能忍受较干旱的气候条件	
【观赏特性】 (1)落叶小乔木或乔木; (2)弱阳性树种; (3)入秋后叶转为鲜红色,色艳如花,灿烂如霞	

9. 三角枫(枫树) *Acer buergerianum*	
【生长区域】 贵州一般在海拔1 000m以下的山地及平原有栽培	
【生长特性】 (1)弱阳性树种,稍耐阴;喜温暖、湿润环境及中性至酸性土壤; (2)耐寒,较耐水湿,萌芽力强,耐修剪	
【观赏特性】 (1)落叶乔木; (2)树姿优美,叶形秀丽,叶端三浅裂,宛如鸭蹼,颇耐观赏; (3)入秋后,叶色转为暗红或老黄,更为悦目	

5 贵州高速公路绿化工程植物选择

续上表

10. 小叶榕 Ficus microcarpa	
【生长区域】 　　贵州南部及东南部地区有分布,通常生长在海拔600m以下	
【生长特性】 　　(1)耐瘠、耐风、抗污染、耐剪、易移植、寿命长; 　　(2)阳性植物,喜欢温暖、高湿、长日照、土壤肥沃的生长环境	
【观赏特性】 　　(1)常绿乔木; 　　(2)具有发达的气生根,枝叶茂密,树型美观,枝叶下垂; 　　(3)南方道路、广场、公园、风景点、庭院的主要绿化树种之一	

11. 山茶(茶花) Camellia japonica	
【生长区域】 　　贵州各地多有栽培	
【生长特性】 　　(1)喜肥沃、疏松的微酸性土壤; 　　(2)生长于海拔800～2 000m山坡疏林或山地灌丛中	
【观赏特性】 　　(1)常绿灌木或小乔木; 　　(2)树冠多姿,叶色翠绿,花大艳丽,花期正值冬末春初; 　　(3)山茶花耐阴,配置于疏林边缘,生长最好,花期2～4月,果期秋季	

12. 红花木莲 Manglietia insignis	
【生长区域】 　　贵州梵净山、月亮山、大方、麻江、黎平、从江、榕江、水城、台江等地分布较多	
【生长特性】 　　生于海拔600～1 800m常绿阔叶林中喜生于疏松、肥沃的土壤,能耐-16℃低温	
【观赏特性】 　　(1)常绿乔木,其树叶浓绿、秀气、革质,单叶互生,呈长圆状椭圆形、长圆形或倒披针形,树形繁茂优美; 　　(2)花色艳丽芳香,5～6月红花或粉红色花翘立枝头如华灯初放,果期8～9月	

21

续上表

13. 碧桃(千叶桃花) Amygdalus persica f. duplex	
【生长区域】 　贵州各地区广泛栽培	
【生长特性】 　性喜阳光,耐旱,不耐潮湿的环境。喜欢气候温暖的环境,耐寒性好	
【观赏特性】 　(1)落叶乔木; 　(2)花大色艳,开花时美丽漂亮,观赏期15d以上; 　(3)花期3~4月,果期8~9月	

14. 广玉兰(荷花玉兰) Magnolia grandiflora	
【生长区域】 　贵州各地有栽培	
【生长特性】 　喜阳光,亦颇耐阴,弱阴性树种,喜温暖湿润气候,有一定的耐寒性	
【观赏特性】 　(1)常绿乔木; 　(2)叶厚而有光泽,花大而香,树姿雄伟壮丽,其聚合果成熟后,蓇葖开裂露出鲜红色的种子也颇美观; 　(3)花期5~8月,果期10月	

15. 白玉兰(玉兰花) Magnolia denudata	
【生长区域】 　贵州各地均有栽培	
【生长特性】 　(1)喜光、稍耐阴、颇耐寒、抗污染能力较弱; 　(2)贵州各地皆宜	
【观赏特性】 　(1)落叶乔木; 　(2)花大、洁白而芳香; 　(3)种植于草坪或针叶树丛之前,则能形成春光明媚的景境; 　(4)花期3~4月,果期9~10月	

续上表

16. 阔瓣含笑（阔瓣白兰花） Michelia platypetala	
【生长区域】 　分布于雷公山、梵净山、太阳山、月亮山、佛顶山、麻阳河、松桃、惠水、施秉、黎平、荔波、兴仁、台江等	
【生长特性】 　（1）生长沟谷或山地阔叶林中，喜肥沃环境； 　（2）海拔 750～1 600m	
【观赏特性】 　（1）常绿乔木； 　（2）观花类，观白花，花木使用； 　（3）花期 12～次年 2 月，果期 8～10 月	

17. 深山含笑（光叶白兰） Michelia maudiae	
【生长区域】 　贵州产于太阳山、梵净山、三都、独山、荔波、麻江、台江等地	
【生长特性】 　（1）生于海拔 500～1 420m 的山冲、山腰、溪谷中； 　（2）喜生于深厚、肥沃、湿润的土壤	
【观赏特性】 　（1）常绿乔木； 　（2）荫木类，作为行道树及花木使用，实生苗 3 年开花； 　（3）全年观叶，3～5 月白花飞舞，8～10 月观红果	

18. 华山松（五针松） Pinus armandi	
【生长区域】 　主要分布于黔中及黔西北地区，铜仁、遵义等地	
【生长特性】 　（1）多见于海拔 1 100m 以上地区，有纯林或混交林； 　（2）喜温和凉爽和湿润气候，耐寒，能适应多种土壤	
【观赏特性】 　（1）常绿乔木； 　（2）荫木类，宜片植观整体效果； 　（3）花期 4～5 月，果期次年 9～10 月，球果	

19. 桂花（木犀） Osmanthus fragrans	
【生长区域】 　贵州各地均有分布	
【生长特性】 　(1)喜光,稍耐阴； 　(2)喜温暖和通风环境,不耐寒； 　(3)喜湿润排水良好的砂质壤土	
【观赏特性】 　(1)常绿灌木至乔木； 　(2)树干端直,树冠圆整,四季常青； 　(3)花期正值中秋,香飘数里； 　(4)花期9~10月,果期次年4~5月	
20. 棕榈 Trachycarpus fortunei	
【生长区域】 　贵州各地有分布	
【生长特性】 　棕榈科中的最耐寒植物,喜温暖湿润气候	
【观赏特性】 　(1)常绿乔木,棕榈挺拔秀丽； 　(2)花期4~5月,果期10~11月	
21. 无患子（苦患树） Sapindus mukurossi	
【生长区域】 　分布于道真、兴仁、兴义、安龙、册亨、望谟、罗甸、黎平、榕江、贵阳、安顺、黔西、威宁等	
【生长特性】 　(1)喜生沟谷阔叶林中,适应性较强,对土壤要求不严； 　(2)海拔400~1 440m	
【观赏特性】 　(1)落叶乔木； 　(2)观叶类,10~11月观黄叶； 　(3)花期4~5月,果期8~9月	

续上表

22. 映山红 Rhododendron mariesii	
【生长区域】 贵州各地有分布	
【生长特性】 喜温暖、半阴、凉爽、湿润、通风的环境；怕烈日、高温；喜疏松、肥沃、富含腐殖质的偏酸性土壤	
【观赏特性】 （1）落叶乔木； （2）花期长，盛花时一片红艳，花谢后，满目青翠，又是美丽的观叶植物； （3）花期4～5月，果期8月	
23. 香樟（樟树） Cinnamomum camphora	
【生长区域】 分布于全省大部	
【生长特性】 （1）喜生沟谷阔叶林或风水林，喜光； （2）海拔400～1 200m	
【观赏特性】 常绿乔木，枝叶茂密，冠大荫浓，树姿雄伟，能吸烟滞尘、涵养水源、固土防沙和美化环境	
24. 银杏（白果树） Ginkgo biloba	
【生长区域】 主要分布于麻阳河、雷公山、麻江、贵阳、盘县、大方、福泉、凤冈、德江、道真、丹寨等地，海拔1 100～1 700m	
【生长特性】 （1）喜光，阳性树； （2）喜湿润且排水良好土壤，适应能力强，较耐旱，不耐积水	
【观赏特性】 （1）落叶乔木； （2）适应性强，银杏对气候土壤要求都很宽泛；抗烟尘、抗火灾、抗有毒气体； （3）10～11月观黄叶	

续上表

25. 圆柏（柏树） Sabina chinensis	
【生长区域】 　贵州各地均有分布	
【生长特性】 　喜光但耐阴性很强，耐寒，耐热	
【观赏特性】 　(1)常绿乔木，用途极广，耐修剪又有很强的耐阴性，其树形优美； 　(2)花期4月下旬，果期10~11月	

26. 雪松 Cedrus deodara	
【生长区域】 　全省多数地区有栽培	
【生长特性】 　(1)阳性树，有一定耐阴能力，喜温凉气候，忌积水； 　(2)海拔1 300~3 300m	
【观赏特性】 　(1)常绿乔木，荫木类，全年观树形，树形塔状； 　(2)花期10~11月，果期次年9~10月	

27. 合欢（马缨花） Albizzia julibrissin	
【生长区域】 　贵州各地有分布	
【生长特性】 　喜光，树干皮薄畏暴晒，耐寒性略差	
【观赏特性】 　(1)落叶乔木，树姿优美、叶形雅致，花色艳丽，花形美观；常做城市行道树、观赏树； 　(2)花期6~7月，果期9~10月	

续上表

28. 鹅掌楸（马褂木） Liriodendron chinense	
【生长区域】 贵州分布于月亮山、雷公山、宽阔水、佛顶山、荔波、湄潭、松桃、道真、从江、剑河、息烽、黎平等地	
【生长特性】 （1）生长于海拔 500～1 800m 的山中下部、沟谷密林中； （2）喜光及温和湿润气候，有一定的耐寒性	
【观赏特性】 （1）落叶大乔木，树形雄伟，叶形奇特，花大而美丽； （2）5月观黄花，10～11 观黄叶	

29. 枫杨（麻柳） Pterocarya stenoptera	
【生长区域】 贵州各地有分布	
【生长特性】 喜光，喜温暖湿润气候，也较耐寒，耐湿性强	
【观赏特性】 落叶乔木，常作护固水边路堤及防风林树种，也适用作工厂绿化	

30. 罗汉松（罗汉杉） Podocarpus macrophyllus	
【生长区域】 贵州分布于荔波、德江、绥阳以及贵阳等地	
【生长特性】 （1）喜生于海拔 420～1 200m，成散生状； （2）对二氧化硫、硫化氢、氧化氮等多种污染气体抗性较强；抗病虫害能力强	
【观赏特性】 （1）常绿针叶灌木或乔木； （2）独赏树、室内盆栽、花坛花卉，树形古雅，种子与种柄组合奇特，惹人喜爱； （3）花期4～5月，果期8～9月	

续上表

31. 龙爪槐 Sophorajaponica var. pendula	
【生长区域】 　贵州各地均有栽培	
【生长特性】 　喜光,略耐阴,喜干冷气候;根深而发达,对土壤要求不严,抗风,也耐干旱、瘠薄	
【观赏特性】 　(1)落叶乔木,枝叶茂密,绿荫如盖,适作庭荫树,在中国北方多用作行道树; 　(2)花期7~8月,果期10月	
32. 刺槐(洋槐) Robinia pseudoacacia	
【生长区域】 　贵州各地均有栽培	
【生长特性】 　(1)强阳性树种,耐水湿,喜光;较耐干旱、贫瘠; 　(2)对二氧化硫、氯气、光化学烟雾等的抗性都较强	
【观赏特性】 　(1)落叶乔木,树冠高大,叶色鲜绿,每当开花季节绿白相映,素雅而芳香;可作为行道树,庭荫树; 　(2)花期5月,果期10~11月	
33. 银桦(银橡树) Grevillea robusta	
【生长区域】 　贵州海拔1 600m以下有栽培	
【生长特性】 　喜光,喜温和较凉爽气候,不耐寒;对烟尘及有毒气抵抗性较强,对土壤要求不严,耐一定的干旱和水湿,根系发达,生长快	
【观赏特性】 　(1)常绿乔木,树干通直,树冠高大整齐,初夏有橙黄色花序点缀枝头,亦颇美观,宜作城市行道树; 　(2)花期5月,果期7~8月	

续上表

34. 梧桐(青桐) Firmiara platanifolia	
【生长区域】 　贵州多地有栽培	
【生长特性】 　喜光,喜温暖湿润气候,耐寒性不强;生长尚快,寿命较长,能活百年以上,对多种有毒气体都有较强抗性	
【观赏特性】 　(1)落叶乔木,树干高大而粗壮,树干端直,树皮青绿平滑,侧枝粗壮,翠绿色,叶大而形美,绿荫浓密,行道绿化树种; 　(2)花期6~7月,果期9~10月	

35. 水杉 Metasequoia glyptostroboides	
【生长区域】 　贵州各地有栽培	
【生长特性】 　阳性树,喜温暖湿润气候;耐寒性强,耐水湿能力强,在轻盐碱地可以生长,根系发达	
【观赏特性】 　(1)落叶乔木; 　(2)水杉树冠呈圆锥形,姿态优美; 　(3)叶色秀丽,秋叶转棕褐色,均甚美观	

36. 日本扁柏 Chamaecyparis obtusa	
【生长区域】 　贵州各地有栽培	
【生长特性】 　对阳光的要求中等,略耐阴,喜凉爽而温暖湿润气候	
【观赏特性】 　(1)常绿乔木,可作园景树、行道树、树丛、绿篱及风景林用; 　(2)花期4月,果期10~11月	

续上表

37. 日本花柏 Chamaecyparis pisifera	
【生长区域】 贵州各地有栽培	
【生长特性】 (1)对阳光的要求属中性,略耐阴,喜温凉湿润气候; (2)喜湿润土壤,不喜干燥土地	
【观赏特性】 (1)常绿直立大灌木,枝叶纤细优美秀丽,观赏价值高; (2)花期6~10月,果期9~11月	

38. 日本香柏 Thuja standishii	
【生长区域】 贵州各地有栽培	
【生长特性】 对阳光的要求中等,略耐阴,喜凉爽而温暖湿润气候	
【观赏特性】 (1)常绿乔木; (2)我国亚热带中山用材林、风景林、水土保持林的优良树种; (3)花期4月,果期10~11月,球果	

39. 加拿大杨 Populus canadensis	
【生长区域】 贵州各地有栽培	
【生长特性】 (1)喜光,颇耐寒,喜湿润,对土壤要求不严,喜温暖湿润气候,耐瘠薄及微碱性土壤; (2)速生树种	
【观赏特性】 (1)落叶乔木; (2)作行道树,庭荫树及防护林加杨树冠阔,叶片大而有光泽,宜作行道树、庭荫树、公路加杨叶片树及防护林等; (3)花期4月,果期5月	

续上表

40. 厚朴 Magnolia officinalis	
【生长区域】 　贵州东南部有分布	
【生长特性】 　(1)喜光,但能耐侧方庇荫; 　(2)喜生于空气湿润气候温和之处,不耐严寒酷暑; 　(3)在多雨及干旱处均不适宜; 　(4)喜湿润而排水良好的酸性土壤	
【观赏特性】 　(1)落叶乔木,叶大浓荫,花大而美丽,可为庭园观赏树及行道树; 　(2)花期5~6月,果期8~10月	
41. 广东五针松(华南五针松) Pinus kwangtungensis	
【生长区域】 　贵州自然分布于独山、平塘、麻江、三都、从江、荔波等地,龙里林场有大量栽培	
【生长特性】 　(1)生态适应性较强,在中亚热带和北热带地区均能生长,能适应多种土壤; 　(2)生长于海拔400~1 800m的地区	
【观赏特性】 　常绿乔木,荫木类,叶针形灰绿,姿态优美,花期4~5月,果期次年10月,球果	
42. 短萼仪花 Lysidice brevicalyx	
【生长区域】 　贵州安龙、望谟、兴义、罗甸、册亨等地均有分布	
【生长特性】 　(1)喜湿热环境,不耐寒; 　(2)海拔400~900m	
【观赏特性】 　(1)常绿乔木; 　(2)荫木类,冠幅强大,叶密; 　(3)5月观紫花,作为遮阴树、行道树使用; 　(4)花期5月,果期9~10月	

续上表

43. 柏木 Cupressus funebris	
【生长区域】 　分布于贵州省大部 【生长特性】 　(1)生于石质山地阳性山坡； 　(2)海拔 500~1 400m 【观赏特性】 　(1)常绿针叶乔木； 　(2)花期4月，球果，10~11月成熟	

44. 红果罗浮槭 Acer fabri var. rubrocarpum	
【生长区域】 　分布于雷公山、月亮山、佛顶山、独山、荔波、施秉、麻江、平塘、黄平、台江等地 【生长特性】 　(1)喜生山地阔叶林中，幼苗喜阴，成树喜光； 　(2)海拔 650~1 400m 【观赏特性】 　(1)常绿乔木； 　(2)观红果、观叶； 　(3)花期3~4月，果期5~8月	

45. 楝树(苦楝) Melia azedarach	
【生长区域】 　贵州海拔1 600m以下各地均有分布 【生长特性】 　(1)喜光，不耐庇荫，喜温暖、湿润舒服，喜肥； 　(2)耐寒力不强，耐水湿、耐烟尘、抗潮风； 　(3)对土壤要求不严 【观赏特性】 　(1)落叶乔木； 　(2)树形优美，叶形秀丽； 　(3)春夏之交开淡紫色花朵，颇为美丽，且有淡香； 　(4)花期4~5月，果期10~11月	

续上表

46. 木荷（荷树） *Schima superba*	
【生长区域】 　贵州有栽培	
【生长特性】 　对土壤适应性较强,酸性土如红壤、红黄壤、黄壤上均可生长,易天然下种更新;萌芽力强,也可萌芽更新	
【观赏特性】 　(1)常绿乔木； 　(2)花期5月,果期9~10月	
47. 南方红豆杉（紫杉） *Taxus chinensis* var. *mairei*	
【生长区域】 　贵州多地有分布	
【生长特性】 　(1)耐阴树种,喜阴湿环境； 　(2)耐干旱瘠薄,不耐低洼积水； 　(3)少有病虫害,生长缓慢,寿命长	
【观赏特性】 　(1)常绿针叶乔木,树形高大挺拔;枝叶美观,果红色,常作为独赏树使用； 　(2)花期5~6月,果期9~10月	
48. 女贞 *Ligustrum lucidum*	
【生长区域】 　贵州各地有分布	
【生长特性】 　(1)耐寒性好,耐水湿,喜温暖湿润气候,喜光耐阴； 　(2)深根性树种,同时对大气污染的抗性较强	
【观赏特性】 　(1)常绿乔木,四季婆娑,枝干扶疏,枝叶茂密,树形整齐,是园林中常用的观赏树种,可于庭院孤植或丛植,也可作为行道树； 　(2)花期6~7月,果期9~10月	

续上表

49. 山杜英(杜英) Elaeocarpus sylvestris	
【生长区域】 　产于月亮山、佛顶山、梵净山、赤水、黎平、从江、荔波、麻江等地	
【生长特性】 　(1)稍耐阴,喜温暖湿润气候,耐寒性不强,根系发达萌芽力强,耐修剪; 　(2)生长速度中等偏快; 　(3)对二氧化硫抗性强	
【观赏特性】 　(1)常绿乔木,本种枝叶茂密,树冠圆整,霜后部分叶变红色,红绿相间,颇为美丽; 　(2)花期4~5月,果期9~10月	

50. 喜树 Camptotheca acuminata	
【生长区域】 　贵州多地有分布	
【生长特性】 　(1)暖地速生树种; 　(2)喜光,深根性,萌芽率强; 　(3)较耐水湿,在酸性、中性、微碱性土壤均能生长	
【观赏特性】 　(1)落叶乔木,主干通直,树冠宽展,叶荫浓郁,生长迅速,是较好的观赏树种; 　(2)花期5~6月,果期8~10月	

51. 云南紫荆(馍馍叶) Cercis yunnanensis	
【生长区域】 　贵州多地有栽培	
【生长特性】 　(1)喜光,有一定的耐寒性; 　(2)萌蘖性强,耐修剪	
【观赏特性】 　(1)落叶乔木,花朵漂亮,花量大,花色鲜艳,是春季重要的观赏灌木; 　(2)花期4月,果期10月	

续上表

52. 杨梅 Myrica rubra	
【生长区域】 　贵州有分布	
【生长特性】 　(1)中性树,稍耐阴,不耐烈日直射; 　(2)喜温暖湿润气候及排水良好的酸性土壤	
【观赏特性】 　(1)常绿乔木; 　(2)枝繁叶茂,树冠圆整,具有良好的观赏效益; 　(3)花期2月,果期5~6月	
53. 榆树(白榆) Ulmus pumila	
【生长区域】 　(1)分布于东北、华北、西北及西南各省区; 　(2)分布于贵州黔东南、铜仁等地	
【生长特性】 　(1)喜光、耐寒、抗旱,生长较快; 　(2)海拔500~1 600m	
【观赏特性】 　(1)落叶乔木,树形高大,绿荫较浓; 　(2)花期3~4月,果期4~6月	
54. 乌桕 Sapium rotundifolium	
【生长区域】 　分布于麻阳河、安龙、平塘、黄坪、独山、兴义等地	
【生长特性】 　(1)喜生于喀斯特山地林中; 　(2)海拔500~1 200m	
【观赏特性】 　(1)落叶乔木,观叶类; 　(2)10~11月观红叶,11~12月观白果	

续上表

55. 紫荆(满条红) Cercis chinensis	
【生长区域】 　贵州各地有栽培	
【生长特性】 　(1)性喜光,有一定的耐寒性; 　(2)喜肥沃、排水良好的土壤,不耐淹; 　(3)萌蘖性强,耐修剪	
【观赏特性】 　(1)落叶乔木至灌木状,树干布满紫花,艳丽可爱,叶片心形,圆整而有光泽; 　(2)花期4月,果期10月	

56. 灯台树(六角树) Cornus controversa	
【生长区域】 　分布于贵阳、黔南、黔东南、铜仁、遵义等地	
【生长特性】 　(1)性喜阳光、稍耐阴,喜温暖湿润气候,有一定耐寒性; 　(2)常生于海拔500~1600m的山坡杂木林中及溪谷旁	
【观赏特性】 　(1)落叶乔木,树形整齐,大侧枝呈层状生长,宛若灯台,形成美丽的圆锥状树冠; 　(2)花期5~6月,果期9~10月	

57. 油茶 Camellia oleifera	
【生长区域】 　分布于长江流域及其以南各省区,大抵北界为河南南部,南界可达海南岛	
【生长特性】 　(1)喜温暖湿润气候; 　(2)在贵州多生于2000m以下	
【观赏特性】 　(1)常绿小乔木或灌木,叶常绿,花色纯白,能形成素淡恬静的气氛; 　(2)花期10~12月,果期9~10月	

续上表

58. 四照花（山荔枝） Dendrobenthamia japonica var. chinensis	
【生长区域】 　贵州产于麻阳河、威宁、赫章、水城、毕节、大方、宽阔水、道真等地	
【生长特性】 　(1)喜光,适应性较强； 　(2)生于海拔600～2 300m的疏密林中	
【观赏特性】 　(1)乔木,观花类； 　(2)5～6月观白花,9月红果满枝,红叶相继	

59. 檫木（檫树） Sassafrsa tzumu	
【生长区域】 　贵州多地有分布	
【生长特性】 　(1)喜光,喜温暖湿润气候及深厚、肥沃、排水良好的酸性土壤,深根性,生长快,不耐蔽荫； 　(2)耐修剪,抗污染能力较强	
【观赏特性】 　(1)落叶乔木,檫木春开黄花,叶形奇特,秋季变红,可用于庭园、公园栽植或用作行道树； 　(2)10～11月观红叶、2～3月观黄花,作为独赏树使用	

60. 凹叶厚朴 Magnolia officinalis ssp. biloba	
【生长区域】 　贵州南部和东南部有分布	
【生长特性】 　喜生于温凉、湿润、酸性、肥沃而排水良好的沙质土壤上	
【观赏特性】 　(1)落叶乔木,叶大荫浓,花大美丽； 　(2)花期5～6月,果期8～10月	

续上表

61. 小琴丝竹 Bambus aglaucescens cv. Alphonse-karr	
【生长区域】 广泛分布于贵州各地区	
【生长特性】 喜温暖湿润气候及肥沃疏松土壤,干旱瘠薄处生长不良	
【观赏特性】 常绿乔木状竹类,新秆浅红色,老秆金黄色,并不规则间有绿色纵条纹,丛态优美且秆色秀丽	

62. 慈竹 Neosinocalamus affinis	
【生长区域】 广泛分布于贵州各地区	
【生长特性】 喜温暖湿润气候及肥沃疏松土壤,干旱瘠薄处生长不良	
【观赏特性】 常绿乔木状竹类,秆丛生,枝叶茂盛秀丽,极适宜于庭园内池旁、石际、窗前、宅后栽植	

63. 紫竹 Phyllostachys nigra	
【生长区域】 贵州各地多有栽培	
【生长特性】 阳性,喜温暖湿润气候,耐寒,适合砂质排水性良好的土壤,对气候适应性强	
【观赏特性】 常绿乔木状竹类,传统的观杆竹类,竹杆紫黑色,柔和发亮,隐于绿叶之下,甚为绮丽	

5 贵州高速公路绿化工程植物选择

表 5-3 植物特性表(灌木篇)

64. 蔷薇 Rosa multiflora	
【生长区域】 　贵州各地有分布	
【生长特性】 　(1)性强健,喜光,耐寒,对土壤要求不严; 　(2)贵州野生多见于海拔 1 000～1 500m 地区,以黔中、黔北为多	
【观赏特性】 　(1)落叶攀缘状灌木,在园林中最宜植为花篱,坡地丛栽也颇有野趣; 　(2)花期 5～6 月,果期 10～11 月	

65. 紫玉兰(木兰) Magnolia liliflora	
【生长区域】 　分布于贵州东部、东南部,海拔 300～1 600m	
【生长特性】 　(1)喜光,不耐阴,较耐寒,喜肥沃、湿润; 　(2)根系发达,萌蘖力强	
【观赏特性】 　(1)落叶大灌木或乔木,甚至大乔木,花紫红色,先花后叶,极为艳丽; 　(2)花期 3～4 月,果期 9～10 月	

66. 马缨杜鹃 Rhododendron delavayi	
【生长区域】 　贵州产于佛顶山、大方、毕节、水城、威宁、赫章、道真、黔西等地	
【生长特性】 　生于海拔 1 500～2 200m 的山地林中或灌木丛中	
【观赏特性】 　(1)常绿灌木或小乔木; 　(2)观花类,4～5 月红花吐艳,宛如朝霞; 　(3)观树形,观枝干,作为花木,桩景使用	

续上表

67. 杜鹃 Rhododendron simsii	
【生长区域】 产于贵州各地的丘陵地带灌丛中或松林下	
【生长特性】 （1）喜酸性土壤,为酸性土指标植物； （2）喜光,耐干旱瘠薄； （3）海拔400～2 180m	
【观赏特性】 落叶灌木,观花,5～6月层林尽染,万山红遍	

68. 火棘（红子刺） Pyracantha fortuneana	
【生长区域】 贵州广布,以喀斯特山地为多	
【生长特性】 （1）喜光,对土壤要求不严,适应能力较强； （2）主要分布于海拔400～1 800m山地灌丛或灌草坡	
【观赏特性】 （1）常绿灌木,花白色繁茂,果红色丰硕,可观花、观果； （2）花期10～11月,果期9～11月	

69. 黄杨 Buxus sinica	
【生长区域】 贵州各地有栽培	
【生长特性】 耐阴喜光,喜湿润,耐旱,耐热耐寒,对土壤要求不严,分蘖性极强	
【观赏特性】 （1）常绿灌木,园林中常作绿篱、大型花坛镶边,修剪成球形或其他整形栽培,点缀山石； （2）花期4月,果期7月	

续上表

70. 红叶石楠 Photinia serrulata	
【生长区域】 　贵州各地有栽培	
【生长特性】 　适应性强、适于多种环境,喜光,稍耐阴,喜温暖湿润气候,耐干旱瘠薄,不耐水湿	
【观赏特性】 　(1)灌木,其新梢和嫩叶鲜红且持久,艳丽夺目,果序亦为红色,秋冬季节,红绿相间,极具观赏价值; 　(2)花期6~7月,果期9~11月	
71. 红花檵木 Lorpetalum chinense var. rubrum	
【生长区域】 　贵州多地有栽培	
【生长特性】 　(1)喜光,稍耐阴,但阴时叶色容易变绿;适应性强,耐旱、喜温暖、耐寒冷; 　(2)萌芽力和发枝力强,耐修剪	
【观赏特性】 　(1)灌木; 　(2)枝繁叶茂,姿态优美,耐修剪,可用于绿篱,花开时节,满树红花,极为壮观; 　(3)花期4~5月,果期9~10月	
72. 海桐(海桐花) Pittosporum tobira	
【生长区域】 　贵州各地有栽培	
【生长特性】 　(1)喜光,略耐阴; 　(2)喜温暖湿润气候及肥沃湿润土壤,耐寒性不强	
【观赏特性】 　(1)常绿灌木或小乔木,枝叶茂密,树冠球形,下枝覆地,叶色浓绿而有光泽; 　(2)花期5月,果期10月	

续上表

73. 金叶女贞 Ligustrum vicaryi	
【生长区域】 　贵州各地有栽培	
【生长特性】 　金叶女贞适应性强，对土壤要求不严格，性喜光，稍耐阴，耐寒能力较强，它抗病力强，很少有病虫危害	
【观赏特性】 　(1)落叶或半常绿灌木，在生长季节叶色呈鲜丽的金黄色，具极佳的观赏效果，也可修剪成球形； 　(2)花期7~8月，果期9~11月	

74. 三角梅(光叶子花) Bougainvillea glabra	
【生长区域】 　贵州海拔800m以下有栽培	
【生长特性】 　喜光，喜温暖气候，不耐寒，对土壤要求不严	
【观赏特性】 　(1)常绿攀缘状灌木，三角花苞片大，色彩鲜艳如花，且持续时间长，具有较强观赏价值； 　(2)花期6~12月，果期9~11月	

75. 茶梅(茶梅花) Camellia sasangua	
【生长区域】 　贵州多地有栽培	
【生长特性】 　(1)喜光，稍耐阴，在阳光充足处花朵更为繁茂； 　(2)喜温暖气候及富含腐殖质而排水良好的酸性土壤	
【观赏特性】 　(1)小乔木或灌木，姿态丰盈，花朵瑰丽，着花量多，适宜修剪，亦可作基础种植及常绿篱垣材料，开花时可为花篱，落花后又可为绿篱； 　(2)花期11月~次年1月	

续上表

76. 西南红山茶(西南山茶) *Camellia pitardii*	
【生长区域】 　贵州产于宽阔水、雷公山、平坝、息烽、兴仁、安龙、普定、黔西、赫章、台江等地,分布较广	
【生长特性】 　(1)喜生于酸性土; 　(2)生于海拔800～2 000m山坡疏林或山地灌丛中	
【观赏特性】 　(1)常绿灌木或小乔木,观花类,2～5月观红花,花色变异大,作为花木使用; 　(2)花期2～3月,果期10～11月	
77. 木芙蓉(芙蓉花) *Hibiscus mutabilis*	
【生长区域】 　贵州大部分地区有栽培	
【生长特性】 　(1)喜温暖湿润和阳光充足的环境,稍耐半阴,有一定的耐寒性; 　(2)对土壤要求不严,平时管理较为粗放	
【观赏特性】 　(1)落叶灌木或小乔木,花期长,开花旺盛,品种多,其花色、花形随品种不同有丰富变化; 　(2)花期8～10月	
78. 含笑(香蕉花) *Michelia figo*	
【生长区域】 　贵州东南部有分布	
【生长特性】 　含笑花性喜暖热湿润,不耐寒,适半荫,宜酸性及排水良好的土质	
【观赏特性】 　(1)灌木或小乔木,可配置于草坪边缘或稀疏林丛之下; 　(2)花期3～4月,果期9～11月	

续上表

79. 黄花槐(黄槐) Sophora xanthantha	
【生长区域】 　贵州各地有栽培	
【生长特性】 　(1)喜光,稍能耐阴,生长快; 　(2)宜在疏松、排水良好的土壤中生长,在肥沃土壤中开花旺盛,耐修剪	
【观赏特性】 　(1)落叶小乔木或灌木; 　(2)长势旺盛,枝繁叶茂; 　(3)花色(鸭蛋黄)金黄,花蕾如金豆,花如金蝶,花量大而鲜艳; 　(4)花期6～12月,果期8～次年2月	
80. 龟甲冬青(豆瓣冬青) Ilex crenata cv. Convexa	
【生长区域】 　贵州有引种栽培	
【生长特性】 　喜温暖气候,适应性强,阳地、阴处均能生长,生态习性喜光,稍耐阴,喜温湿气候,较耐寒	
【观赏特性】 　(1)灌木,其枝干苍劲古朴,叶子密集浓绿,有较好的观赏价值; 　(2)花期6～7月,果期9～11月	
81. 苏铁(铁树) Cycas revoluta	
【生长区域】 　贵州多数地区有栽培	
【生长特性】 　(1)喜暖热湿润气候,不耐寒,在温度低于零度会受害; 　(2)多盆栽或地栽,通常海拔1 000m以下地区	
【观赏特性】 　(1)常绿灌木或小乔木,高达5m,棕榈型,反映热带风光观赏效果,观形类; 　(2)花期6～8月,果期10月	

续上表

82. 法国冬青 Viburnum odoratissimum. var. awabuki	
【生长区域】 　贵州各地有栽培	
【生长特性】 　（1）根系发达，萌芽力强，特耐修剪，极易整形； 　（2）酸性和微酸性土均能适应，喜光亦耐阴	
【观赏特性】 　（1）常绿灌木或小乔木，观赏性强，适应性强，生态效应好，用途广泛； 　（2）花期4~5月，果期7~9月	

83. 檵木 Lorpetalum chinense	
【生长区域】 　贵州各地有分布	
【生长特性】 　（1）多生于山野及丘陵灌丛中； 　（2）耐半阴，喜温暖气候及酸性土壤，适应性较强	
【观赏特性】 　（1）常绿灌木或小乔木，丛植于草地、林缘都很合适，也可用作风景林之下木； 　（2）花期5月，果期8月	

84. 迎春花 Jasominum nudiflorum	
【生长区域】 　贵州各地有分布	
【生长特性】 　（1）喜光，稍耐阴，较耐寒，对土壤要求不严； 　（2）根部萌发力强，枝条着地部分极易生根	
【观赏特性】 　（1）落叶灌木，植于路旁、山坡或作开花地被，观赏效果极好； 　（2）花期2~4月，果期8~10月	

续上表

85. 胡颓子（羊奶子） *Elaeagnus pungens*	
【生长区域】 　　分布于梵净山、佛顶山、罗甸、册亨、望谟、兴仁、兴义、瓮安、惠水、三都、黎平、从江、江口、印江、赤水、赫章、普定、贵阳、普安、台江、关岭等地	
【生长特性】 　　抗寒力比较强，耐阴一般，喜高温、湿润气候，其耐盐性、耐旱性和耐寒性佳，抗风强	
【观赏特性】 　　(1)常绿灌木，株形自然，花香果红，枝条交错，叶背银色，花芳香，红果下垂，甚是可爱，银白色腺鳞在阳光照射下银光点点； 　　(2)花期 2～3 月，果期 4～5 月	
86. 滇山茶（云南山茶花） *Camellia reticulata*	
【生长区域】 　　贵州各地有栽培	
【生长特性】 　　(1)喜温暖湿润气候，抗寒性比山茶为弱； 　　(2)最宜在夏季不过热、冬季不严寒的高山地区生长，在自然界常生于疏林间	
【观赏特性】 　　(1)常绿小乔木至大灌木，叶常绿不凋，花极美艳，大者过于牡丹，而且花朵繁密如锦； 　　(2)花期 2～4 月，果期 9～11 月	
87. 月季 *Rosa chinensis*	
【生长区域】 　　贵州各地有栽培	
【生长特性】 　　适应性强，不耐严寒和高温、耐旱，对土壤要求不严格，有连续开花的特性	
【观赏特性】 　　(1)常绿或半常绿直立灌木，可以做成延绵不断的花篱、花屏、花墙； 　　(2)花期 4～10 月，果期 9～11 月	

续上表

88. 紫叶小檗（红叶小檗） Berberis thunbergii cv. Atropurpurea	
【生长区域】 贵州各地有栽培	
【生长特性】 喜凉爽湿润环境，耐寒也耐旱，不耐水涝，喜阳也能耐阴，萌蘖性强，耐修剪，对各种土壤都能适应	
【观赏特性】 （1）灌木，春开黄花，秋缀红果，是叶、花、果俱美的观赏花木，适宜在园林中作花篱或在园路角隅丛植等； （2）花期5～6月，果期8～10月	

89. 栀子花（栀子） Gardenia jasminoides	
【生长区域】 分布于太阳山、雷公山、梵净山、佛顶山、道真、荔波、惠水、黎平、水城、麻江、台江等地	
【生长特性】 栀子喜温暖、湿润、光照充足且通风良好的环境，耐半阴，怕积水，较耐寒	
【观赏特性】 （1）常绿灌木，枝叶繁茂，叶色四季常绿，花芳香素雅，为重要的庭院观赏植物； （2）花期6～7月，果期9～10月	

90. 南天竹（兰竹） Nandina domestica	
【生长区域】 贵州广泛分布于喀斯特生境	
【生长特性】 （1）喜半阴，但在强光下也能生长，唯叶色常发红； （2）喜温暖气候及肥沃、湿润而排水良好的土壤，耐寒性不强，对水分要求不严	
【观赏特性】 （1）半常绿灌木，花白色，果红色艳丽，树冠半常绿，冬季叶红，优良观赏树种； （2）花期5～7月，果期9～10月	

续上表

91. 蜡梅(蜡梅花) Chimonanthus praecos	
【生长区域】 　贵州各地有分布	
【生长特性】 　喜光,也略耐阴,较耐寒,对土壤要求不严,树体生长势强,分枝旺盛,根茎部易生萌蘗,耐修剪,易整形	
【观赏特性】 　(1)落叶丛生灌木,在霜雪寒天傲然开放,花黄似腊,浓香扑鼻,是冬季观赏主要花木; 　(2)花期12~次年3月,果期8月	
92. 夹竹桃 Nerium indicum	
【生长区域】 　贵州各地有栽培	
【生长特性】 　喜光,喜温暖湿润气候,耐寒、耐旱力强	
【观赏特性】 　(1)常绿直立大灌木; 　(2)叶片如柳似竹,红花灼灼,胜似桃花,花冠粉红至深红或白色; 　(3)花期为6~10月	
93. 鹅掌柴(鸭脚木) Schefflera octophylla	
【生长区域】 　分布于黔南、黔东南	
【生长特性】 　(1)性喜暖热湿润气候,喜光,也较耐阴,常见于沟谷林缘或林中; 　(2)现多见于盆栽观赏或小区绿化	
【观赏特性】 　(1)常绿乔木或灌木,植株紧密,树冠整齐优美,可供观赏; 　(2)花期在冬季,果期9~10月	

续上表

94. 凤尾兰(丝兰) *Yucca gloriosa*	
【生长区域】 贵州各地均有栽培	

【生长特性】
  (1)喜温暖湿润和阳光充足环境,耐寒,耐阴,耐旱也较耐湿,对土壤要求不严;
  (2)对有害气体有很强的抗性和吸收能力	

【观赏特性】
  (1)灌木或小乔木;
  (2)常年浓绿,花、叶皆美,树态奇特,叶形如剑,开花时花茎高耸挺立,花色洁白,姿态优美,花期持久,幽香宜人,是良好的庭园观赏树木;
  (3)花期6~10月	

95. 金丝桃(土连翘) *Hypericum monogynum*	
【生长区域】 分布于佛顶山、赤水、习水、金沙、独山、三都、荔波、黎平、榕江、从江、普定、水城、黔西等	
【生长特性】 生于草坡或岩石坡、疏林下、草地及悬岩上,较耐干旱瘠薄,喜光,强性树种	

【观赏特性】
  (1)半常绿灌木,常作花径两侧的丛植,花时一片金黄,鲜明夺目,妍丽异常;
  (2)观花类,6~8月观黄花	

96. 千头柏(凤尾柏) *Platycladus orientalis* cv. Sieboldii	
【生长区域】 贵州各地有栽培	

【生长特性】
  (1)喜光,有一定耐阴力;
  (2)喜温暖湿润气候	

【观特性】
  (1)丛生灌木,丛生,枝叶密,四季常青;
  (2)花期3~4月,果期10~11月	

续上表

97. 清香木(细叶楷木)
Pistacia weinmanifolia

【生长区域】
  贵州产于毕节、兴义、安龙、水城等地

【生长特性】
  (1)耐干旱瘠薄,喜光,能耐 -9℃低温,但幼苗不耐寒,先锋性树种;
  (2)海拔 800～1 400m 的干热河谷阔叶林中

【观赏特性】
  (1)常绿灌木或小乔木,枝叶浓密,耐修剪;
  (2)7～10月观红色叶,花期4～5月,果期5～10月

98. 十大功劳(黄天竹)
Mahonia fortunei

【生长区域】
  贵州各地有分布

【生长特性】
  耐阴,喜温暖气候及肥沃、湿润、排水良好的土壤,耐寒性不强

【观赏特性】
  (1)常绿灌木,开黄色花,果实成熟后呈蓝紫色,叶形秀丽,尖有刺;叶色艳美,外观形态雅致;
  (2)花期5～6月,果期9～10月

99. 石榴
Punica granatum

【生长区域】
  贵州各地有栽培

【生长特性】
  对土壤要求不严,喜光、喜温暖气候,有一定耐寒能力

【观赏特性】
  (1)落叶灌木或小乔木;
  (2)树姿优美,叶碧绿而有光泽;
  (3)花色艳丽如火,花期极长,又正值花少的夏季;
  (4)花期5～6月,果期9～10月

续上表

100.绣球 Hydrangea macrophylla	
【生长区域】 　贵州各地有分布	
【生长特性】 　喜温湿和半阴环境,不甚耐寒,对栽培土壤选择性不严	
【观赏特性】 　(1)灌木; 　(2)花开时繁茂如雪,花团锦簇,衬托于清柔俏丽的碧叶中,给人以丰硕娇美、玉洁冰清之感,是庭园美化、花坛布置和盆栽的理想植材; 　(3)花期为5~8月	
101.野扇花 Sarcococca ruscifolia	
【生长区域】 　贵州省广泛分布,主要分布于黔中至黔西北地区	
【生长特性】 　喜光,耐寒,适应性极强,喜石灰岩区的林缘、灌木丛、林下、路旁	
【观赏特性】 　(1)灌木,其叶光亮,花香,果红,适应性强,宜盆栽观赏或作林下植被,也可作绿篱; 　(2)花期10月~次年3月,果期12月~次年3月	
102.野鸦椿(红果榛) Euscaphis japonica	
【生长区域】 　贵州省大部地区有分布	
【生长特性】 　喜环境湿度大、日照时间短、土壤肥沃、疏松、排水良好的典型的山区环境条件	
【观赏特性】 　(1)落叶小乔木或灌木,具有观花、观叶和赏果的效果; 　(2)春夏之际,花黄白色,集生于枝顶,满树银花,7月~次年2月观红果,花期5月	

续上表

103. 紫穗槐 Amorpha fruticosa	
【生长区域】 　广布于中国大部分地区	
【生长特性】 　喜光,耐寒、耐旱、耐湿、耐盐碱、抗风沙、抗逆性极强,萌芽性强,根系发达	
【观赏特性】 　(1)落叶灌木,枝叶繁密,又为蜜源植物; 　(2)根部有根瘤,可改良土壤,枝叶对烟尘有较强的吸附作用,又可用作水土保持、被覆地面的优良树种; 　(3)花期5～10月	

104. 胡枝子 Lespedeza bicolor	
【生长区域】 　贵州海拔1 300m以下有分布	
【生长特性】 　(1)中生性落叶灌木,耐阴、耐寒、耐干旱、耐瘠薄; 　(2)根系发达,适应性强,对土壤要求不严格	
【观赏特性】 　(1)落叶灌木,生长快,封闭性好,且适于坡地生长; 　(2)花期8～10月	

105. 车桑子 Dodonaea viscosa	
【生长区域】 　贵州西南部有分布	
【生长特性】 　温暖湿润的气候,在阳光充足,雨量充沛的环境生长良好,对土壤要求不严,以砂质壤土种植为宜	
【观赏特性】 　(1)灌木或小乔木,生于干旱山坡、旷地或海边的砂土上,可用作水土保持、被覆地面的优良树种; 　(2)花期秋末,果期冬末春初	

5　贵州高速公路绿化工程植物选择

表 5-4　植物特性表(藤本篇)

106. 粉背羊蹄甲 *Bauhinia glauca*	
【生长区域】 　分布于梵净山、开阳、松桃、赤水、黎平、荔波、册亨、望谟、从江、榕江、锦平等地	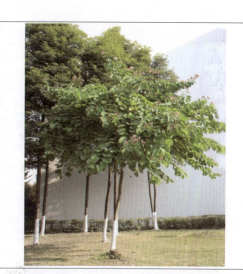
【生长特性】 　(1)喜光,喜湿热环境; 　(2)海拔650~1 000m	
【观赏特性】 　(1)蔓木类,作为藤木用; 　(2)5~7月观紫红幼叶,花期5~6月,果期9~10月	
107. 常春油麻藤(常绿黎豆) *Mucuna sempervirens*	
【生长区域】 　分布贵州荔波、册亨、兴义、凯里、修文、清镇、赤水等地	
【生长特性】 　(1)喜光,喜湿热环境,也较耐干旱瘠薄; 　(2)海拔600~1 250m	
【观赏特性】 　(1)常绿大型木质缠绕藤本; 　(2)4~5月观紫、红色花	
108. 常春藤 *Hedera nepalensisvar. sinensis*	
【生长区域】 　贵州各地均有栽培	
【生长特性】 　性极耐阴,有一定耐寒性,对土壤和水分要求不高,但以中性土壤为好	
【观赏特性】 　常绿藤本,花期8~9月,果期10~11月	

续上表

109. 葛藤(葛花藤) Pueraria spp.	
【生长区域】 贵州各地有分布	
【生长特性】 较耐干旱瘠薄,生长迅速,不择土壤,蔓延力强	
【观赏特性】 藤本,花期8月,果期11月	

110. 爬山虎(趴山虎) Parthenocissus tricuspidata	
【生长区域】 贵州各地有分布	
【生长特性】 喜阴,耐寒,对土壤及气候适应能力很强	
【观赏特性】 落叶藤本,优美的攀缘植物,常用作垂直绿化,花期6月,果期10月	

111. 细圆藤 Pericampylus glaucus	
【生长区域】 分布于正安、道真、从江、黎平、锦平、荔波等地	
【生长特性】 (1)喜光,对土壤要求不严,也较耐干旱瘠薄; (2)海拔300~1 400m	
【观赏特性】 (1)常绿藤本; (2)花期5~6月,果期8~10月	

5 贵州高速公路绿化工程植物选择

表 5-5　植物特性表（草本篇）

112. 白三叶（白车轴草） Trifolium repens	
【生长区域】 　贵州各地均有栽培	
【生长特性】 　（1）喜温暖，对土壤要求不高，耐贫瘠，耐酸； 　（2）适应性广，海拔 500～3 600m 都能正常生长	
【观赏特性】 　多年生草本，花期 4～11 月	

113. 波斯菊 Cosmos bipinnatus	
【生长区域】 　贵州各地均有栽培	
【生长特性】 　（1）喜温暖，不耐寒，也忌酷热； 　（2）喜光，耐干旱瘠薄，排水良好的砂质土壤； 　（3）忌大风，宜种背风处	
【观赏特性】 　（1）草本，株形高大，叶形雅致； 　（2）花色丰富，有粉、白、深红等色，花期 6～10 月	

114. 狗牙根 Cynodon dactylon	
【生长区域】 　分布于长江流域及其以南地区	
【生长特性】 　（1）具有根状茎和匍匐枝，须根细而坚韧； 　（2）具有耐践踏，侵占能力强，繁殖能力强等特点	
【观赏特性】 　（1）多年生草本，观叶类，广泛用于固土护坡； 　（2）花期 5～10 月	

续上表

115. 黑麦草 Lolium perenne	
【生长区域】 　贵州各地均有栽培	
【生长特性】 　须根发达,但入土不深,丛生,分蘖很多,耐湿	
【观赏特性】 　多年生草本	
116. 红花酢浆草 Oxalis corymbosa	
【生长区域】 　贵州各地有栽培	
【生长特性】 　(1)喜向阳、温暖、湿润的环境,夏季炎热地区宜遮半阴; 　(2)抗旱能力较强,不耐寒	
【观赏特性】 　(1)多年生直立草本,具有植株低矮、整齐,花多叶繁,花期长,花色艳; 　(2)花期3~9月,果期9~12月	
117. 金鸡菊 Coreopsis drummondii	
【生长区域】 　贵州各地有栽培	
【生长特性】 　(1)耐寒耐旱,对土壤要求不严; 　(2)喜光,但耐半阴; 　(3)适应性强,对二氧化硫有较强的抗性	
【观赏特性】 　(1)多年生宿根草本,枝叶密集,春夏之间,花大色艳; 　(2)花期5~10月	

续上表

118. 葎草 Humulus scandens	
【生长区域】 　贵州各地有分布	
【生长特性】 　(1)喜温暖,对土壤要求不高,耐贫瘠、耐酸; 　(2)适应性广,海拔 500~3 600m 范围都能正常生长	
【观赏特性】 　(1)多年生草本; 　(2)花期 4~11 月	
119. 萱草 Hemerocallis fulva	
【生长区域】 　贵州各地有分布	
【生长特性】 　(1)性强健,耐严寒,华北可露地越冬; 　(2)喜阳光又耐半阴,喜湿润也耐旱; 　(3)适应性强,对土壤选择性不强	
【观赏特性】 　(1)多年生宿根草本,花色橙黄、花柄很长; 　(2)花期 6~7 月	
120. 千里光 Senecio scandens	
【生长区域】 　贵州各地有分布	
【生长特性】 　(1)生于山坡、疏林、林边、路旁; 　(2)适应性较强,耐干旱,耐潮湿对土壤条件要求不严	
【观赏特性】 　(1)多年生草本,花繁叶茂,花色艳丽; 　(2)花期 10~次年 3 月,果期 2~5 月	

续上表

121. 鸢尾 Iris tectorum	
【生长区域】 　贵州各地有分布	
【生长特性】 　喜阳光充足,气候凉爽,耐寒力强,也耐半阴环境	
【观赏特性】 　(1)多年生草本,花形大而美丽,花香气淡雅; 　(2)花期4~5月,果期6~8月	
122. 早熟禾 Poa annua	
【生长区域】 　贵州各地有分布	
【生长特性】 　(1)冷地型禾草,喜光,耐阴性也强,耐旱性较强; 　(2)对土壤要求不严,耐瘠薄,但不耐水湿	
【观赏特性】 　草本,冷季型草坪草,根茎发达,分蘖能力极强,青绿期长	
123. 紫花苜蓿 Medicago sativa	
【生长区域】 　贵州各地有栽培	
【生长特性】 　抗逆性强,适应范围广,能生长在多种类型的气候、土壤环境下	
【观赏特性】 　(1)多年生草本; 　(2)枝叶繁茂,花紫色,花期5~6月	

续上表

124. 二月兰(菜籽花) Orychophragmus violaceus	
【生长区域】 贵州各地有分布	
【生长特性】 (1)耐寒性强,也较耐阴; (2)适生性强,对土壤要求不严,具有较强的自繁能力	
【观赏特性】 (1)多年生草本,冬季常绿,叶绿葱葱; (2)紫色花,从下到上陆续开放,2~6月开花不绝	

125. 鸭茅 Dactylis glomerata	
【生长区域】 贵州各地有栽培	
【生长特性】 喜温暖、湿润的气候,生长缓慢,耐阴性较强	
【观赏特性】 多年生草本,冬季保持青绿	

126. 高羊茅 Festuca elata	
【生长区域】 贵州各地有分布	
【生长特性】 (1)性喜寒冷潮湿、温暖的气候; (2)耐高温,抗逆性强,耐酸、耐瘠薄,抗病性强	
【观赏特性】 (1)多年生草本; (2)圆锥花序,花果期4~8月	

127. 香根草 Vetiveria zizanioides	
【生长区域】 　贵州多地有栽培	
【生长特性】 　生长快,抗性强,具有很好的穿透性、抗拉强度等优良力学性质	
【观赏特性】 　多年生粗壮草本	
128. 沿阶草 Ophiopogon bodinieri	
【生长区域】 　贵州各地有分布	
【生长特性】 　长势强健,耐阴性强,植株低矮,根系发达,覆盖效果较快	
【观赏特性】 　(1)多年生草本; 　(2)叶色终年常绿,花色淡雅,清香宜人	

6 植物配置示例

6.1 黔北中山峡谷立地区植物配置示例

黔北中山峡谷立地区植物配置示例如图6-1和图6-2所示。

图6-1 黔北中山峡谷立地区植物配置示例一

在图6-1中,中央分隔带植物:乔木为塔柏、山茶,灌木为金叶女贞;挖方路侧植物:乔木为刺桐,灌木为木芙蓉、金叶女贞。

图6-2 黔北中山峡谷立地区植物配置示例二

在图6-2中,隧道出入口植物:乔木为刺桐、楠竹、紫竹,灌木为金叶女贞、红叶石楠,草本为波斯菊。

6.2 黔中中山丘原立地区植物配置示例

黔中中山丘原立地区植物配置示例如图6-3和图6-4所示。

图6-3　黔中中山丘原立地区植物配置示例一

在图6-3中,中央分隔带植物:乔木为紫薇,灌木为红叶石楠、红花檵木;挖方路侧植物:乔木为复羽叶栾树,灌木为红花檵木、西南红山茶;岩质边坡:藤本为常春油麻藤、爬山虎、葛藤。

图6-4　黔中中山丘原立地区植物配置示例二

在图6-4中,互通立交植物:乔木为香樟、三角枫、鸡爪槭、枫香、红花木莲、桂花、雪松,灌木为金叶女贞、红叶石楠、红花檵木、海桐、火棘、夹竹桃,草本为波斯菊、紫花苜蓿。

6.3 黔南低中山峰丛盆谷立地区植物配置示例

黔南低中山峰丛盆谷立地区植物配置示例如图6-5和图6-6所示。

图6-5 黔南低中山峰丛盆谷立地区植物配置示例一

在图6-5中,中央分隔带植物:乔木为桂花、山茶,灌木为黄杨;挖方路测植物:乔木为小叶榕、柳杉,灌木为海桐、金叶女贞。

图6-6 黔南低中山峰丛盆谷立地区植物配置示例二

在图6-6中,路堑边坡植物:灌木为粉背羊蹄甲、黄花槐、蔷薇,草本为白三叶、狗牙根、紫花苜蓿、金鸡菊、黑麦草。

6.4 黔东北低山丘陵立地区植物配置示例

黔东北低山丘陵立地区植物配置示例如图6-7和图6-8所示。

图6-7　黔东北低山丘陵立地区植物配置示例一

在图6-7中，中央分隔带植物：乔木为桂花、塔柏，灌木为海桐；挖方路侧植物：乔木为深山含笑，灌木为紫玉兰、十大功劳；路堑边坡：灌木为黄花槐、千里光、蔷薇，草本为紫花苜蓿、波斯菊、萱草。

图6-8　黔东北低山丘陵立地区植物配置示例二

在图6-8中，弃土场植物：乔木为柳杉、银桦、女贞，灌木为火棘、夹竹桃、千头柏，草本为沿阶草。

6.5 黔东南低山丘陵立地区植物配置示例

黔东南低山丘陵立地区植物配置示例如图6-9和图6-10所示。

图6-9 黔东南低山丘陵立地区植物配置示例一

在图6-9中,中央分隔带植物:乔木为紫薇、塔柏,灌木为金叶女贞;挖方路侧植物:乔木为广玉兰,灌木为紫玉兰、法国冬青。

图6-10 黔东南低山丘陵立地区植物配置示例二

在图6-10中,路堤边坡植物:灌木为黄花槐、胡枝子、黄花槐、蔷薇、粉背羊蹄甲、紫穗槐,草本为萱草、狗牙根、鸭茅、红花酢浆草、波斯菊。

6.6 黔西偏干性高原中山立地区植物配置示例

黔西偏干性高原中山立地区植物配置示例如图6-11和图6-12所示。

图6-11 黔西偏干性高原中山立地区植物配置示例一

在图6-11中,中央分隔带植物:乔木为塔柏,灌木为马缨杜鹃、金叶女贞;挖方路侧植物:乔木为柳杉,灌木为杜鹃、马缨杜鹃;岩质边坡:藤本为爬山虎、常春藤、葛藤。

图6-12 黔西偏干性高原中山立地区植物配置示例二

在图6-12中,站场植物:乔木为银杏、雪松、华山松,灌木为杜鹃、马缨杜鹃、火棘,草本为白三叶、紫花苜蓿、金鸡菊。

6.7 黔西南偏干性中山、河谷立地区植物配置示例

黔西南偏干性中山、河谷立地区植物配置示例如图6-13和图6-14所示。

图6-13 黔西南偏干性中山、河谷立地区植物配置示例一

在图6-13中,中央分隔带植物:乔木为塔柏,灌木为三角梅;挖方路侧植物:乔木为桂花、鹅掌楸,灌木为三角梅;路堑边坡:灌木为粉背羊蹄甲、车桑子、黄花槐,草本为二月兰、白三叶、黑麦草。

图6-14 黔西南偏干性中山、河谷立地区植物配置示例二

在图6-14中,隧道出入口植物:乔木为无患子、棕榈,灌木为金叶女贞、红叶石楠,草本为白三叶、二月兰。

前　言

焊接是制造业的重要加工技术,广泛应用于能源、航空航天、核电、船舶、建筑、高铁、压力容器、工程机械等领域。几乎所有的产品,从几十万吨的巨轮到不足1克的微电子元件,在生产中都不同程度地依赖焊接技术。

焊接已经渗透到制造业的各个领域,直接影响到产品的质量、可靠性和寿命以及生产的成本、效率和市场反应速度等。尤其一些带压工作的装备,质量稍有问题就会带来安全隐患,给国家和人民生命财产带来巨大威胁。国内外相关资料表明,在锅炉、压力容器的失效事故中,焊缝是主要的失效源。

焊接质量的控制是焊接产品质量管理的重要组成部分,而焊接工艺评定又是焊接质量控制的重要环节,只有把焊接质量控制建立在合格的焊接工艺、接头设计、材料及检验之上,才能生产出合格的焊接产品。

焊接工艺评定是对焊接工艺进行评估和确认的过程,对于确保焊接质量和安全具有重要意义。在焊接工艺评定中,需要对焊接材料、焊接设备以及焊接操作进行综合评估,以确定焊接参数和焊接程序,确保焊接质量符合设计要求和标准规范。

本书在编写过程中,坚持以就业为导向、以能力为本位,力求教学内容与企业生产过程的要求一致,结合承压类特种设备生产加工工艺要求,关注焊接专业毕业生就业的主要工作岗位和学生的可持续发展,同时注重培养学生的守法意识和质量意识;采用企业产品在真实的企业情境中组织教学,使学生感受到企业氛围和文化,培养学生的职业素养。

本书依据特种设备制造焊接工艺生产流程的实际工作过程,选取了有代表性的行业产品——分离器作为教学项目,结合学生的认知规律,把企业真实产品的焊接工艺评定和焊接工艺规程编制,分解成八个工作项目和若干个工作任务。根据企业真实的产品,依据承压类特种设备生产法规和标准,采用审查焊接生产图样及编制焊接接头编号表、确定焊接工艺评定项目、下达焊接工艺评定任务书、编制预焊接工艺规程、实施焊接工艺评定试验、编制焊接工艺评定报告和焊接工艺规程、选择合格的焊接工艺评定和持证焊工、编制产品焊接作业指导书等形式编排教学内容,实施项目教学,同时对应工作任务设置教学案例,以培养学生自主学习的能力。

本书采用活页式装订方式,任务项目化的编写思路,理论与实践相结合。活页式教材在形式上更加新颖活泼,在内容上更加强调精炼简洁,可提高学生的学习兴趣,与此同时又可让学生的职业操作能力得到充分的锻炼以适应岗位的需求。活页式教材能够随时根据行业发展情况更换或增减内容及书页,可降低学校和教师为适应新行业要求更新教材所产生的成本。

本书专业内容丰富,可作为高等职业院校学生学习焊接相关知识的教材,也可作为高等职业教育及各类成人教育焊接专业的教材,亦可作为应用型本科教学或企业培训用书,可供焊接类相关技术人员进行选择性模块学习,同时也可供企业和社会上从事焊接以及焊接检验人员参考使用。

本书由天津城市建设管理职业技术学院刘婧、张冰、孙静,中国石油天然气管道局第六工程公司刘智、刘华伟,中国电建集团核电工程有限公司赵振亮;三一重工三一机器人科技有限公司刘小共同编制。其中,项目一、项目二由刘婧编写,项目三、项目六由刘婧、张冰、孙静编写,项目四、项目五由刘婧、刘智、刘华伟编写,项目七、项目八由刘婧、赵振亮、刘小、刘华伟编写。全书由刘婧负责策划并统稿。

本书在编写过程中得到了中国石油天然气管道局第六工程公司(大港油建)、中国电建集团核电工程有限公司、三一重工三一机器人科技有限公司、天津市热电有限公司的帮助和支持。在本书编写曾参阅了相关文献资料以及网络资源,在此对这些资料的作者表示衷心感谢!

限于编者水平和能力,且焊接技术发展迅速,书中难免存在不足和疏漏,恳请广大读者批评指正。

编者

2022 年 7 月

Contents 目录

焊接工艺评定的重要性

项目一　编制分离器焊接接头编号示意图

技能资料一　承压设备安全技术规范 /4
技能资料二　特种设备安全技术规范 /7
技能资料三　压力容器的结构和生产流程 /9
技能资料四　焊接接头的分类 /12
技能资料五　承压设备制造企业焊接技术（工艺）员的岗位职责 /14
工作案例　空气储罐焊接接头示意图 /15
工作任务　编制分离器焊接接头示意图 /16

项目二　确定分离器焊接工艺评定项目

技能资料一　常用焊接工艺评定标准及选择应用 /20
技能资料二　NB/T 47014—2011 焊接工艺评定因素 /23
技能资料三　NB/T 47014—2011 各种焊接方法通用焊接工艺评定因素和评定规则 /24
技能资料四　NB/T 47014—2011 各种焊接方法专用焊接工艺评定因素 /29
技能资料五　承压设备焊接工艺评定试件分类对象 /31
技能资料六　评定方法 /33
工作案例　空气储罐焊接工艺评定项目的确定 /34
工作任务　分离器焊接工艺评定项目的确定 /36

项目三　编制分离器对接焊缝焊接工艺评定任务书

技能资料一　特种设备焊接工艺评定的重要性、目的和特点 /40

技能资料二　承压设备焊接工艺评定的依据 /42

技能资料三　承压设备焊接工艺评定流程 /43

工作案例　4 mm Q235B 焊条电弧焊对接焊缝焊接工艺评定任务书 /45

工作任务　分离器焊接工艺评定任务书 /54

项目四　编制对接焊缝焊接工艺评定预焊接工艺规程

技能资料一　承压设备焊接工艺评定的基础 /58

技能资料二　承压设备焊接工艺评定适用范围 /59

技能资料三　承压设备焊接工艺评定规则 /60

技能资料四　承压设备预焊接工艺规程编制的基础和要求 /61

工作案例　编制空气储罐 4 mm Q235B 对接焊缝预焊接工艺规程（pWPS02）/62

工作任务　编制分离器焊接工艺评定预焊接工艺规程 /72

项目五　完成对接焊缝焊接工艺评定报告（PQR01）

技能资料一　PQR01 焊接工艺评定试件的焊接和无损检测 /76

技能资料二　PQR01 焊接工艺评定力学性能试样的截取和加工 /83

实施任务 1　PQR01 焊接工艺评定试样拉伸试验 /91

实施任务 2　PQR01 焊接工艺评定试样弯曲试验 /97

实施任务 3　PQR01 焊接工艺评定试样冲击试验 /105

工作案例　PQR02 对接焊缝焊接工艺评定试验 /112

工作任务　编制分离器焊接工艺评定任务书 /115

项目六　编制对接焊缝焊接工艺评定报告（PQR01）

技能资料一　焊接工艺评定报告的合法性 /120
技能资料二　焊接工艺评定报告的合格指标 /121
工作案例　4 mm Q235B 焊条电弧焊对接焊缝焊接工艺评定报告（PQR02）/124
工作任务　编制分离器对接焊缝焊接工艺评定报告（PQR01）/132

项目七　编制对接焊缝焊接工艺规程（WPS01）

技能资料一　焊接工艺规程的编制流程 /136
技能资料二　焊接工艺评定报告（PQR）与工艺规程（WPS）的关系 /137
技能资料三　pWPS、PQR、WPS 对比分析 /138
工作案例　编制 4 mm Q235B 焊条电弧焊焊接工艺规程（WPS02）/140
工作任务　编制分离器对接焊缝焊接工艺规程（WPS01）/146

项目八　编制分离器焊缝焊接工艺规程

技能资料一　焊接工艺规程的内容和要求 /150
技能资料二　焊接工艺评定 /151
技能资料三　焊接材料 /153
技能资料四　焊接坡口 /155
技能资料五　预热、后热和焊后热处理 /157
技能资料六　焊接设备和施焊条件 /159
技能资料七　特种设备持证焊工选择 /161
技能资料八　承压设备焊接试件要求 /171
工作案例一　完善空气储罐焊接接头编号表 /173
工作案例二　编制空气储罐焊接接头的焊接作业指导书 /176
工作任务　编制分离器焊接工艺规程 /187

附录：焊接工艺评定示例

参考文献

焊接工艺评定的重要性

焊接质量控制是焊接产品质量管理的重要组成部分,而焊接工艺评定又是焊接质量控制的重要环节,只有把焊接质量控制建立在合格的焊接工艺、接头设计、材料及检验之上,才能生产出合格的焊接产品。

能源装备制造业现已成为带动我国产业升级的新增长点,石油化工、海洋能源、电站及钢结构等诸多能源相关的大型工程建设进入了快速发展新阶段,对焊接质量、焊接效率和焊接技术水平都提出了更高的要求,也推动了焊接技术向前发展。

焊接作为能源装备制造业的重要加工方法,其质量的优劣直接影响装备的质量、安全运行和寿命,尤其对于一些带压工作的能源装备,质量稍有问题就会带来安全隐患,给国家和人民生命财产带来潜在的巨大威胁。国内外有关资料表明,在锅炉、压力容器的失效事故中,焊缝是主要的失效源,而焊接质量不佳是事故的重要原因。

我国早在20世纪70年代,就由通用机械研究所负责制定了焊接工评定标准《压力容器 焊接工艺评定》(JB 3964—1985),并引进国外先进焊接管理标准《焊接工艺规程》(*Welding Procedure Specification*,简称 WPS)和《焊接工艺评定报告》(*Procedure Qualification Report*,简称 PQR)。PQR 和 WPS 自引进以来,已成为我国锅炉、压力容器及压力管道制造、安装、维修必不可少的技术文件,也已成为相应法规或规程中强制执行的条款。

知识链接

我国的承压设备法规标准体系由"法律—行政法规—行政规章—安全技术规范(TSG)和技术法规(含强制性国家标准)—标准(GB、NB等)"五个层级构成,其结构层次如图0-1所示。承压设备技术法规和标准是安全质量管理的基础及安全监察和监督检验执法的依据。

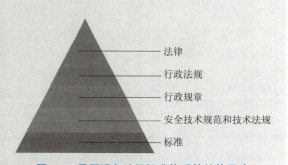

图0-1 承压设备法规标准体系的结构层次

情景设置

依据学生的认知规律,选择典型压力容器产品中的分离器焊接作为教学项目,分析焊接技术员工作岗位所需的知识、能力、素质,根据焊接技术员岗位的具体要求,凝练岗位典型工作任务,强调教学内容与典型工作任务的要求相一致,设计了和企业焊接技术员岗位相同的工作流程作为教学任务。教学情景设置如下。

××工程设备有限公司接到订单,需要生产10台分离器产品,工艺处焊接工艺科需要编制产品焊接工艺规程(亦称焊接作业指导书)。按照国家承压设备生产制造相关法规标准,没有合格的焊接工艺评定报告不能投料生产。同学们是该焊接工艺科的技术员,请按照标准和生产过程,撰写分离器的焊接工艺评定报告并编制相应的焊接工艺规程。为了进一步提高业务能力,对接国际化生产任务,技术员可展开ASME压力罐焊接工艺评定及规程编制的学习。

同学们可分析企业产品制造的真实任务要求,按照与企业焊接技术员岗位相同的工作流程,逐一开展下列工作:首先,编制焊接接头编号(焊接接头编号示意图),确定焊接工艺评定项目,编制对接焊缝焊接工艺评定任务书和预焊接工艺规程(preliminary Welding Procedure Specification,pWPS),开展焊接工艺评定试验(包括焊接工艺评定试板的焊接和无损检测,工艺评定试样的截取和加工以及力学性能试验),编制焊接工艺评定报告(Procedure Qualification Record,PQR)和焊接工艺规程(Welding Procedure Specification,WPS);然后,依据合格的焊接工艺评定报告编制A、B、C、D、E类焊接接头的焊接工艺规程[焊接作业指导书(Welding Working Instruction,WWI)],依据标准评定工艺编制焊接工艺规程(焊接作业指导书),培养学生的守法意识和质量意识。本书采用企业产品在真实的企业情境中组织教学,使学生感受到企业氛围和文化,培养学生的职业素养。本书建议采用项目化教学,学生以小组的形式完成任务,培养其自主学习、与人合作、与人交流的能力。

项目一

编制分离器焊接接头编号示意图

工作分析

我们××工程设备有限公司接到 10 台分离器的订单,按照国家承压设备生产制造相关法规标准,没有合格的焊接工艺评定报告无法投料生产。我们首先需要查阅分离器装配图,分析分离器生产用钢材规格,按照标准和生产过程,确定焊接接头的数量,画出分离器的焊接接头分布图,然后依据《压力容器》(GB 150—2011)系列标准对焊接接头编号。

基本工作思路:

1)阅读分离器产品图纸,分析产品结构和生产应该遵循的标准;

2)查阅分离器生产要遵守的安全技术规范《固定式压力容器安全技术监察规程》(TSG 21—2016)对焊接的要求;

3)列出分离器各部件用金属材料牌号及规格尺寸;

4)咨询常用 Q235B 板的规格尺寸,画出分离器的焊接接头分布图;

5)按照 GB 150—2011 系列标准中的焊接接头编号规则对分离器焊接接头进行编号;

6)了解分离器焊接接头的焊接生产对焊接工艺评定和持证焊工的要求。

学习目标

1. 熟知《固定式压力容器安全技术监察规程》,并掌握其对焊接的基本要求;

2. 掌握 GB 150—2011 系列标准中的焊接接头编号规则,熟悉焊接接头形式;

3. 了解常用钢板的规格尺寸,明白压力容器的结构和生产流程;

4. 能够审查分离器装配图的正确性和结构工艺性;

5. 能够按照分离器生产用钢材规格等,确定焊接接头的数量,画出焊接接头并对其编号;

6. 具有查阅资料、自主学习和勤于思考的能力,以及踏实细致、认真负责的工作态度;

7. 具有自觉遵守法规、标准的意识,以及踏实细致、认真负责的工作态度。

焊接工艺评定

工作必备

 技能资料一　承压设备安全技术规范

为了保障固定式压力容器的安全生产和使用,预防和减少事故,保护人民生命和财产安全,促进经济社会发展,国家市场监督管理总局颁布了特种设备安全技术规范《固定式压力容器安全技术监察规程》(TSG 21—2016,俗称《大容规》),要求所有固定式压力容器的设计、制造、改造和修理单位都必须遵守《大容规》。

1.《大容规》的适用范围

承受压力的设备有很多,但生产时必须遵循《大容规》的压力容器需同时具备下列条件。

1)工作压力大于或等于 0.1 MPa[1]。

2)容积大于或等于 0.03 m^3,并且内直径(对非圆形截面指截面内边界最大几何尺寸)大于或等于 150 mm[2]。

3)盛装介质为气体、液化气体以及介质最高工作温度高于或者等于其标准沸点的液体[3]。

注释:

[1] 工作压力是指在正常工作情况下,压力容积顶部可能达到的最高压力(表压力)。

[2] 容积是指压力容器的几何容积,即由设计图样标注的尺寸计算(不考虑制造公差)并且圆整后得到的容积,一般需要扣除永久连接在压力容器内部的内件的体积。

[3] 容器内介质为最高工作温度低于其标准沸点的液体时,当气相空间的容积大于或等于 0.03 m^3 时,也属于《大容规》的适用范围。

2. 压力容器的本体

适用于《大容规》的压力容器,其范围包括压力容器本体、安全附件及仪表。在压力容器生产中,需要焊接的压力容器本体,依据《大容规》第 1.6.1 条的规定,包括下面内容。

1)压力容器与外部管道或者装置焊接(粘接)连接的第一道环向接头的坡口面、螺纹连接的第一个螺纹接头端面、法兰连接的第一个法兰密封面、专用连接件或者管件连接的第一个密封面。

2)压力容器开孔部分的承压盖及其紧固件。

3)非受压元件与受压元件的连接焊缝。

压力容器本体中的主要受压元件,包括筒节(含变径段)、球壳板、非圆形容器的壳板、封头、平盖、膨胀节、设备法兰,热交换器的管板和换热管、M36 以上(含 M36)螺柱以及公称直径大于或等于 250 mm 的接管和管法兰。

3. 压力容器的分类

(1)压力容器常见的分类

压力容器的分类方式有很多,简要介绍如下。

1)依据设计压力等级分为低压、中压、高压和超高压四种：

①低压（代号L），0.1 MPa≤p<1.6 MPa；

②中压（代号M），1.6 MPa≤p<10.0 MPa；

③高压（代号H），10.0 MPa≤p<100.0 MPa；

④超高压（代号U），p≥100.0 MPa。

2)依据设计温度分为低温、常温和高温三种：

低温容器，t≤-20 ℃；常温容器，-20 ℃<t<450 ℃；高温容器，t≥450 ℃。

3)依据支腿形式，分为卧式和立式容器。

4)依据在生产工艺过程中的作用原理分为以下几种：

①反应压力容器（代号R），主要是用于完成介质的物理、化学反应的压力容器，如各种反应器、反应釜、聚合釜、合成塔、变换炉、煤气发生炉等；

②换热压力容器（代号E），主要是用于完成介质的热量交换的压力容器，如各种热交换器、冷却器、冷凝器、蒸发器等；

③分离压力容器（代号S），主要是用于完成介质的流体压力平衡缓冲和气体净化分离的压力容器，如各种分离器、过滤器、集油器、洗涤器、吸收塔、铜洗塔、干燥塔、汽提塔、分汽缸、除氧器等；

④储存压力容器（代号C，其中球罐代号B），主要是用于储存或者盛装气体、液体、液化气体等介质的压力容器，如各种形式的储罐。

在一种压力容器中，如同时具备两个以上的工艺作用原理，应当按照工艺过程中的主要作用来划分。

（2）《大容规》中压力容器的分类

根据《大容规》第1.7条规定，根据压力容器的危险程度，将其划分为Ⅰ、Ⅱ、Ⅲ类。此种分类方法是由设计压力、容积和介质同时决定的。

压力容器的介质分为两组，第一组介质是指毒性危害程度为极度、高度危害的化学介质，易爆介质，液化气体；除第一组介质以外的都是第二组介质。第一组介质和第二组介质分别如图1-1和图1-2所示。

介质毒性危害程度和爆炸危险程度可以依据《压力容器中化学介质毒性危害和爆炸危险程度分类标准》（HG/T 20660—2017）确定。HG/T 20660—2017没做规定的，由压力容器设计单位参照《职业性接触毒物危害程度分级》（GBZ/T 230—2010）的原则，确定介质组别。

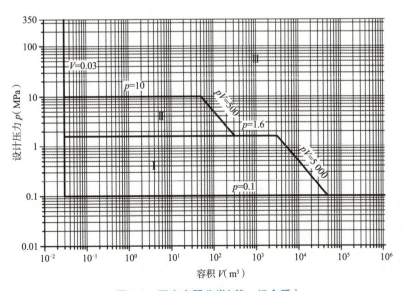

图1-1 压力容器分类（第一组介质）

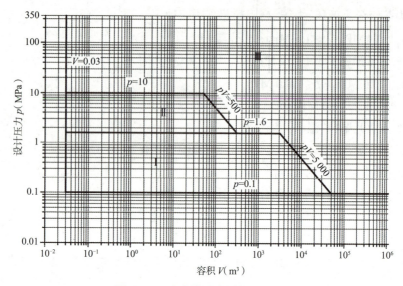

图 1-2　压力容器分类（第二组介质）

技能资料二　特种设备安全技术规范

在焊接生产遵循《大容规》中特种设备安全技术规范的压力容器时,依据第4.2.1条,必须严格执行的要求有焊接工艺评定、焊工、压力容器拼接与组装和焊缝返修。

1. 焊接工艺评定

《承压设备焊接工艺评定》(NB/T 47014—2011)中第3.1条,对焊接工艺评定的定义为:为使焊接接头的力学性能、弯曲性能或堆焊层的化学成分符合规定,对预焊接工艺规程(pWPS)进行验证性试验和结果评价的过程。该标准在第4.3条又同时指出:焊接工艺评定应在本单位进行;焊接工艺评定所用设备、仪表应处于正常工作状态,金属材料、焊接材料应符合相应标准,由本单位操作技能熟练的焊接人员使用本单位设备焊接试件。

焊接工艺评定试验不同于以科学研究和技术开发为目的而进行的试验,焊接工艺评定的目的主要有两个:一是为了验证焊接产品制造之前所拟定的焊接工艺是否正确;二是评定即使所拟定的焊接工艺是合格的,但焊接结构生产单位是否能够制造出符合技术条件要求的焊接产品。

也就是说,焊接工艺评定的目的除了验证焊接工艺规程的正确性外,更重要的是评定制造单位的能力。所谓焊接工艺评定,就是按照拟定的焊接工艺(包括接头形式、焊接材料、焊接方法、焊接参数等),依据相关规程和标准,试验测定和评定拟定的焊接接头是否具有所要求的性能。焊接工艺评定的目的在于检验、评定拟定的焊接工艺的正确性、合理性,是否能满足产品设计和标准规定,评定制造单位是否有能力焊接出符合要求的焊接产品,为制定焊接工艺提供可靠依据。

《大容规》对压力容器焊接工艺评定的要求如下:

1)对压力容器产品施焊前,受压元件焊缝、与受压元件相焊的焊缝、熔入永久焊缝内的定位焊缝、受压元件母材表面堆焊与补焊以及上述焊缝的返修焊缝都应当进行焊接工艺评定或者具有经过评定合格的焊接工艺规程(WPS)支持。

2)压力容器的焊接工艺评定应当符合NB/T 47014—2011的要求。

3)监督检验人员应当对焊接工艺评定的过程进行监督。

4)焊接工艺评定完成后,焊接工艺评定报告(PQR)和焊接工艺规程应当由制造单位焊接责任工程师审核,技术负责人批准,经过监督检验人员签字确认后存入技术档案。

5)焊接工艺评定技术档案应当保存至该工艺评定失效为止,焊接工艺评定试样应当至少保存5年。

2. 焊工

1)压力容器焊工应当依据有关安全技术规范的规定考核合格,取得相应项目的《特种设备作业人员证》后,方能在有效期内承担合格项目范围内的焊接工作。

2)焊工应当依据《焊接工艺规程》或者《焊接作业指导书》施焊并且做好施焊记录,制造单位的核查人员应当对实际的焊接工艺参数进行检查。

3)应当在压力容器受压元件焊缝附近的指定部位打上焊工代号钢印,或者在焊接记录(含焊缝布置图)中记录焊工代号,焊接记录列入产品质量证明文件。

4)制造单位应当建立焊工技术档案。

3. 压力容器拼接与组装

1）球形储罐球壳板不允许拼接。
2）压力容器不宜采用十字焊缝。
3）压力容器制造过程中不允许强力组装。

4. 焊缝返修

焊缝返修（包括母材缺陷补焊）的要求如下。

1）应当分析缺陷的产生原因，提出相应的返修方案。

2）返修时，应当依据《大容规》第4.2.1条进行焊接工艺评定或者具有经过评定合格的焊接工艺规程支持，施焊时应当有详尽的返修记录。

3）焊缝同一部位的返修次数不宜超过2次，如超过2次，返修前应当经过制造单位技术负责人批准，并且将返修的次数、部位、返修情况记入压力容器质量证明文件。

4）要求焊后热处理的压力容器，一般在热处理前进行焊缝返修，如需要在热处理后进行焊缝返修，应当根据补焊深度确定是否需要进行消除应力处理。

5）对于有特殊耐蚀要求的压力容器或者受压元件，返修部位仍需要保证不低于原有的耐蚀性能。

6）返修部位应当依据原要求经过检验并合格。

技能资料三 压力容器的结构和生产流程

1. 压力容器的基本结构

圆筒形压力容器的外壳由筒体、封头、法兰、密封元件、开孔与接管以及支座六大部分构成。对于储存容器,外壳即是容器,如图 1-3 所示。而对于反应、传热、分离等容器,还需依据生产工艺所需,增加其他配件,才能构成完整的容器。

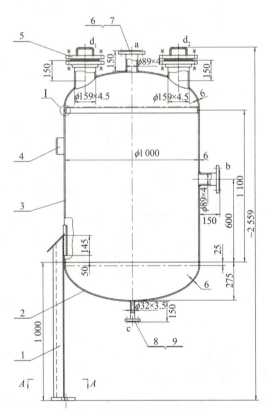

图 1-3 压力容器基本结构

1—支腿;2—椭圆形封头;3—筒体;4—铭牌座;5—手孔;6、7、8、9—接管与法兰

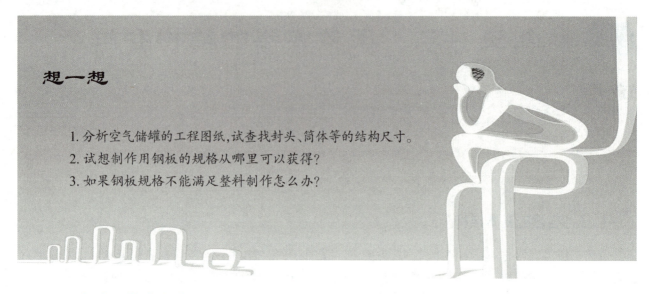

想一想

1. 分析空气储罐的工程图纸,试查找封头、筒体等的结构尺寸。
2. 试想制作用钢板的规格从哪里可以获得?
3. 如果钢板规格不能满足整料制作怎么办?

2. 压力容器的生产流程

压力容器从材料采购入库到产品出厂的生产流程比较复杂,图1-4是图1-3所示压力容器的生产流程简图。

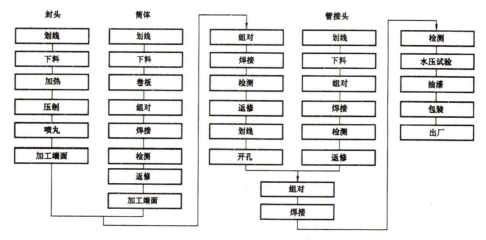

图1-4 压力容器生产流程简图

(1)封头制作及焊接接头数量的确定

封头根据其几何形状的不同,可分为球形封头、椭圆形封头、碟形封头、锥形封头和平底形封头等。确定封头制作过程中焊接接头的数量时,需先计算其下料展开直径,然后分析制作用钢材规格,确定是否需要拼接,进而计算出封头制作过程中焊缝的数量。

1)封头(整料)。图1-3所示的上、下封头为标准的椭圆形封头,封头直径D_i=1 000 mm,直边高度h=25 mm,封头名义厚度δ_n=6 mm,该封头的下料展开直径可以用下面的公式计算:

$$\Phi = 1.21D_i + 2h + \delta_n$$
$$= (1.21 \times 1\,000 + 2 \times 25 + 6)\,\text{mm}$$
$$= 1\,266\,\text{mm}$$

技术员经与物资处材料科沟通,通过核实该压力容器制作用钢板材质单等,确定目前钢板的长为8 000 mm,宽为1 800 mm,超过了1 266 mm,因此图1-3所示的椭圆形封头无须拼接,可以直接下料,切割成一块厚度为6 mm、直径为1 266 mm的圆形钢板,无拼焊接头,之后热压成型。

2)封头(需拼接)。如某封头直径 D_i=2 000 mm,直边高度 h=40 mm,封头名义厚度 δ_n=12 mm,则封头的下料展开直径为

$$\Phi = 1.21D_i + 2h + \delta_n$$
$$= (1.21 \times 2\,000 + 2 \times 40 + 12)\,\text{mm}$$
$$= 2\,512\,\text{mm}$$

此时就需要用图 1-5(a)所示的两块钢板拼接后,再切割成图 1-5(b)所示的直径为 2 512 mm 的圆形钢板,然后经热压成型为内径为 2 000 mm 的封头,如图 1-5(c)所示;成品如图 1-5(d)所示。

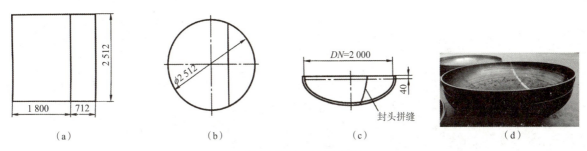

图 1-5 需要拼接封头的制作
(a)两块钢板拼接 (b)切割成圆形钢板 (c)压制成型 (d)封头成品

(2)筒体制作及焊接接头数量的确定

确定筒体制作过程中焊接接头数量的过程与封头的情况类似:计算下料展开直径→分析制作用钢材规格→确定是否拼接→得出制作过程中焊缝数量。

1)筒体(整料)。图 1-3 所示的压力容器的筒体是圆柱筒体,它提供储存物料或完成化学反应所需要的压力空间。筒体圆柱部分高度为 1 100 mm,内直径为 1 000 mm,壁厚为 6 mm,中间筒体部分的展开长度依据中径计算为

$$L = 3.141\,5 \times (1\,000 + 6)\,\text{mm} = 3\,160\,\text{mm}$$

即中间圆柱部分展开后为长 3 160 mm、宽 1 100 mm、厚 6 mm 的矩形钢板。

制作用钢板尺寸同封头,即长 8 000 mm、宽 1 800 mm、厚 6 mm,故无须拼接,可以直接下料,切割为矩形钢板后圈制成型,筒体上有一条纵焊缝。

2)筒体(需拼接)。如某筒体直径 D_i=2 000 mm,高度为 3 000 mm,厚度 δ_n=12 mm,则该筒体周长为

$$L = 3.141\,5 \times (2\,000 + 12)\,\text{mm} = 6\,321\,\text{mm}$$

筒体的高度为 3 000 mm,则该筒体展开后为长 6 321 mm、宽 3 000 mm、厚 12 mm 的矩形钢板。

制作用钢板尺寸为长 8 000 mm、宽 1 800 mm、厚 12 mm,显然不能满足整料切割要求,需要用长为 6 321 mm,宽分别为 1 800 mm 和 1 200 mm 的两块钢板拼接,如图 1-6(a)所示。先分别下料、圈制并焊接两条纵焊缝,再将两筒节组对焊接环焊缝,进而得到外径为 2 024 mm、高为 3 000 mm 的筒体,如图 1-6(b)所示。

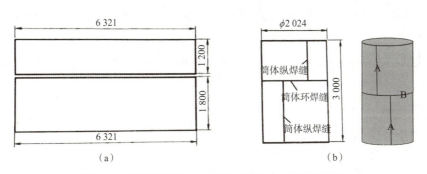

图 1-6 直径为 2000 mm、高为 3000 mm 的筒体制作
(a)筒体下料 (b)筒节组对

焊接工艺评定

技能资料四　焊接接头的分类

对于在压力容器制造过程中形成的焊接接头焊缝,常用单条粗实线画出来。这些由粗实线组成的所有焊接接头的编号图,一般简称为焊接接头编号图。

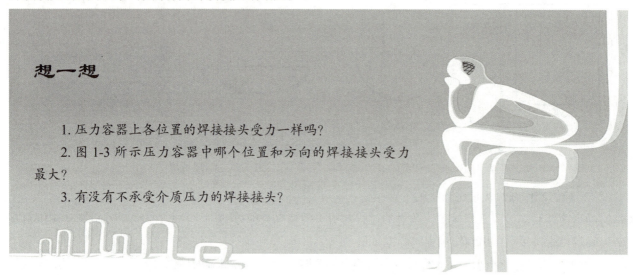

想一想

1. 压力容器上各位置的焊接接头受力一样吗?
2. 图 1-3 所示压力容器中哪个位置和方向的焊接接头受力最大?
3. 有没有不承受介质压力的焊接接头?

1. 压力容器焊接接头的分类

依据《压力容器　第 1 部分:通用要求》(GBT 150.1—2011),焊接接头分类如下。

1)容器受压元件之间的焊接接头分为 A、B、C、D 四类(图 1-7)。

①圆筒部分(包括接管)和锥壳部分的纵向接头(多层包扎容器层板层纵向接头除外)、球形封头与圆筒连接的环向接头、各类凸形封头和平封头中的所有拼焊接头以及嵌入式的接管或凸缘与壳体对接连接的接头,均属 A 类焊接接头。

②壳体部分的环向接头、锥形封头小端与接管连接的接头、长颈法兰与壳体或接管连接的接头、平盖或管板与圆筒对接连接的接头以及接管间的对接环向接头,均属 B 类焊接接头,但已规定为 A 类的焊接接头除外。

③球冠形封头,平盖、管板与圆筒非对接连接的接头,法兰与壳体或接管连接的接头,内封头与圆筒的搭接接头以及多层包扎容器层板层纵向接头,均属 C 类焊接接头,但已规定为 A、B 类的焊接接头除外。

④接管(包括人孔圆筒)、凸缘、补强圈等与壳体连接的接头,均属 D 类焊接接头,但已规定为 A、B、C 类的焊接接头除外。

2)非受压元件与受压元件的连接接头为 E 类焊接接头(图 1-7)。

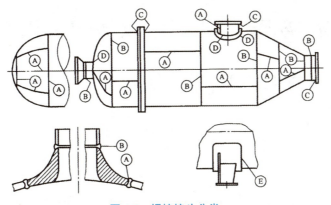

图 1-7 焊接接头分类

2. 分离器焊接接头的分类

A 类焊接接头是压力容器中受力最大的接头,因此一般要求采用双面焊或保证全焊透的单面焊缝。

B 类焊接接头的工作应力一般为 A 类焊接接头的一半。除了可采用双面焊的对接焊缝以外,也可采用带衬垫的单面焊缝。

在中低压焊缝中,C 类焊接接头的受力较小,通常采用角焊缝连接。对于高压容器、盛有剧毒介质的容器和低温容器,应采用全焊透的焊接接头。

D 类焊接接头是接管与容器的交叉焊缝,受力条件较差,且存在较高的应力集中。在厚壁容器中,这种焊缝的拘束度相当大,残余应力也较大,易产生裂纹等缺陷。因此,在这种容器中,D 类焊接接头应采用全焊透的焊接接头。对于低压容器,可采用局部焊透的单面或双面角焊缝。

在焊接生产时,依据压力容器工作时焊缝的受力情况,以及装配及焊接特点和质量的要求,一般先焊接 A 类焊接接头,然后焊接 B 类焊接接头,接着焊接 C 类焊接接头或 D 类焊接接头,最后焊接 E 类焊接接头,也可根据产品结构和生产实际条件,做适当调整。

按照《压力容器 第4部分:制造、检验和验收》(GBT 150.4—2011)的第 6.5.5 条要求,组装时,壳体上焊接接头的布置应满足以下要求。

1)相邻筒节 A 类焊接接头间外圆弧长,应大于钢材厚度 δ_s 的 3 倍,且不小于 100 mm。

2)封头 A 类拼接焊接接头、封头上嵌入式接管 A 类焊接接头、与封头相邻筒节的 A 类焊接接头相互间的外圆弧长,均应大于钢材厚度 δ_s 的 3 倍,且不小于 100 mm。

3)在组装筒体中,任何单个筒节的长度不得小于 300 mm。

4)不宜采用十字焊缝。

所有壳体组对,焊缝要尽量少,布置要合理,焊接顺序的安排要尽量保证焊接变形量最小,以减少焊接应力集中现象。

技能资料五　承压设备制造企业焊接技术（工艺）员的岗位职责

1）焊接技术（工艺）员根据图纸、法规、标准及规定，并依据合格的焊接工艺评定，编制焊接工艺规程和其他焊接工艺文件，还负责焊接工艺的更改、发放和回收，由焊接责任人审核。

2）审查产品图纸，假如有焊接工艺评定覆盖不了的焊接工艺规程，则下达焊接工艺评定任务书，由焊接责任人审核。

3）对于本公司首次使用且对其焊接性不了解的材料，应拟订预焊接工艺规程（pWPS），下达焊接性能试验任务书，由焊接试验员进行焊接性能试验。

4）焊接技术（工艺）员编制预焊接工艺规程（pWPS），由焊接责任人审核。

5）焊接责任人监督指导焊接工艺评定，焊接实验室按拟订的预焊接工艺规程施焊，焊接技术（工艺）员和焊接检验员参与整个试验过程，并做好记录和检验。

6）焊接工艺评定试验结束后，焊接技术（工艺）员负责收集整理焊接工艺评定试验数据，编制焊接工艺评定报告（PQR），依据合格的焊接工艺评定报告编制焊接工艺规程（WPS），该规程经焊接责任工程师审核、技术负责人批准，并经监督检验人员（出口产品为授权的第三方）签字确认后生效。

工作实施

工作案例　空气储罐焊接接头示意图

1. 审核技术图样

查阅和审核空气储罐技术图样，要求完成以下内容：
1）空气储罐执行规范审核，分析执行的规范是否符合要求；
2）空气储罐生产必须执行的安全规范和标准；
3）空气储罐的主要部件、数量、材料及规格，审核尺寸是否吻合、接管法兰是否配对、焊接接头形式与坡口形式是否符合标准要求等。

空气储罐技术图样

2. 绘制示意图

依据《大容规》和《压力容器》系列标准（GB/T 150.1—2011 至 GB/T 150.4—2011），列出空气储罐的焊接接头，并对焊接接头编号，绘制焊接接头编号示意图，见表 1-1。

焊接接头编号表包括焊接工艺卡编号、焊接工艺评定编号、焊工持证项目、无损检测要求等内容，本部分仅作了解，将在后续学习内容中逐步完成。

表 1-1　空气储罐焊接接头编号表

焊接接头编号示意图	接头编号	焊接工艺卡编号	焊接工艺评定编号	焊工持证项目	无损检测要求
	/				
	E4				
	E1、E2、E3				
	D1~D5				
	C1~C5				
	B1				
	A1、B2				

焊接工艺评定

工作任务　编制分离器焊接接头示意图

1)按照空气储罐工作案例,完成分离器焊接接头示意图。
2)分析分离器技术图样。
3)分离器焊接接头编号表见表1-2。

分离器技术图样

焊接接头编号表

表1-2　分离器焊接接头编号表

焊接接头编号示意图					
	接头编号	焊接工艺卡编号	焊接工艺评定编号	焊工持证项目	无损检测要求

复习思考

一、单选题

1. 根据 GB/T 150.1—2011 的规定,下列哪个选项不属于 A 类焊接接头(　　)。
   A. 壳体部分的环向对接接头　　　　　　B. 圆筒部分和锥壳部分的纵向接头
   C. 球形封头与圆筒连接的环向接头　　　D. 凸缘与壳体对接连接的接头

2. 现有宽 2 m、长 10 m 的钢板,要用其制作直径为 3 m 的标准椭圆封头,至少有(　　)条拼接焊缝。
   A.2　　　　　　　B.3　　　　　　　C.4　　　　　　　D.1

3. 现有宽 2 m、长 10 m 的钢板,要用其制作高度为 5 m 的筒体,筒体至少有(　　)条环焊缝。
   A.2　　　　　　　B.3　　　　　　　C.4　　　　　　　D.5

4. 现有宽 2 m、长 10 m 的钢板,要用其制作直径为 5 m 的筒体,筒体至少有(　　)条纵焊缝。
   A.2　　　　　　　B.3　　　　　　　C.4　　　　　　　D.5

5. 焊接工艺评定报告(PQR)和焊接工艺规程(WPS)应当由制造单位(　　)审核。
   A. 焊接工艺员　　B. 焊接工程师　　C. 焊接责任工程师　　D. 技术负责人

6. 焊接工艺评定报告（PQR）和焊接工艺规程（WPS）应当由制造单位（　　）批准,经过监督检验人员签字确认后,存入技术档案。

　　A. 焊接工艺员　　　B. 焊接工程师　　　C. 焊接责任工程师　　　D. 技术负责人

7. 焊接工艺评定技术档案应当保存（　　）。

　　A.5 年以上　　　　　　　　　　　　B. 至该工艺评定失效为止

　　C. 不需要保存

8. 焊接工艺评定试样应当保存（　　）。

　　A.5 年以上　　　　　　　　　　　　B. 至该工艺评定失效为止

　　C. 不需要保存

9. 同一部位焊缝的返修次数不宜超过（　　）次,如超过,返修前应当经过制造单位（　　）批准,并且将返修的次数、部位、返修情况记入压力容器质量证明文件。

　　A.3;焊接责任工程师　　B.3;技术负责人　　C.2;焊接责任工程师　　D.2;技术负责人

10. GB/T 150—2011 对焊接接头的编号有（　　）类。

　　A.3　　　　　　B.4　　　　　　C.5　　　　　　D.6

11. 圆筒部分（包括接管）和锥壳部分的纵向接头（多层包扎容器层板层纵向接头除外）属于（　　）类焊接接头。

　　A.A　　　　　　B.B　　　　　　C.C　　　　　　D.D

12. 球形封头与圆筒连接的环向接头属于（　　）类焊接接头。

　　A.A　　　　　　B.B　　　　　　C.C　　　　　　D.D

13. 各类凸形封头和平封头中的所有拼焊接头以及嵌入式的接管或凸缘与壳体对接连接的焊接接头属于（　　）类焊接接头。

　　A.A　　　　　　B.B　　　　　　C.C　　　　　　D.D

二、多选题

1. 适用于 TSG 21—2016 的压力容器,其范围包括（　　）。

　　A. 压力容器本体　　　B. 安全附件　　　C. 仪表　　　D. 外部的管道

2. 根据 TSG 21—2016 的规定,压力容器的主要受压元件包含下列选择中（　　）。

　　A. 设备法兰　　　　　　　　　　　　B. 公称直径小于 250 mm 的接管和管法兰

　　C. 球壳板　　　　　　　　　　　　　D. 筒节

3. 焊接压力容器受压元件的焊工,应该在焊缝附近的指定部位打上（　　）,或者在焊接记录（含焊缝布置图）中记录（　　）,焊接记录列入产品质量证明文件。

　　A. 焊工项目　　　B. 焊工姓名　　　C. 焊工代号　　　D. 焊缝编号

4. 压力容器拼接与组装,下列情况不允许的是（　　）。

　　A. 拼接球形储罐球壳板　　　　　　　B. 压力容器采用十字焊

　　C. 压力容器制造过程中强力组装　　　D. 单个筒体的长度小于 300 mm

5. 按 GB/T 150—2011 系列标准规定,属于 A 类焊接接头的有（　　）。

　　A. 圆筒部分（包括接管）和锥壳部分的纵向接头（多层包扎容器层板层纵向接头除外）

　　B. 球形封头与圆筒连接的环向接头

　　C. 各类凸形封头和平封头中的所有拼焊接头

　　D. 嵌入式的接管或凸缘与壳体对接连接的接头

6. 按 GB/T 150—2011 系列标准规定,属于 B 类焊接接头的有( )。

A. 壳体部分的环向对接接头

B. 锥形封头小端与接管连接的对接接头

C. 长颈法兰与壳体或接管连接的对接接头

D. 平盖或管板与圆筒对接连接的接头以及接管间的对接环向接头

7. 按 GB/T 150—2011 系列标准规定,属于 C 类焊接接头的有( )。

A. 球冠形封头、平盖、管板与圆筒非对接连接的接头

B. 法兰与壳体或接管连接的对接接头

C. 内封头与圆筒的搭接接头

D. 多层包扎容器层板层纵向接头

8. 按 GB/T 150—2011 系列标准规定,属于 D 类焊接接头的有( )。

A. 接管与壳体连接的接头　　　　　　B. 凸缘与壳体连接的接头

C. 补强圈与壳体连接的接头　　　　　D. 人孔圆筒与壳体连接的接头

9. 对压力容器产品施焊前,应当进行焊接工艺评定或者有具经过评定合格的焊接工艺规程(WPS)支持的焊缝或焊接有( )。

A. 受压元件焊缝、与受压元件相焊的焊缝　　B. 熔入永久焊缝内的定位焊缝

C. 受压元件母材表面堆焊与补焊　　　　　　D. 上述焊缝的返修焊缝

三、判断题

1. 根据 TSG 21—2016 规定,压力容器根据其危险程度,划分为Ⅰ、Ⅱ、Ⅲ类。　　　　　　　( )

2. 返修应当依据相关规程进行焊接工艺评定或者有具有经过评定合格的焊接工艺规程支持,施焊时应当有详尽的返修记录。　　　　　　　( )

3. 要求焊后热处理的压力容器,一般在热处理前进行焊缝返修;如在热处理后进行焊缝返修,应当根据补焊深度确定是否需要进行消除应力处理。　　　　　　　( )

4. 按 GB/T 150—2011 系列标准规定,压力容器受压元件之间焊接接头分为 A、B、C、D 四类。( )

5. 按 GB/T 150—2011 系列标准规定,非受压元件与受压元件的连接接头为 E 类焊接接头。( )

项目二

确定分离器焊接工艺评定项目

工作分析

分析分离器的技术要求,依据《承压设备焊接工艺评定》(NB/T 47014—2011),根据公司的实际生产条件,结合分离器焊接接头编号示意图,列出焊接接头明细表,在能保证焊接质量的前提下,选择最经济的焊接方法、母材和焊材等,确定分离器焊接工艺评定项目。

基本工作思路:

1)阅读分离器产品图纸,分析技术要求,确定焊接工艺评定的执行标准;

2)按照承压设备焊接工艺评定试件分类对象,对焊缝进行分类;

3)查阅焊接工艺评定执行标准,确定各种焊接方法的通用焊接工艺评定因素和评定规则、专用焊接工艺评定因素;

4)按照焊接工艺评定执行标准对评定方法的规定,结合分离器焊接接头编号示意图和焊接接头编号情况,列出焊接接头明细表;

5)查阅分离器生产要遵守的安全技术规范《大容规》和焊接工艺评定执行标准,根据公司实际生产条件,确定焊接工艺评定项目。

学习目标

1. 了解常用的焊接工艺评定标准,并能够根据工程需要选择应用;
2. 理解 NB/T 47014—2011 标准中焊接工艺评定因素和评定规则,掌握评定试件分类对象和评定方法;
3. 能够绘制分离器焊接接头编号示意图,并列出焊接接头明细表;
4. 能够根据《大容规》和焊接工艺评定执行标准,确定分离器焊接工艺评定项目;
5. 具有查阅资料、自主学习的能力,以及团队协作意识和语言表达能力;
6. 具有踏实细致、认真负责的工作态度,以及良好的职业道德和敬业精神。

工作必备

 技能资料一　常用焊接工艺评定标准及选择应用

　　焊接工艺评定是保证产品焊接质量的重要措施,但焊接工艺评定是有针对性的,各种产品的技术条件要求是不同的,如果产品是压力容器,则其工艺评定试验结果应该满足压力容器的技术条件标准要求;如果产品是承重钢结构,则其工艺评定试验结果应该满足该承重钢结构的技术条件标准要求;如果是核电产品,就需要满足核电产品的技术条件标准要求;如果是出口产品,就需要满足使用国或地区的技术条件标准要求等。焊接工艺评定工作将满足产品的技术条件作为焊接工艺评定试验合格标准的首要要求。国际上制定了许多焊接工艺评定的规范和标准,如美国机械工程师协会的《焊接、钎接和粘接评定》(ASME BPVC.Ⅸ—2017)、国际标准《金属材料焊接工艺规程及评定 焊接工艺试验》(ISO 15614)等。国内不同行业均制定了焊接工艺评定标准,如《承压设备焊接工艺评定》(NB/T 47014—2011)、《钢结构焊接规范》(GB 50661—2011)、《焊接工艺评定规程》(DL/T 868—2014)、《现场设备、工业管道焊接工程施工规范》(GB 50236—2011)、中国船级社《材料与焊接规范》等。

　　美国机械工程师协会《焊接、钎接和粘接评定》(ASME BPVC.Ⅸ—2017)的内容涵盖对焊工、焊机操作工、钎焊工和钎机操作工的评定,以及依据ASME锅炉及压力容器规范和ASME B31压力管道规范所采用的焊接或钎焊工艺的评定,是一个通用规范。除锅炉及压力容器外,该标准也被广泛应用于其他工业的焊接产品。

　　《金属材料焊接工艺规程及评定 焊接工艺试验》(ISO 15614)含有13个标准,分别规定了钢的电弧焊和气焊;镍和镍合金的电弧焊;铝及铝合金的电弧焊;非合金和低合金铸铁的熔焊;铸铝的精焊;钛、锆及其合金的电弧焊;铜和铜合金的电弧焊;堆焊;管-管板接头的焊接;水下高压湿法焊接;水下高压干法焊接;电子束及激光焊接;点焊、缝焊及凸焊;电阻对焊及闪光焊接的焊接工艺评定要求。

　　《承压设备焊接工艺评定》(NB/T 47014—2011)规定了承压设备(锅炉、压力容器、压力管道)的对接焊缝和角焊缝焊接工艺评定、耐蚀堆焊焊接工艺评定、复合金属材料焊接工艺评定、换热管与管板焊接工艺评定和焊接工艺附加评定以及螺柱电弧焊工艺评定的规则、试验方法和合格指标。该标准适用于气焊、焊条电弧焊、埋弧焊、钨极气体保护焊、熔化极气体保护焊、电渣焊、等离子弧焊、摩擦焊、气电立焊和螺柱电弧焊等焊接方法。

　　《钢结构焊接规范》(GB 50661—2011)规定了工业与民用钢结构工程中承受静荷载或动荷载、钢材厚度不小于3 mm的结构焊接。该标准适用的焊接方法包括焊条电弧焊、气体保护焊、药芯焊丝自保护焊、埋弧焊、电渣焊、气电立焊和栓钉焊及其组合。

　　《焊接工艺评定规程》(DL/T 868—2014)规定了电力行业锅炉、压力容器、管道和钢结构的制作、安装、检修实施前进行焊接工艺评定的规则、试验方法和合格标准。该标准适用于焊条电弧焊、钨极氩弧焊、熔化极实心/药芯焊丝气体保护焊、气焊、埋弧焊等焊接方法。

　　《现场设备、工业管道焊接工程施工规范》(GB 50236—2011)规定了碳素钢、合金钢、铝及铝合金、铜及铜合金、钛及钛合金(低合金钛)、镍及镍合金、锆及锆合金材料的焊接工程的施工。该标准适用于气焊、焊条电弧焊、埋弧焊、钨极惰性气体保护焊、熔化极气体保护焊、自保护药芯焊丝电弧焊、气电立焊和螺柱焊等焊接方法。

中国船级社（CCS）《材料与焊接规范》（2016版）的第三篇规定了船体结构、海上设施结构、锅炉、受压容器、潜水器、管系和重要机械构件的焊接、焊工资格考核以及焊接材料认可。该规范适用于焊条电弧焊、埋弧焊、气体保护焊和电渣焊等焊接方法。如果选用其他焊接方法，应提供相应的适应性证明材料，经CCS批准后方可采用。在船舶或海上设施建造中，若选用该规范规定以外的焊接材料（包括新焊接材料），应将其化学成分、力学性能和试验方法等有关技术资料提交CCS批准后方可采用。

1. 承压类特种设备常用标准

（1）材料标准

对于板材，有GB/T 713—2014、GB/T 3280—2015等；对于管材，有GB/T 3087—2022、GB/T 5310—2017等；对于锻件，有NB/T 47008—2017至NB/T 47010—2017等；对于有色金属，有YB/T 5351—2006、GB/T 1527—2017等；对于焊材，有GB/T 5117—2012、GB/T 5118—2012、GB/T 983—2012等。

（2）设计、制造和检验标准

《压力容器》系列（GB/T 150.1~150.4—2011）、《热交换器》（GB/T 151—2014）、《承压设备焊接工艺评定》（NB/T 47014—2011）、《压力容器焊接规程》（NB/T 47015—2011）、《承压设备产品焊接试件的力学性能检验》（NB/T 47016—2011）、《承压设备无损检测》（NB/T 47013系列）、《承压设备用焊接材料订货技术条件》（NB/T 47018系列）、《压力容器涂敷与运输包装》（NB/T 10558—2021）、《液化气体罐式集装箱》（NB/T 47057—2007）等。

（3）试验方法标准

《金属材料 拉伸试验 第1部分：室温试验方法》（GB/T 228.1—2021）、《金属材料 夏比摆锤冲击试验方法》（GB/T 229—2020）、《焊接接头弯曲试验方法》（GB/T 2653—2008）、《金属和合金的腐蚀 奥氏体及铁素体-奥氏体（双相）不锈钢晶间腐蚀试验方法》（GB/T 4334—2020）等。

知识链接

《中华人民共和国标准化法》将标准划分为国家标准、行业标准、地方标准和团体标准、企业标准。国家标准是在全国范围内统一的技术要求，由国务院标准化行政主管部门编制计划和组织草拟，并统一审批、编号、发布。国家标准的代号为"GB"，其含义是"国标"两个汉语拼音的第一个字母"G"和"B"的组合。

强制性标准是由法律规定必须遵照执行的标准。强制性标准以外的标准是推荐性标准，又称非强制性标准。推荐性国家标准的代号为"GB/T"，强制性国家标准的代号为"GB"。行业标准中的推荐性标准也是在行业标准代号后加个"T"字，如"JB/T"即机械行业推荐性标准，不加"T"即为强制性行业标准。

2. 正确理解和贯彻焊接工艺评定标准

焊接结构生产企业应致力于全面正确地理解焊接工艺评定标准的实质，并认真贯彻执行。既要使焊接工艺评定成为控制产品焊接质量的有效手段，不流于形式，又要吃透标准条款，灵活掌握，在标准允许的范围内经济合理地完成焊接工艺评定工作，特别要避免重复、不必要的工艺评定项目。

技能资料二　NB/T 47014—2011 焊接工艺评定因素

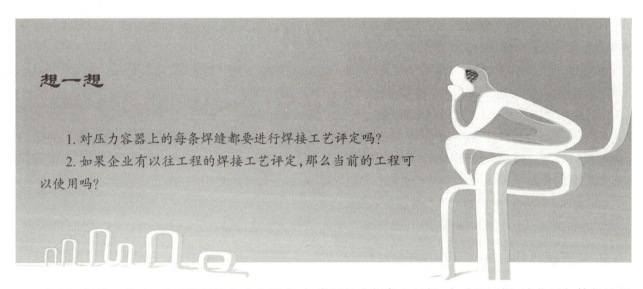

想一想

1. 对压力容器上的每条焊缝都要进行焊接工艺评定吗？
2. 如果企业有以往工程的焊接工艺评定，那么当前的工程可以使用吗？

在实际焊接工作中，涉及的焊接方法有很多，如常用的有焊条电弧焊、自动埋弧焊、熔化极气体保护焊和钨极气体保护焊等，每种焊接方法都有其特点和适用范围；焊接产品使用的钢材种类繁多，其化学成分和力学性能各不相同；焊接接头形式也多种多样；焊接位置有平、立、横、仰之分，每条焊道的焊接参数往往大不相同。因此，影响焊接的工艺因素繁多，如果条件不完全相同就做焊接工艺评定，那么评定的数量和工作量将是非常大的。前人已经为我们积累了大量的成熟经验，我们可以对上述条件进行归纳，且将重点放在这些因素对焊接接头使用性能的影响程度上，只对有重要影响的因素予以考虑。

为了减少焊接工艺评定的数量，行业制定了焊接工艺评定规则，当变更焊接工艺评定因素时，要充分注意和遵守相关的各项评定规则。NB/T 47014—2011 将各种焊接方法中影响焊接接头性能的焊接工艺评定因素划分为通用焊接工艺评定因素和专用焊接工艺评定因素，其中专用焊接工艺评定因素又分为重要因素、补加因素和次要因素；同时将各种焊接工艺评定因素分类、分组，并制定相互替代关系、覆盖关系等。

重要因素是指影响焊接接头力学性能和弯曲性能（冲击韧性除外）的焊接工艺评定因素。补加因素是指影响焊接接头冲击韧性的焊接工艺评定因素，当规定进行冲击试验时，需增加补加因素；次要因素是指对要求测定的力学性能和弯曲性能无明显影响的焊接工艺评定因素。

NB/T 47014—2011 中的焊接工艺评定因素分类如图 2-1 所示。

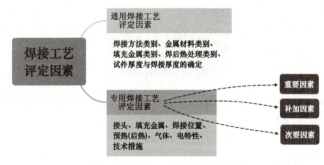

图 2-1　焊接工艺评定因素分类

技能资料三　NB/T 47014—2011 各种焊接方法通用焊接工艺评定因素和评定规则

NB/T 47014—2011将焊接方法类别、金属材料类别、填充金属类别、焊后热处理类别、试件厚度与焊件厚度的规定作为通用焊接工艺评定因素。

1. 焊接方法

（1）焊接方法及分类

NB/T 47014—2011第5.1.1条将焊接方法的类别划分为气焊（OFW）、焊条电弧焊（SMAW）、埋弧焊（SAW）、钨极气体保护焊（GTAW）、熔化极气体保护焊（GMAW）[含药芯焊丝电弧焊（FCAW）]、电渣焊（ESW）、等离子弧焊（PAW）、摩擦焊（FRW）、气电立焊（EGW）和螺柱电弧焊（SW）。

（2）焊接方法的评定规则

NB/T 47014—2011第6.1.1条规定，改变焊接方法，需要重新进行焊接工艺评定。

2. 金属材料及分类、分组和评定规则

（1）NB/T 47014—2011中的母材分类、分组规定

NB/T 47014—2011根据金属材料的化学成分、力学性能和焊接性将压力容器焊接用母材进行分类、分组。母材的分类、分组结果不仅直接影响焊接工艺评定质量与数量，而且与焊件预热、焊后热处理的温度有关。该标准从对接焊缝与角焊缝焊接工艺评定的目的出发，对焊接工艺评定标准中金属材料进行分类，在主要考虑焊接接头的力学性能的前提下，充分考虑母材化学成分（与耐热、耐蚀等性能密切相关）、组织状态及焊接性。具体地说，该标准将压力容器焊接用金属材料划分为14类，其中铁基材料划分为10类。

对母材进行分类、分组是为了减少焊接工艺评定数量，这是国际上焊接工艺评定标准通常的做法。我国的焊接工艺评定标准基本上是参照美国ASME BPVC.Ⅸ的QW—422对母材进行分类、分组的。ASME BPVC.Ⅸ在QW—420中指出：对母材的P—No.（母材类别号）分类的主要目的是减少焊接工艺评定数量，而对规定进行冲击试验的铁基金属母材，在类别号之下还需要指定组号。ASME BPVC.Ⅷ中规定，根据钢材的使用温度、钢材厚度、强度级别和交货状态确定，若符合ASME BPVC.Ⅷ的UG—84（4），即UG—84.1的规定，则要求对母材进行冲击试验。也就是说，ASME BPVC.Ⅷ规定所使用的钢材并不是每一个都需进行冲击试验。这与我国的承压设备冲击试验准则不尽相同。由于国内对压力容器冲击试验的要求是由标准、设计文件或钢材本身有无冲击试验来决定的，可以说几乎国内所有压力容器用钢都需要进行冲击试验。因此，国内压力容器焊接工艺评定标准规定的对母材分类后再进行分组的原则与ASME BPVC.Ⅸ不尽相同。

NB/T 47014—2011是按照ASME BPVC.Ⅸ的QW—422的原则对国产材料进行分类、分组的，需要说明的情况如下。

1）NB/T 47014—2011主要从金属材料化学成分、力学性能与焊接性出发，参照ASME BPVC.Ⅸ的QW—422的原则对国产材料进行分类、分组。

2）对于碳钢、低合金钢，NB/T 47014—2011主要按照强度级别进行分组，这一点与QW—422有所

不同。

（2）标准以外的母材分类、分组规定

1）对母材在 NB/T 47014—2011 中分类表以外，但其公称成分在分类表所列母材范围内的金属材料；符合承压设备安全技术规范，且已列入国家标准、行业标准的金属材料；相应承压设备标准允许使用的境外材料；当《母材归类报告》表明，承制单位已掌握该金属材料的特性（化学成分、力学性能和焊接性）并确认与标准中母材分类表内某金属材料相当的金属材料，可在本单位的焊接工艺评定文件中将该材料归入某材料所在类别、组别内。除此以外，应按每个金属材料代号（依照标准规定命名）分别进行焊接工艺评定。

2）公称成分不在标准分类表所列母材范围内时，承制单位应制定供本单位使用的焊接工艺评定标准，技术要求不低于 NB/T 47014—2011 标准，其母材按《母材归类报告》要求分类、分组。

3）《母材归类报告》的基本内容如下：母材相应的标准或技术条件；母材的冶炼方法、处理状态、制品形态、技术要求及产品合格证明书；母材的焊接性，包括焊接性分析、工艺焊接性、使用焊接性、焊接方法、焊接材料和焊接工艺等；母材的使用业绩及其来源；各项结论、数据及来源；母材归类、归组陈述；该母材归入类别、组别以及母材规定的抗拉强度最低值。

4）《母材归类报告》应存档备查。

（3）母材的评定规则

1）母材类别的评定规则（螺柱焊、摩擦焊除外）：

①母材类别号改变，需要重新进行焊接工艺评定；

②等离子弧焊使用填丝工艺，对 Fe-1~Fe-5A 类别母材进行焊接工艺评定时，高类别号母材相焊评定合格的焊接工艺，适用于该高类别号母材与低类别号母材相焊；

③采用焊条电弧焊、埋弧焊、熔化极气体保护焊或钨极气体保护焊对 Fe-1~Fe-5A 类别母材进行焊接工艺评定时，高类别号母材相焊评定合格的焊接工艺，适用于该高类别号母材与低类别号母材相焊；

④除②、③外，当不同类别号母材相焊时，即使母材各自的焊接工艺都已评定合格，仍需重新对其焊接接头进行焊接工艺评定；

⑤当规定对热影响区进行冲击试验时，两类（组）别号母材之间相焊，所拟定的预焊接工艺规程，与它们各自相焊评定合格的焊接工艺相同，则这两类（组）别号母材之间相焊，不需要重新进行焊接工艺评定。

两类（组）别号母材之间相焊，经评定合格的焊接工艺，也适用于这两类（组）别号母材各自相焊。

之所以有"当规定对热影响区进行冲击试验时"的规定，是因为在焊接接头三区（焊缝、熔合区和热影响区）之中，热影响区最为薄弱，可控制调整的焊接工艺因素少，性能也往往最差，是焊接接头的薄弱环节，是焊接试件检验的重点部位。由于热影响区中有粗晶区的存在，冲击韧性有可能降低；对于微合金化的钢材，热影响区还有析出物，也降低了冲击韧性。因此，不仅要强调焊缝区冲击韧性试验，而且要进行热影响区冲击韧性试验。

至于对焊接接头的热影响区是否进行冲击试验，相关标准有对试件焊接接头热影响区进行冲击试验的规定。

GB/T 150.4—2011 规定，对于铬镍奥氏体不锈钢，低于 -196 ℃ 才属于低温。因为铬镍奥氏体不锈钢具有高韧性和塑性，所以一般常温不需要进行冲击试验。

2）组别评定规则：

①除下述规定外，母材组别号改变时，需重新进行焊接工艺评定；

②某一母材评定合格的焊接工艺，适用于同类别号、同组别号的其他母材；

③在同类别号中，高组别号母材评定合格的焊接工艺，适用于该高组别号母材与低组别号母材相焊；

④组别号为 Fe-1-2 的母材评定合格的焊接工艺，适用于组别号为 Fe-1-1 的母材。

3. 填充金属及分类和评定规则

（1）填充金属及分类

填充金属是指在焊接过程中，对参与组成焊缝金属的焊接材料的通称。NB/T 47014—2011 第 5.1.3.1 条规定，填充金属包括焊条、焊丝、填充丝、焊带、焊剂、预置填充金属、金属粉、板极、熔嘴等。

1）标准中填充金属的分类、分组规定。NB/T 47014—2011 中的表2至表5列出了填充金属分类及类别，分别为"焊条分类""气焊、气体保护焊、等离子弧焊用焊丝和填充丝分类""埋弧焊用焊丝分类""碳钢、低合金钢和不锈钢埋弧焊用焊剂分类"。

用作压力容器焊接填充金属的焊接材料应符合我国国家标准、行业标准和《承压设备用焊接材料订货技术条件》（NB/T 47018 系列）最新标准的规定。

填充金属分类原则：

①焊条与焊丝分类，遵照标准中母材分类原则，力图使熔敷金属分类与母材分类相同，主要考虑熔敷金属的力学性能，同时也充分考虑其化学成分；

②埋弧焊焊材包括焊丝和焊剂，对焊丝和焊剂都进行分类，埋弧焊用焊丝和焊剂的分类原则仍遵照标准中母材分类原则，力图使熔敷金属分类与母材分类相同。

由于不锈钢埋弧焊的焊剂主要起保护作用，因此不锈钢埋弧焊焊剂仅分为熔炼焊剂和烧结焊剂两类。

2）标准以外的填充金属分类、分组规定。

①当《填充金属归类报告》表明，承制单位已掌握它们的化学成分、力学性能和焊接性时，则可以在本单位的焊接工艺评定文件中，对其按 NB/T 47014—2011 的表2至表5的分类规定进行分类；其他填充金属，应按各焊接材料制造厂的牌号分别进行焊接工艺评定。

②对于尚未列出类别的填充金属，承制单位应制定供本单位使用的焊接工艺评定标准，技术要求不低于 NB/T 47014—2011，填充材料按《填充金属归类报告》要求分类。

③《填充金属归类报告》的基本内容如下：填充材料相应的标准或技术条件；填充材料原始条件（制造厂的牌号、型号或代号；焊条药皮类别，电流类别及极性，焊接位置，熔敷金属化学成分、力学性能；焊剂类别、类型，焊丝或焊带牌号、化学成分和熔敷金属力学性能；气焊、气体保护焊、等离子弧焊用焊丝化学成分，熔敷金属化学成分和力学性能；产品合格证书）；填充材料的工艺性能；填充材料的焊接性分析，包括工艺焊接性和使用焊接性；填充材料的使用业绩及来源；各项结论、数据及来源；填充金属归类陈述和结论（该填充金属归入类别）。

④《填充金属归类报告》应存档备查。

（2）填充金属评定规则

1）按照 NB/T 47014—2011 第 6.1.3 条规定，下列情况需重新进行焊接工艺评定：

①变更填充金属类别号，但当用强度级别高的类别填充金属代替强度级别低的类别填充金属焊接 Fe-1、Fe-3 类母材时，可不重新进行焊接工艺评定；

②埋弧焊、熔化极气体保护焊和等离子弧焊的焊缝金属合金含量，若主要取决于附加填充金属，当焊接工艺改变引起焊缝金属中重要合金元素成分超出评定范围时；

③埋弧焊、熔化极气体保护焊，增加、取消附加填充金属或改变其体积超过 10%；

④Fe-1 类钢材埋弧多层焊时，改变焊剂类型（中性焊剂、活性焊剂），需要重新进行焊接工艺评定。

2）在同一类别填充金属中，当规定进行冲击试验时，下列情况为补加因素：

①用非低氢型药皮焊条代替低氢型（含 E××10、E××11）药皮焊条；

②当用冲击试验合格指标（温度或冲击吸收能量）较低的填充金属替代指标较高的填充金属（冲击试验合格指标较低时，仍可符合本标准或设计文件规定的除外）。

4. 焊后热处理及分类和评定规则

（1）焊后热处理及分类

1）对于类别号为 Fe-1、Fe-3、Fe-4、Fe-5A、Fe-5B、Fe-5C、Fe-6、Fe-9B、Fe-10I、Fe-10H 的材料，将焊后热处理的类别划分如下：

①不进行焊后热处理（AW）；

②低于下转变温度进行焊后热处理，如焊后消除焊接应力热处理（SR）；

②高于上转变温度进行焊后热处理，如正火（N）；

④先在高于上转变温度，而后在低于下转变温度进行焊后热处理，如正火或淬火后回火（N 或 Q+T）；

⑤在上、下转变温度之间进行焊后热处理。

2）除 1）外，NB/T 47014—2011 母材分类表中各类别号的材料焊后热处理类别划分如下：

①不进行焊后热处理；

②在规定的温度范围内进行焊后热处理。

3）需要特别提出的是，对于类别号为 Fe-8（奥氏体不锈钢）的材料，焊后热处理类别划分如下：

①不进行焊后热处理；

②进行焊后固溶（S）或稳定化热处理。

（2）焊后热处理的评定规则

按照 NB/T 47014—2011 第 6.1.4 条规定，评定规则如下。

1）改变焊后热处理类别，需重新进行焊接工艺评定。

2）除气焊、螺柱电弧焊、摩擦焊外，当规定进行冲击试验时，焊后热处理的保温温度或保温时间范围改变后要重新进行焊接工艺评定。试件的焊后热处理应与焊件在制造过程中的焊后热处理基本相同，低于下转变温度进行焊后热处理时，试件保温时间不得少于焊件在制造过程中累计保温时间的 80%。

5. 试件厚度与焊件厚度的评定规则

1）对接焊缝试件评定合格的焊接工艺适用于焊件厚度的有效范围，依据 NB/T 47014—2011 第 6.1.5 条的规定，需按照表 2-1 或表 2-2 确定。

2）用焊条电弧焊、埋弧焊、钨极气体保护焊、熔化极气体保护焊、等离子弧焊和气电立焊等焊接方法完成的试件，当规定进行冲击试验时，焊接工艺评定合格后，当 $T \geq 6$ mm 时，适用于焊件母材厚度的有效范围最小值为试件厚度 T 与 16 mm 两者中的较小值；当 $T<6$ mm 时，适用于焊件母材厚度的最小值为 $T/2$。当试件经高于上转变温度的焊后热处理或奥氏体材料焊后经固溶处理时，仍按表 2-1 或表 2-2 规定执行。

3）当厚度大的母材焊件属于 NB/T 47014—2011 第 6.1.5.3 条所列的情况时，评定合格的焊接工艺适用于焊件母材厚度的有效范围最大值按第 6.1.5.3 条规定确定。

4）当试件符合 NB/T 47014—2011 第 6.1.5.4 条所列的焊接条件时，评定合格的焊接工艺适用于焊件的最大厚度按第 6.1.5.4 条规定确定。

5）对接焊缝试件评定合格的焊接工艺用于焊件角焊缝时，焊件厚度的有效范围不限；角焊缝试件评定合格的焊接工艺用于非受压焊件角焊缝时，焊件厚度的有效范围不限。

表 2-1　对接焊缝试件厚度与焊件厚度规定（试件进行拉伸试验和横向弯曲试验）　　　　单位：mm

试件母材厚度 T	适用于焊件母材厚度的有效范围		适用于焊件焊缝金属厚度（t）的有效范围	
	最小值	最大值	最小值	最大值
<1.5	T	$2T$	不限	$2t$

续表

试件母材厚度 T	适用于焊件母材厚度的有效范围		适用于焊件焊缝金属厚度（t）的有效范围	
	最小值	最大值	最小值	最大值
1.5≤T≤10	1.5	2T	不限	2t
10<T<20	5	2T	不限	2t
20≤T<38	5	2T	不限	2t（t<20）
20≤T<38	5	2T	不限	2t（t≥20）
38≤T≤150	5	200[a]	不限	2t（t<20）
38≤T≤150	5	200[a]	不限	200[a]（t≥20）
>150	5	1.33t[a]	不限	2t（t<20）
>150	5	1.33t[a]	不限	1.33t[a]（t≥20）

[a] 限于焊条电弧焊、埋弧焊、钨极气体保护焊、熔化极气体保护焊，其余按 NB/T 47014—2011 标准规定执行。

表 2-2 对接焊缝试件厚度与焊件厚度规定（试件进行拉伸试验和纵向弯曲试验） 单位：mm

试件母材厚度 T	适用于焊件母材厚度的有效范围		适用于焊件焊缝金属厚度（t）的有效范围	
	最小值	最大值	最小值	最大值
<1.5	T	2T	不限	2t
1.5≤T≤10	1.5	2T	不限	2t
T>10	5	2T	不限	2t

技能资料四　NB/T 47014—2011 中各种焊接方法专用焊接工艺评定因素

各种焊接方法专用焊接工艺评定因素分为重要因素、补加因素和次要因素。NB/T 47014—2011 的第 5.2.2 条以分类形式列出了"各种焊接方法的专用焊接工艺评定因素"，评定因素类别包括接头、填充金属（除类别以外因素）、焊接位置、预热和后热、气体、电特性、技术措施等。

1. 各种焊接方法的专用评定规则

1）当变更任何一个重要因素时，都需要重新进行焊接工艺评定。
2）当增加或变更任何一个补加因素时，则可按增加或变更的补加因素，增焊冲击韧性试验用试件进行试验。
3）当增加或变更次要因素时，不需要重新进行焊接工艺评定，但需要重新编制预焊接工艺规程。

2. 焊条电弧焊重新进行焊接工艺评定的条件

每种焊接方法的重要因素、补加因素、次要因素是不同的，重新评定条件也不一样。
NB/T 47014—2011 中的"各种焊接方法的专用焊接工艺评定因素"部分对不同的焊接方法列出了不同的重要因素、补加因素和次要因素。以承压设备最常用的焊条电弧焊为例，其重要因素和补加因素如下。
一是焊条电弧焊在预热温度比已评定合格值降低 50 ℃以上时，需重新进行焊接工艺评定。
二是焊条电弧焊在下列情况下属于增加或变更补加因素，需增焊冲击韧性用试件进行试验。
1）改变电流种类或极性。
2）未经高于上转变温度的焊后热处理或奥氏体母材焊后未经固溶处理时。
①焊条的直径改为大于 6 mm。
②从评定合格的焊接位置改为向上立焊。
③焊道间最高温度比经评定记录值高 50 ℃以上。
④增加热输入或单位长度焊道的熔敷金属体积超过评定合格值。
⑤由每面多道焊改为每面单道焊。
特别指出，通常在图样或技术条件中可以看到，设计人员除要求按 NB/T 47014—2011 进行焊接工艺评定外，对检验项目增加了内容。例如，对强度材料要求增加硬度和金相（微观）试验，对铬钼耐热钢增加回火脆化试验，对耐蚀钢增加腐蚀试验项目等。当要求增加检验项目时，应同时规定评定规则、替代范围、试验方法和合格指标。应强调指出，当对试件增加检验项目后，NB/T 47014—2011 中的评定规则和有关条款并不保证适用于所增加的检验项目。

3. 常用的焊接工艺评定因素

（1）焊接接头
坡口形式与尺寸对各种焊接方法而言都是次要因素，它的变更对焊接接头力学性能和弯曲性能无明显影响，但坡口形式与尺寸对焊缝抗裂性、生产率、焊接缺陷、劳动保护却有很重要的作用。

焊接接头中取消单面焊时的钢垫板都是次要因素。有人认为，焊接位置改变、取消单面焊时的钢垫板或焊接衬垫，增加了焊接难度，因而要求重新进行焊接工艺评定。产生这个问题的实质是混淆了焊接工艺评定与焊接技能评定这两个概念。焊接工艺评定的目的在于评定出合格的焊接工艺，焊接接头的使用性能要符合要求；焊接技能评定（焊工考试）的目的在于选出合格的焊工，保证其能够焊出没有超标缺陷的焊缝。应当在焊工技能考试范围内解决的问题不要硬拉到焊接工艺评定中去解决，能不能焊好其他位置的焊缝、能不能焊好取消钢垫板的单面焊是焊工技能问题，不能通过焊接工艺评定解决，而要通过焊工培训提高焊工操作技能加以解决。

（2）填充金属

填充材料是指焊接过程中，对参与组成焊缝金属的焊接材料的统称。

常用的焊缝填充金属包括焊条、焊丝、焊带、焊剂、预置填充金属、金属粉、板极、熔嘴等。

NB/T 47014—2011 第 5.1.3 条规定了焊条电弧焊用焊条、气焊、气体保护焊、等离子弧焊用焊丝和填充丝及埋弧焊用焊丝、焊剂的分类。它的主要原则是遵照 NB/T 47014—2011 中母材分类原则，力图使熔敷金属分类与母材分类相同。主要参考熔敷金属的力学性能，同时也充分考虑其化学成分。

用作锅炉、压力容器和压力管道的焊接填充金属的焊接材料应符合我国国家标准和 NB/T 47018—2017 等行业标准。

（3）焊接位置

焊接位置也是焊接工艺评定的因素，立焊分为向上立焊和向下立焊两种。向上立焊虽然电流减少，但焊接速度也降低很多，热输入大大增加，焊接接头冲击韧性可能要变更，故需重新评定。当没有冲击试验要求时，改变焊接位置不需要重新评定，故焊接工艺评定试件位置通常为平焊。

（4）电特性

电特性中单独变更电流值或电压值只是次要因素，考虑焊接速度后的焊接热输入则成了补加因素。当规定冲击韧性试验时，增加热输入要重新评定焊接工艺。但当经高于上转变温度的焊后热处理或奥氏体母材焊后经固溶处理时除外。热输入是指每条焊道的热输入，当规定进行冲击试验时，每条焊道的热输入都应严格控制。

技能资料五 承压设备焊接工艺评定试件分类对象

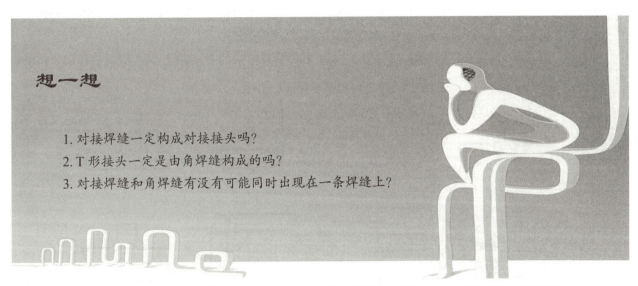

在说明焊接工艺评定试件分类对象之前,首先要理解"焊缝"和"焊接接头"这两个不同的概念。

"焊缝"是指焊件经焊接后所形成的结合部分,而"焊接接头"则是由两个或两个以上零件用焊接组合或已经焊合的接点。检验焊接接头性能应考虑焊缝、熔合区、热影响区甚至母材等不同部位的相互影响。

焊缝分为对接焊缝、角焊缝、塞焊缝、槽焊缝和端接焊缝,共5种。

焊接接头分为对接接头、T形接头、十字接头、搭接接头、塞焊搭接接头、槽焊接头、角接接头、端接接头、套管接头、斜对接接头、卷边接头、锁底接头,共12种。

从焊接角度来看,任何结构的压力容器都是由各种不同的焊接接头和母材构成的,而不管是何种焊接接头都是由焊缝连接的,焊缝是组成不同形式焊接接头的基础。焊接接头的使用性能由焊缝的焊接工艺决定,因此焊接工艺评定试件分类对象是焊缝而不是焊接接头。相关标准将焊接工艺评定试件分为对接焊缝试件和角焊缝试件,并对它们的适用范围做了规定,没有对塞焊缝、槽焊缝和端接焊缝的焊接工艺评定做出规定。对接焊缝或角焊缝试件评定合格的焊接工艺不适用于塞焊缝、槽焊缝和端接焊缝,对接焊缝试件评定合格的焊接工艺也适用于角焊缝,这是从力学性能准则出发得出的。

1. 常见焊缝和焊接接头的定义

按照《焊接术语》(GB/T 3375—1994)的规定,常见焊缝和焊接接头的定义如下。

1)对接焊缝:在焊件的坡口面间或一零件的坡口面与另一零件的表面间焊接的焊缝。

2)角焊缝:沿两直交或近直交零件的交线所焊接的焊缝。

3)对接接头:两件表面构成大于或等于135°,小于或等于180°夹角的接头。

4)角接接头:两件端部构成大于30°,小于135°夹角的接头。

5)T形接头:一件端面与另一件表面构成直角或近似直角的接头。

承压设备焊接
工艺评定试件
分类对象

6)搭接接头:两件部分重叠构成的接头。

7)十字接头:三个件装配成"十字"形的接头。

2. 对接焊缝、角焊缝与焊接接头

对接焊缝、角焊缝与焊接接头形式的关系如图 2-2 所示。从焊接工艺评定试件分类角度出发,可以得出如下结论。

1)对接焊缝连接的不一定都是对接接头;角焊缝连接的不一定都是角接头。尽管接头形式不同,连接它们的焊缝形式可以相同。

2)不管焊接接头形式如何,只要是对接焊缝连接,则只需采用对接焊缝试件评定焊接工艺;不管焊接接头形式如何,只要是角焊缝连接,则只需采用角焊缝试件评定焊接工艺。

3)对接焊缝试件评定合格的焊接工艺适用于焊件各种焊接接头的对接焊缝;角焊缝试件评定合格的焊接工艺适用于焊件各种焊接接头的角焊缝。

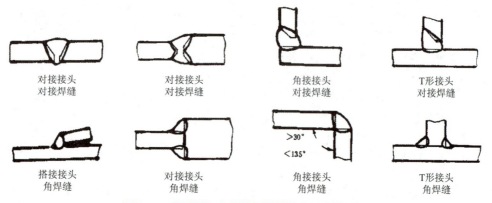

图 2-2 对接焊缝、角焊缝与焊接接头形式的关系

在确定焊接工艺评定项目时,首先应在图样上确定各类焊接接头是用何种形式的焊缝连接的,只要是对接焊缝连接的焊接接头就取对接焊缝试件,对接焊缝试件评定合格的焊接工艺也适用于角焊缝;评定非受压角焊缝焊接工艺时,可仅采用角焊缝试件。

3. 组合焊缝与 T 形接头

图 2-3 所示的 T 形接头是采用对接和角接的组合焊缝连接的,不能称为"全焊透的角焊缝"。对于图 2-3 所示的焊接接头,按设计要求分为截面全焊透或截面未全焊透两种情况。在进行焊接工艺评定时,只要采用对接焊缝试件进行评定,评定合格的焊接工艺也适用于组合焊缝中的角焊缝。

图 2-3 T 形接头对接和角接的组合焊缝

技能资料六　评定方法

试件分为板状与管状两种,管状指管道和环。试件形式示意如图2-4所示。摩擦焊试件接头形状应与产品规定一致。

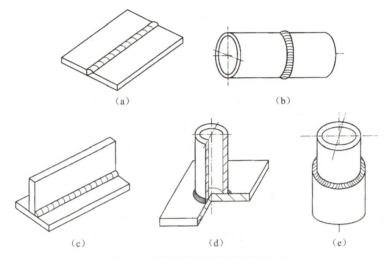

图2-4　对接焊缝和角焊缝试件形式
(a)板状对接焊缝试件　(b)管状对接焊缝试件　(c)板状角焊缝试件　(d)管与板角焊缝试件　(e)管与管角焊缝试件

1)评定对接焊缝预焊接工艺规程时,采用对接焊缝试件;对接焊缝试件评定合格的焊接工艺,适用于焊件中的对接焊缝和角焊缝。

评定非受压角焊缝预焊接工艺规程时,可仅采用角焊缝试件。

承压设备上的焊缝按其受力性质可分为受压焊缝和受力焊缝。受压焊缝为承受因压力而带来的力作用的焊缝,而受力焊缝则承受非压力(如支撑力、重力等)而产生的力作用的焊缝。对接焊缝试件评定合格的焊接工艺也适用于角焊缝,其含义为既适用于受压角焊缝也适用于非受压角焊缝(如受力角焊缝、密封角焊缝、连接角焊缝等)。只有评定非受压角焊缝焊接工艺时,才可仅采用角焊缝试件。

对产品进行焊接工艺评定时,不管压力容器是由何种形式的焊接接头构成的,只看由何种焊缝形式连接。只要是对接焊缝连接,则取对接焊缝试件;只要是角焊缝连接,则取角焊缝试件。角焊缝主要承受剪切力,日本工业标准《压力容器构造》(JIS B 8266—2003)中规定剪切应力最大值为基本许用应力的80%,所以,对接焊缝试件评定合格的焊接工艺也适用于角焊缝。

2)板状对接焊缝试件评定合格的焊接工艺,适用于管状焊件的对接焊缝,反之亦可。任一角焊缝试件评定合格的焊接工艺,适用于所有形式的角焊缝。

对接焊缝试件与角焊缝试件与焊件之间的关系,与管材直径无关,只与(管壁)厚度有关。

3)当同一条焊缝使用两种或两种以上焊接方法或重要因素、补加因素不同的焊接工艺时,可按每种焊接方法(或焊接工艺)分别进行评定;亦可使用两种或两种以上焊接方法(或焊接工艺)焊试件,进行组合评定。

组合评定合格的焊接工艺用于焊件时,可以采用其中一种或几种焊接方法(或焊接工艺),但应保证其重要因素、补加因素不变。只需用其中任一种焊接方法(或焊接工艺)所评定的试件母材厚度来确定组合评定试件适用于焊件母材的厚度有效范围。

工作实施

工作案例　空气储罐焊接工艺评定项目的确定

1. 查阅空气储罐技术图样（附录 B）

1）分析空气储罐技术要求，确定焊接工艺评定执行标准。

查阅空气储罐技术图样（附录 B），其中设计、制造、检验及验收部分的规范和标准分别为 TSG 21—2016、GB 150.1~150.4—2011 和 HG/T 20584—2020。

TSG 21—2016 的第 4.2.1.1 条明确规定：压力容器的焊接工艺评定应当符合《承压设备焊接工艺评定》（NB/T 47104—2011）的要求。

GB 150.4—2011 的第 7.2.1 条阐明：容器施焊前，受压元件焊缝、与受压元件相焊的焊缝、熔入永久焊缝内的焊缝、受压元件母材表面堆焊与补焊，以及上述焊缝的返修焊缝都应按 NB/T 47014—2011 进行焊接工艺评定或者具有经过评定合格的焊接工艺支持。

HG/T 20584—2020 的第 7.4.6 条要求，受压元件的定位焊以及永久性或临时性的附件焊接均采用与本体焊接相同的、经评定合格的焊接工艺和焊工进行焊接。

由以上分析，确定焊接工艺评定执行标准为《承压设备焊接工艺评定》（NB/T 47014—2011）。

2）结合空气储罐焊接接头编号示意图和焊接接头编号情况，将空气储罐各部位的接头形式、焊缝形式、坡口形式、母材、板厚、受力情况、焊接方法等列出焊接接头明细表，见表 2-3。

表 2-3　空气储罐焊接接头明细表

接头编号	焊缝形式	板厚（mm）	母材	接头形式	坡口形式	受力情况	焊接方法
A1、B2	对接焊缝	6	Q235B	对接接头	Y	内压	焊条电弧焊
B1	对接焊缝	6	Q235B	对接接头	V	内压	焊条电弧焊
C1~C5	角焊缝	6/4/3.5	Q235B+20	T形接头	—	内压	焊条电弧焊
D1~D5	组合焊缝	6/4.5/4/3.5	Q235B+20	T形接头	V	内压	焊条电弧焊
E1~E3	角焊缝	6	Q235B	T形接头	—	无	焊条电弧焊
E4~E7	角焊缝	6	Q235B	搭接接头	—	无	焊条电弧焊

2. 确定工艺评定项目

依据 TSG 21—2016 和 NB/T 47014—2011，根据公司实际生产条件，在能保证焊接质量的前提下，选择最经济的焊接方法、母材和焊材等，确定需进行焊接工艺评定的项目。

企业在长期工程实践过程中,一般会在逐个工程的焊接工艺评定中积累素材,建立自己的焊接工艺评定库。在承接新的工程后确定焊接工艺评定项目时,应根据规程和标准中的评定规则,先从焊接工艺评定库中选择,若有能够覆盖的,则使用原有评定即可,但需要根据新工程的实际情况重新编写焊接工艺规程;若无能够覆盖新工程焊接工艺的,则需重新评定。在本书中,我们假定该工程设备有限公司无焊接工艺评定库,无可用焊接工艺评定,需重新评定。

1)由表2-3可知,根据NB/T 47014—2011,焊件母材均为第Ⅰ类材料,仅取其中的一种即可,可取Q235B。

2)焊接方法只有1种,即焊条电弧焊。

3)对受力构件的焊缝进行的评定适用于非受力构件的焊缝,焊缝E1~E7不必做焊接工艺评定。

4)焊缝形式有对接焊缝、组合焊缝和角焊缝,根据焊缝形式适用原则,选择对接焊缝即可覆盖。

5)从焊件厚度看,分别有6 mm、4.5 mm、4 mm、3.5 mm。若取6 mm焊件厚度,适用范围为6~12 mm;若取4 mm焊件厚度,适用范围为2~8 mm。从满足空气储罐需求来看,应取4 mm厚钢板。

6)坡口形式对各种焊接方法而言都是次要因素,它的变更对焊接接头力学性能和弯曲性能无明显影响,故在确定评定项目时,以常用为原则,此处应取Y形坡口形式。

7)从力学性能角度分析,焊接工艺评定试件的分类对象是焊缝而不是焊接接头,故无须考虑焊接接头形式。

通过以上分析,空气储罐焊接工艺评定项目确定1项即可:用焊条电弧焊焊接4 mm厚的Q235B钢板,采用Y形坡口和对接焊缝(可覆盖组合焊缝,并补做一个组合焊缝形式试验,做宏观金相检查,以了解其根部焊透等情况)。

焊接工艺评定

工作任务 分离器焊接工艺评定项目的确定

1)按照空气储罐案例,完成分离器焊接工艺评定执行标准的确定。

经查实,分离器焊接工艺评定执行标准应为:_____。

2)列出分离器焊接接头明细表,见表2-4。

表2-4 分离器焊接接头明细表

接头编号	焊缝形式	板厚(mm)	母材	接头形式	坡口形式	受力情况	焊接方法

3)确定分离器焊接工艺评定项目。

请按照空气储罐案例,逐步分析分离器焊接接头明细表中的各项内容,并确定分离器焊接工艺评定项目(假定企业原先无焊接工艺评定可涵盖)。

复习思考

一、单选题

1. 焊接工艺评定中,补加因素是指影响焊接接头( )的焊接工艺因素。
A. 力学性能　　　　　B. 弯曲性能　　　　　C. 冲击韧性　　　　　D. 抗拉强度

2. 按 NB/T 47014—2011 规定,钢材 Q235B 的组别号为( )。
A. Fe-1-1　　　　　B. Fe-1-2　　　　　C. Fe-1-3　　　　　D. Fe-1-4

3. 按 NB/T 47014—2011 规定,钢材 Q345R 的组别号为( )。
A. Fe-1-1　　　　　B. Fe-1-2　　　　　C. Fe-1-3　　　　　D. Fe-1-4

4. 按照 NB/T 47014—2011,当规定进行冲击试验时,焊接工艺评定合格后,若 $T \geq$( ),适用于焊件母材厚度的有效范围的最小值为试件厚度 T 与 16 mm 两者中的较小值。
A. 4 mm　　　　　B. 6 mm　　　　　C. 8 mm　　　　　D. 16 mm

5. 以下( )是国内压力容器焊接工艺评定的标准。
A.《焊接、钎接和粘接评定》(ASME Ⅸ)

B.《钢结构焊接规范》(GB 50661—2011)
C. 中国船级社《材料与焊接规范》
D.《承压设备焊接工艺评定》(NB/T 47014—2011)

二、多选题

1. 对接焊缝焊接工艺评定的通用评定规则是指(　　)等因素。
   A. 焊接方法　　　　B. 金属材料　　　　C. 填充金属　　　　D. 焊后热处理
2. 焊接工艺评定中,重要因素是指影响焊接接头(　　)的焊接工艺因素。
   A. 力学性能　　　　B. 弯曲性能　　　　C. 冲击韧性　　　　D. 抗拉强度
3. 焊接工艺评定中,次要因素是指对要求测定的(　　)无明显影响的焊接工艺评定因素。
   A. 力学性能　　　　B. 弯曲性能　　　　C. 冲击韧性　　　　D. 抗拉强度

三、判断题

1. 按 NB/T 47014—2011 规定,改变焊接方法就需要重新进行工艺评定。（　　）
2. 按 NB/T 47014—2011 规定,Fe-1-2 材料评定合格后适用于 Fe-1-1 材料。（　　）
3. 按照 NB/T 47014—2011,按规定进行了冲击试验,J427 焊条评定合格后,可以采用 J422 焊条焊接,不需要重新评定。（　　）
4. 按照 NB/T 47014—2011,在同类别号中,高组别号母材评定合格的焊接工艺,适用于该高组别号母材与低组别号母材相焊。（　　）
5. 根据 NB/T 47014—2011,采用角焊缝试样,角焊缝试件评定合格的焊接工艺,适用于焊件中的对接焊缝和角焊缝。（　　）
6. 按照 NB/T 47014—2011,对接焊缝评定合格的焊接工艺可以焊接角焊缝,且厚度不限。（　　）

项目三

编制分离器对接焊缝焊接工艺评定任务书

工作分析

分析分离器的技术要求,依据《承压设备焊接工艺评定》(NB/T 47014—2011),根据企业的实际生产条件,在能保证焊接质量的前提下,选择最经济的焊接方法、母材和焊材等进行焊接工艺评定,编制焊接工艺评定(WPQ)任务书。

基本工作思路:

1)熟悉分离器产品图纸技术要求;

2)理解焊接工艺评定有关的法规和标准;

3)查阅并熟悉 NB/T 47014—2011 中焊接工艺评定的概念和一般过程;

4)掌握试件的检验的要求;

5)按照 NB/T 47014—2011 中的对接焊缝评定规则,编制分离器焊条电弧焊对接焊缝的焊接工艺评定任务书。

学习目标

1. 理解 NB/T 47014—2011 的焊接工艺评定适用范围,掌握焊接工艺评定的依据;
2. 明白标准相应条款的规定,掌握对接焊缝焊接工艺评定规则;
3. 能够根据分离器的产品技术要求和按照 NB/T 47014—2011 的要求,编制分离器对接焊缝的焊接工艺评定任务书;
4. 具有查阅资料、自主学习和勤于思考的能力;
5. 具有踏实细致、认真负责的工作态度;
6. 具有良好的职业道德和敬业精神;
7. 具有终生学习和可持续发展的能力。

焊接工艺评定

工作必备

 技能资料一 特种设备焊接工艺评定的重要性、目的和特点

焊接工艺评定（WPQ）是为验证所拟定的焊接工艺的正确性而进行的试验过程和结果评价。它包括焊前准备、焊接、试验及其结果评价的过程。焊接工艺评定也是生产实践中的一个重要过程，这个过程有前提、有目的、有结果、有限制范围。

1. 焊接工艺评定的重要性

随着《中华人民共和国特种设备安全法》《特种设备安全监察条例》的施行，特种设备的焊接成为一项越来越重要的控制内容。焊接工艺评定是保证特种设备焊接工程质量的有效措施，也是保证其焊接质量的一个重要环节。焊接工艺评定是开展锅炉、压力容器和压力管道焊接之前，技术准备工作中一项不可缺少的重要内容；是国家质量技术监督机构进行工程审验时的必检项目；是保证焊接工艺正确和合理的必经途径；是保证焊件的质量、焊接接头的各项性能符合产品技术条件和相应标准要求的重要保证。因此，必须通过焊接工艺评定对焊接工艺的正确性和合理性加以检验，并为正式制定焊接工艺规程（它是根据合格的焊接工艺评定报告编制的，用于产品施焊的焊接工艺文件）提供可靠的依据。焊接工艺评定还能够在保证焊接质量的前提下尽可能提高焊接生产率并降低生产成本，帮助企业获取最大的经济效益。

2. 焊接工艺评定的目的

焊接工艺评定的目的主要有两个：验证焊接产品制造之前所拟定焊接工艺的正确性；评定焊接结构生产单位制造符合技术条件要求的焊接产品的能力。

焊接工艺评定主要是确定拟制造的焊件对于预期的应用是否具有要求的性能，即确定的是焊件的性能。焊接接头的使用性能是设计的基本要求，通过拟定正确的焊接工艺，保证焊接接头获得所要求的使用性能。对接焊缝和角焊缝焊接工艺评定的目的是使焊接接头的力学性能、弯曲性能符合规定；耐蚀堆焊工艺评定的目的是使堆焊层化学成分符合规定；而焊接工艺附加评定的目的是使焊接接头的特殊性能（如保证焊透、角焊缝厚度）符合规定。通过施焊试件和制作试样验证预焊接工艺规程（pWPS）的正确性，焊接工艺正确与否的标志在于焊接接头的性能是否符合要求。如果符合要求，则证明所拟定的焊接工艺是正确的。那么当用拟定的焊接工艺焊接产品时，产品焊接接头的性能同样可以满足要求。

焊接工艺评定能够验证生产单位的产品制造能力，焊接工艺评定与评定企业的产品特点、制造条件及人员素质有关，每个单位都不完全一样。因此，焊接工艺评定应在本单位进行，不允许"照抄"或"输入"外单位的焊接工艺评定。

3. 焊接工艺评定的特点

焊接工艺评定试验与金属焊接性试验、产品焊接试板试验、焊工操作技能评定试验相比，有相同之处，也有不同之处。

1）焊接工艺评定试验与金属焊接性试验不同。焊接工艺评定试验主要验证或检验所制定或拟定的焊接工艺是否正确；而金属焊接性试验主要用于证明某些材料在焊接时可能出现的焊接问题或困难，有时也用于制定某些材料的焊接工艺。

2）焊接工艺评定试验与产品焊接试板试验不同。焊接工艺评定试验是在施工之前所进行的施工准备过程，不是在焊接施工过程中进行的；而产品焊接试板试验是在焊接结构生产过程中进行的，这种试板焊接与产品焊接是同步进行的。

3）焊接工艺评定试验与焊工操作技能评定试验不同，焊接工艺评定试验中对试板的焊接由操作技能熟练的焊工完成，没有操作因素对工艺评定的不利影响。焊接工艺评定试验的目标是焊接工艺，目的是评定焊接工艺的正确性。焊工操作技能评定试验中对试板的焊接，则是由申请参加考试的焊工完成的。这些焊工的操作技能参差不齐，焊工操作技能影响试板的焊接质量，因此也影响评定结果。焊工操作技能评定试验的对象是焊工，目的是考查焊工操作技能。

技能资料二　承压设备焊接工艺评定的依据

1）法律:《中华人民共和国特种设备安全法》。
2）行政法规:《特种设备安全监察条例》(2009版)。
3）行政规章:国家市场监督管理总局第22号令《锅炉压力容器制造监督管理办法》及其附件等。
4）安全技术规范(规范性文件):《固定式压力容器安全技术监察规程》(TSG 21—2016)等。
5）压力容器的设计、制造、安装、改造、维修、检验和监督安全技术规范。
6）压力容器的设计、制造、安装、改造、维修、检验和监督标准。
7）压力容器用材料(母材和焊材)标准。
8）压力容器的质量管理要求和焊接装备、焊接工艺现状等。
9）参照美国ASME《焊接、钎接和粘接评定》(ASME BPVC.IX)进行编制。美国ASME锅炉压力容器规范(BPVC)在国际上具有极强的广泛性和权威性,目前已被113个国家和地区采纳。

技能资料三　承压设备焊接工艺评定流程

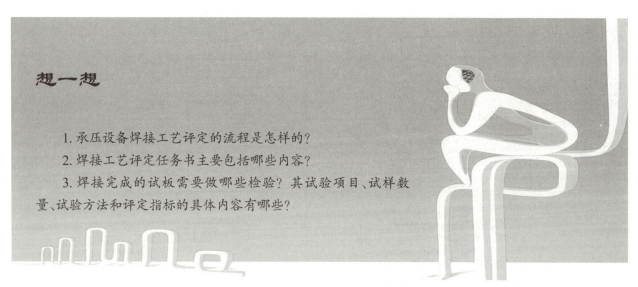

想一想

1. 承压设备焊接工艺评定的流程是怎样的？
2. 焊接工艺评定任务书主要包括哪些内容？
3. 焊接完成的试板需要做哪些检验？其试验项目、试样数量、试验方法和评定指标的具体内容有哪些？

焊接工艺评定的一般过程：根据金属材料的焊接性，依据设计文件规定和制造工艺拟定预焊接工艺规程（pWPS），施焊试件和制取试样，检测焊接接头是否符合规定的要求，并形成焊接工艺评定报告（PQR），对预焊接工艺规程（pWPS）进行评价。

从焊接工艺流程图（图3-1）可以看出，焊接工艺评定工作是焊接工作的前期准备。首先，由具有一定专业知识且有相当实践经验的焊接工艺人员下达焊接工艺评定任务书；根据钢材的焊接性，结合产品设计要求和工艺条件，编制预焊接工艺规程（pWPS）；依据所拟定的预焊接工艺规程进行焊前准备、焊接试件；依据标准检验试件，制取试样并测定性能是否符合所要求的各项技术指标；最后将全过程积累的各项焊接工艺因素、焊接数据和试验结果整理成具有结论性、推荐性的资料，形成焊接工艺评定报告（PQR）。如果评定结果为不合格，应修改预焊接工艺规程并重新评定，直到评定合格为止。

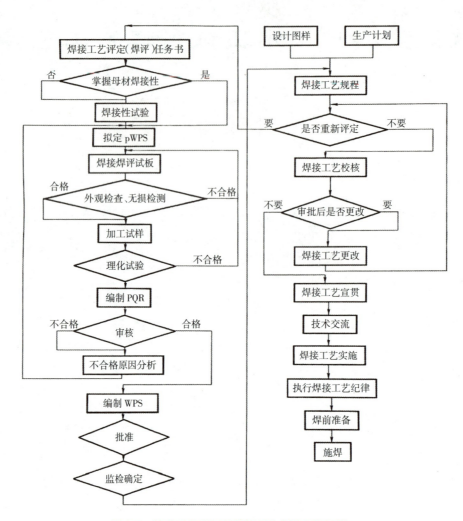

图 3-1　特种设备质量保证体系之焊接工艺流程

工作实施

 工作案例　4 mm Q235B 焊条电弧焊对接焊缝焊接工艺评定任务书

1. 空气储罐焊接工艺评定范围分析

空气储罐上哪些焊缝的焊接工艺必须有合格的评定,哪些焊缝可以不评定,依据 TSG 21—2016 的第 4.2.1.1(1)条进行判断。该条明确规定"压力容器产品施焊前,受压元件焊缝、与受压元件相焊的焊缝、熔入永久焊缝内的定位焊缝、受压元件母材表面堆焊与补焊,以及上述焊缝的返修焊缝都应当进行焊接工艺评定或者具有经过评定合格的焊接工艺规程(WPS)支持"。《压力容器焊接规程》(NB/T 47015—2011)进一步具体地指出下列各类焊缝的焊接工艺必须按 NB/T 47014—2011 的要求评定合格:

1)受压元件焊缝;
2)与受压元件相焊的焊缝;
3)上述焊缝的定位焊缝;
4)受压元件母材表面堆焊、补焊。

依据要求,分离器上 A、B、C、D、E 类焊接接头焊缝的焊接工艺都必须有焊接工艺评定的支持。依据 NB/T 47014—2011 第 4.2 条,焊接工艺评定一般过程是:根据金属材料的焊接性,依据设计文件规定和制造工艺拟定预焊接工艺规程,施焊试件和制取试样,检测焊接接头是否符合规定的要求,并形成焊接工艺评定报告,对预焊接工艺规程进行评价。

大部分企业在编制分离器对接焊缝的预焊接工艺规程前,都会先编制焊接工艺评定任务书,下达焊接工艺评定的具体要求,包括选择焊件的母材牌号规格、焊接方法、焊接材料、熔敷厚度、检验项目、试样数量、试验方法及评定指标等内容。

2. 空气储罐焊接工艺评定任务书的编制说明

在任务二中,我们确定了空气储罐需要开展针对焊条电弧焊焊接 4 mm Q235B 钢 Y 形坡口对接焊缝的焊接工艺评定,现在依据 NB/T 47014—2011 中对接焊缝的评定规则、试验要求和结果评价等要求,填写焊接工艺评定任务书,样表如表 3-1 所示。

焊接工艺评定

表 3-1　焊接工艺评定任务书

单位名称			（1）	工作令号		（2）
				预焊接工艺规程编号		（3）
评定标准			（4）	评定类型		（5）
母材牌号		母材规格	焊接方法	焊接材料		熔敷厚度
（6）		（7）	（8）	（9）		（10）
焊接位置			（11）			
试件检验：试验项目、试样数量、试验方法和评定指标（12）						
外观检验			（13）			
无损检测			（13）			
	试验项目		试样数量	试验方法	合格指标	备注
力学性能（14）	拉伸试验	常温	（14）	（15）	（16）	
		高温				
	弯曲试验 □横向 □纵向	面弯	（14）	（17）	（18）	
		背弯	（14）			
		侧弯				
	冲击试验	焊缝区	（14）	（19）	（20）	
		热影响区	（14）			
	宏观金相检验					
	化学成分分析					
	硬度试验					
	腐蚀试验					
	铁素体测定					
	其他					
编制			（21）	日期	审核	（22）	日期

为了更好地理解焊接工艺评定任务书的要求，为简化起见，将表 3-1 中各项内容都用数字代号表示，下面进行说明。

（1）单位名称

实际使用并进行焊接工艺评定的单位名称，与经营注册名称一致。对于空气储罐 4 mm Q235B 钢对接焊缝的焊接工艺评定任务书，此处应填写："××工程设备有限公司"。

（2）工作令号

企业生产中每台产品都有生产令号，在企业质量保证手册中明确规定了编制方法。大部分单位的生产令号都是依据年代编制的，如 2022 年第一台产品的生产令号为 202201。焊接工艺评定任务书的工作令号可以写工艺评定编号，如 PQR02（本书 PQR、pWPS、WPS 中分离器的编号为 01，空气储罐为 02）。

（3）预焊接工艺规程编号

依据企业质量保证手册中焊接质量控制体系的焊接工艺评定的编号规则来编写，一般会采用年代和当年的序号来编写，如 2022 年第一个被评定的工艺的编号为 pWPS2022—01；小企业中的评定少，也会直接依据数量来编写，如 pWPS01。

（4）评定标准

填写进行焊接工艺评定遵守的技术标准，需要写清楚版本，如《承压设备焊接工艺评定》（NB/T 47014—2011）。

（5）评定类型

焊接工艺评定试件的分类对象是焊缝，依据 NB/T 47014—2011 的第 6.3.1.2 条，评定对接焊缝预焊接工艺规程时，采用对接焊缝试件；对接焊缝试件评定合格的焊接工艺，适用于焊件中的对接焊缝和角焊缝。所以在进行焊接工艺评定时，常选用对接焊缝。

（6）母材牌号

焊接工艺评定中选择焊接材料时，根据分离器的钢材，分析其焊接性，NB/T 47014—2011 第 5.1.2 条规定，金属材料依据其化学成分、力学性能和焊接性分为 14 类，见表 3-2。评定焊接材料的目的是在保证焊接质量的前提下，减少焊接工艺评定的数量，节约成本，提高效率。

表 3-2 金属材料分类

类别	金属材料简称	NB/T 47014—2011 分类号
第一类	强度钢	Fe-1
第二类	待定	Fe-2
第三类	含钼的强度钢，一般 $\omega_{Cr}\geq 0.3\%$	Fe-3
第四类	铬钼耐热钢，$\omega_{Cr}<2\%$	Fe-4
第五类	铬钼耐热钢，$\omega_{Cr}\geq 2.5\%$	Fe-5
第六类	马氏体不锈钢	Fe-6
第七类	马氏体不锈钢	Fe-7
第八类	奥氏体不锈钢	Fe-8
第九类	$\omega_{Ni}=3\%$ 的低温钢	Fe-9B
第十类	奥氏体和铁素体的双相不锈钢和高铬铁素体钢	Fe-10H 和 Fe-10I
第十一类	铝及铝合金	Al-1~Al-5
第十二类	钛及钛合金	Ti-1~Ti-2
第十三类	铜及铜合金	Cu-1~Cu-5
第十四类	镍及镍合金	Ni-1~Ni-5

假如是新企业，一般选择和产品一样的金属材料；假如是老企业，可能会选择和产品一样的金属材料，更有可能会根据分类和焊接材料评定规则，选择使用与其焊接性相似的同类材料进行焊接工艺评定。

（7）母材规格

依据 NB/T 47014—2011 的第 6.1.5 条，试件厚度与焊件厚度的评定规则是：只要在工艺评定合格后，厚度范围能够覆盖空气储罐产品钢材厚度母材，就可以选用；但一定要具体分析，试件厚度应充分考虑适用于焊件厚度的有效范围，尽量使焊接工艺评定的数量越少越好。当选用常用的焊条电弧焊（SMAW）、埋弧焊（SAW）和钨极氩弧焊（GTAW）时，选用表 3-3 中的厚度。对于有冲击要求的母材，表 3-3 中的厚度几乎能覆盖焊接产品的所有厚度，使焊接工艺评定最经济。

表 3-3　NB/T 47014—2011 碳素钢和低合金钢焊接工艺评定项目

序号	焊接方法	热处理类型	试件母材厚度(mm)	焊件母材厚度覆盖范围(mm)
1	SMAW （或 SAW、GTAW）	AW （焊态）	4	2~8
2			8	8~16
3			38	16~200

根据 NB/T 47014—2011 第 6.4 条的检验要求和结果评价规定，确定需要进行力学性能试验的项目和数量，以及力学性能的取样要求；制取试样时还应避开焊接缺陷。综合考虑上述因素，选择的焊接工艺评定试样的长度和宽度应满足制取试样的要求，进行手工焊的试板长 400 mm，进行自动焊的试板长 500 mm，宽度为 125~150 mm。

（8）焊接方法

依据 NB/T 47014—2011 第 6.1.1 条，改变焊接方法时，需要重新进行焊接工艺评定，所以评定时采用的焊接方法需要选择与企业生产时一样的焊接方法。如果是多种焊接方法的组合评定，则需同时填写所有的焊接方法。焊接方法的选择要充分考虑构件的几何形状、结构类型、工件厚度、接头形式、焊接位置、母材特性，以及企业的设备条件、技术水平、焊接用耗材，并综合考虑经济效益。

（9）焊接材料

焊接工艺评定选择焊接材料时，应依据焊接方法选择合适的焊条、焊丝等焊接材料。一般采用等性能原则，强度钢一般采用等强度原则，不锈钢一般采用等成分原则。焊接材料可以依据《压力容器焊接规程》（NB/T 47015—2011）第 4.2.3 条的规定进行选择。

在空气储罐 4 mm Q235B 钢对接焊缝焊接工艺评定任务书中，焊接材料依据 NB/T 47015—2011 第 4.2.3 条，应采用 E4316 或 E4315 焊条，其均为低氢型药皮焊条（即碱性焊条）。但是 NB/T 47014—2011 第 6.1.3.2 条规定，在同一类别填充金属中，当规定进行冲击试验时，下列情况为补加因素：

1）用非低氢型药皮焊条代替低氢型（含 E××10，E××11）药皮焊条；

2）当用冲击试验合格指标较低的填充金属替代指标较高的填充金属（若冲击试验合格指标较低时仍可符合本标准或设计文件规定的除外）。

如果进行焊接工艺评定时采用 E4316 或 E4315 焊条，那么在实际生产中要想使用酸性药皮的 E4303 焊条，需要增焊冲击韧性试件并进行试验，实际上相当于重新进行焊接工艺评定。所以为了让焊接工艺评定覆盖范围更广，同时也为了企业能节约成本，一般选用酸性焊条来制作工艺评定，这样在评定合格后，焊接产品既可以使用碱性焊条，也可以使用酸性焊条。

故在空气储罐 4 mm Q235B 钢对接焊缝焊接工艺评定任务书中的"焊接材料"处应填写："E4303（J422）"。

（10）熔敷厚度

当采用单一焊接方法对焊接工艺评定试板施焊时，全焊透的对接焊缝的熔敷厚度就等于试件厚度；当采用多种焊接方法时，填写按照产品生产需要的每种焊接方法的熔敷厚度。如图 3-2 所示采用三种焊接方法，它们的熔敷厚度分别为氩弧焊 8 mm、焊条电弧焊 12 mm、埋弧焊 20 mm。

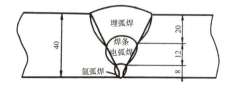

图 3-2　40 mm 厚的试件分别采用三种焊接方法焊接

(11)焊接位置

分析并填写空气储罐产品生产时可能采用的焊接位置,当采用立焊时,需要增加焊接方向。

1)焊缝位置规定的方法。焊接位置的选择要充分考虑产品构件的几何形状、结构类型、工件厚度、接头形式、企业的设备条件、技术水平和综合经济效益。技术水平要求较低的是平焊。下面介绍NB/T 47015—2011附录A规定的对接焊缝和角焊缝的位置。

①将对接焊缝或角焊缝置于水平参考面上方,如图3-3、图3-4所示。

②焊缝倾角:对接焊缝或角焊缝的轴线(图3-3、图3-4中的OP线)与水平面的夹角。

③当焊缝轴线与水平面重合时,焊缝倾角为0°;当焊缝轴线与垂直面重合时,焊缝倾角为90°。

④焊缝面转角:焊缝中心线(焊根与盖面层中心连线,即图3-3、图3-4中垂直于焊缝轴线的箭头线)围绕焊缝轴线顺时针旋转的角度。

⑤当面对P点,焊缝中心线在6点钟方向时的焊缝面转角为0°;焊缝中心线旋转再回到6点钟方向时的焊缝面转角为360°。

2)焊缝位置规定的范围如下。

①对接焊缝位置规定的范围见表3-4及图3-3。

②角焊缝位置规定的范围见表3-5及图3-4。

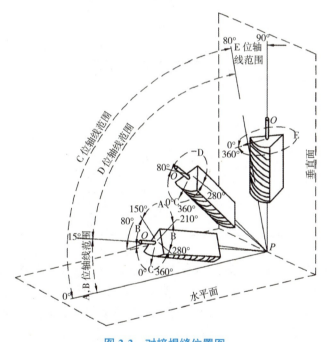

对接焊缝位置

图3-3 对接焊缝位置图

表3-4 对接焊缝位置范围

位置	图3-3中代号	焊缝倾角(°)	焊缝面转角(°)
平焊缝	A	0~15	150~210
横焊缝	B	0~15	80~150 210~280
仰焊缝	C	0~80	0~80 280~360
立焊缝	D E	15~80 80~90	80~280 0~360

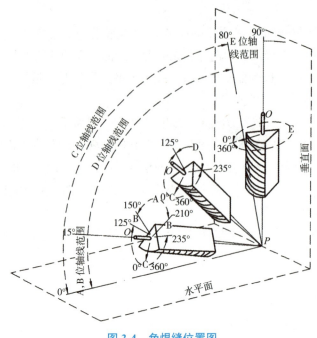

角焊缝位置

图 3-4　角焊缝位置图

表 3-5　角焊缝位置范围

位置	图 3-4 中代号	焊缝倾角（°）	焊缝面转角（°）
平焊缝	A	0~15	150~210
横焊缝	B	0~15	125~150 210~235
仰焊缝	C	0~80	0~125 235~360
立焊缝	D E	15~80 80~90	125~235 0~360

　　依据 NB/T 47014—2011 第 5.2.2 条表 6 "各种焊接方法的专用焊接工艺评定因素" 的规定，常用焊条电弧焊、熔化极气体保护焊、钨极氩弧焊等焊接方法，只有从评定合格的焊接位置改成向上立焊时是补加因素，其他都是次要因素，不需要重新评定。因为大部分企业很少用到向上立焊，所以综合经济效益，企业一般选择对焊工技能要求低、容易保证焊接质量的平焊。

　　依据 NB/T 47014—2011 附录 G "焊接工艺评定常用英文缩写及代号" 的规定，板材对接焊缝和角焊缝试件的焊接位置及代号见表 3-6。

表 3-6　常用焊接位置及代号

焊接位置		代号
板材对接焊缝试件	平焊位置	1G
	横焊位置	2G
	立焊位置	3G
	仰焊位置	4G

续表

焊接位置		代号
板材角焊缝试件	平焊位置	1F
	横焊位置	2F
	立焊位置	3F
	仰焊位置	4F

（12）试件检验

依据 NB/T 47014—2011 第 6.4.1.1 条规定，对接焊缝试件和试样的检验，需要进行外观检查、无损检测、力学性能试验和弯曲试验。

（13）外观检验和无损检测

依据 NB/T 47014—2011 第 6.4.1.2 条规定，外观检查和无损检测（按 NB/T 47013—2015）的结果不得有裂纹。

（14）确定试验项目和数量

依据 NB/T 47014—2011 第 6.4.1.3 条规定，明确焊接工艺评定试件不同厚度的试验项目、形式和数量，见表 3-7。

表 3-7 力学性能试验和弯曲试验项目和取样数量

试件母材厚度 T/(mm)	拉伸试验（个）	弯曲试验[2]（个）			冲击试验[4][5]（个）	
	拉伸[1]	面弯	背弯	侧弯	焊缝区	热影响区
$T<1.5$	2	2	2	—	—	—
$1.5 \leq T \leq 10$	2	2	2	[3]	3	3
$10<T<20$	2	2	2	[3]	3	3
$T \geq 20$	2	—	—	4	3	3

注：[1] 一根管接头全截面试样可以代替两个带肩板形拉伸试样。
[2] 当试件焊缝两侧的母材之间、焊缝金属和母材之间的弯曲性能有显著差别时，可改用纵向弯曲试验代替横向弯曲试验，纵向弯曲时，取面弯和背弯试样各 2 个。
[3] 当试件厚度 $T \geq 10$ mm 时，可以用 4 个横向侧弯试样代替 2 个面弯和 2 个背弯试样，组合评定时，应进行侧弯试验。
[4] 当焊缝两侧母材的代号不同时，每侧热影响区都应取 3 个冲击试样。
[5] 当无法制备 5 mm × 10 mm × 55 mm 的小尺寸冲击试样时，免做冲击试验。

（15）试验方法（拉伸试验）

拉伸试验依据 NB/T 47014—2011 第 6.4.1.5.3 条规定，按照《金属材料 拉伸试验 第 1 部分：室温试验方法》（GB/T 228.1—2021）规定的试验方法测定焊接接头的抗拉强度。

（16）合格指标（拉伸试验）

依据 NB/T 47014—2011 第 6.1.5.4 条规定，钢质母材合格指标为：试样母材为同一金属材料代号时，每个（片）试样的抗拉强度应不低于钢质母材规定的抗拉强度最低值（等于其标准规定的抗拉强度的下限值）。如采用《锅炉和压力容器用钢板》（GB/T 713—2014）中的 16 mm Q345R 板进行焊接工艺评定，那么抗拉强度≥510 MPa 为合格。

（17）试验方法（弯曲试验）

弯曲试验依据 NB/T 47014—2011 第 6.4.1.6.3 条规定，按照《焊接接头弯曲试验方法》（GB/T 2653—

2008）进行弯曲试验,测定焊接接头的完好性,低碳钢、低合金钢、不锈钢弯曲试验条件及参数见表3-8。

表3-8　低碳钢、低合金钢、不锈钢弯曲试验条件及参数

焊缝两侧的母材类别	试样厚度 S（mm）	弯心直径 D（mm）	支撑辊之间的距离 L（mm）	弯曲角度 α（°）
低碳钢、低合金钢、不锈钢等断后伸长率标准规定值下限等于或者大于20%的母材	10	40	63	180
	<10	$4S$	$6S+3$	

（18）合格指标（弯曲试验）

依据NB/T 47014—2011第6.4.1.6.4条规定,合格指标为:对接焊缝试件的弯曲试样弯曲到规定的角度后,其拉伸面上的焊缝和热影响区内,沿任何方向不得有单条长度大于3 mm的开口缺陷,试样的棱角开口缺陷一般不计,但由未熔合、夹渣或其他内部缺欠引起的棱角开口缺陷长度应记入。

（19）试验方法（冲击试验）

冲击试验依据NB/T 47014—2011第6.4.1.7.2条规定,试样形式、尺寸和试验方法应符合《金属材料 夏比摆锤冲击试验方法》（GB/T 229—2020）的规定。

（20）合格指标（冲击试验）

依据NB/T 47014—2011第6.4.1.7.3条规定,钢质材料冲击试验的合格指标如下。

1）试验温度应不高于钢材标准规定的冲击试验温度。

2）钢质焊接接头每个区3个标准试样为一组的冲击吸收能量平均值应符合设计文件或相关技术文件规定,且不应低于表3-9中的规定值,至多允许有1个试样的冲击吸收能量低于规定值,但不得低于规定值的70%。

3）宽度为7.5 mm或者5 mm的小尺寸冲击试样的冲击吸收能量指标分别是标准试样冲击吸收能量指标的75%或50%。

表3-9　钢材及奥氏体不锈钢焊缝的冲击吸收能量最低值

材料类别	钢材标准抗拉强度下限值 R_m（MPa）	3个标准试样冲击吸收能量平均值 KV_2/（J）
碳钢和低合金钢	≤450	≥20
	>450~510	≥24
	>510~570	≥31
	>570~630	≥34
	>630~690	≥38
奥氏体不锈钢	—	≥31

当规定进行冲击试验时,需增加补加因素。国内压力容器标准或法规中都没有规定在何种情况下需要进行冲击试验。ASME中锅炉压力容器规范第Ⅷ卷第一分卷中,根据钢材强度级别及交货状态、最低设计温度和焊接件的控制厚度,绘制了冲击试验豁免曲线,作为焊接接头是否需要进行冲击试验的依据。目前,国内缺少相当数量的工程失效实例脆断分析和对压力容器用钢韧性追踪考察报告,没有规定进行冲击试验的条件。原劳动部锅炉压力容器安全监察局曾以劳锅局字[1993]13号文下发《关于压力容器产品焊接试板问题补充规定的通知》,其中第七条规定产品焊接试板要进行"必要的冲击韧性试验",所谓"必要的"是指:

①《固定式压力容器安全技术监察规程》（TSG 21—2016）、《压力容器》（GB 150—2011系列）、压力容器产品专项标准规定要做冲击韧性试验的;

②压力容器产品设计图样规定要做冲击韧性试验的；
③按压力容器产品所选用的材料，其材料标准规定要做冲击韧性试验的。

在国内压力容器法规和标准没有正式规定之前，各评定单位暂以劳锅局字[1993]13号文作为确定冲击韧性试验的依据。

特别要说明的是，由于国内对承压设备冲击试验的要求是由标准、实际文件或钢材本身有无冲击试验来决定的，可以说，几乎大部分压力容器用钢都要求进行冲击试验，这点和ASME不尽相同。

（21）编制

填写实际编制人员，一般是焊接工艺员，同时填写编制完成的时间。

（22）审核

依据TSG 21—2016要求，由焊接责任工程师审核。

完成后的4 mm Q235B焊条电弧焊对接焊缝的焊接工艺评定任务书见表3-10。

表3-10 焊接工艺评定任务书

单位名称		××工程设备有限公司		工作令号		PQR02
				预焊接工艺规程编号		pWPS02
评定标准		NB/T 47014—2011		评定类型		对接
母材牌号	母材规格		焊接方法	焊接材料		熔敷厚度
Q235B	4 mm		SMAW	E4303（J422）		4 mm
焊接位置		平焊（1G）				
试件检验：试验项目、试样数量、试验方法和评定指标						
外观检验		不得有裂纹				
无损检测		100%RT，按NB/T 47013.2—2015，不得有裂纹				
	试验项目		试样数量	试验方法	合格指标	备注
力学性能	拉伸试验	常温	2	GB/T 228.1—2021	$R_m \geq 370$ MPa	焊接接头
		高温	/	/	/	/
	弯曲试验 ☑横向 □纵向	面弯	2	GB/T 2653—2008 弯心直径 $D=16$ mm 支座间距离 $L=27$ mm 弯曲角度 $\alpha=180°$	拉伸面上沿任何方向不得有单条长度大于3 mm的裂纹或缺陷	/
		背弯	2			/
		侧弯	/			/
	冲击试验	焊缝区	/	/		
		热影响区	/			
宏观金相检验		/				
化学成分分析		/				
硬度试验		/				
腐蚀试验		/				
铁素体测定		/				
其他		/				
编制		日期		审核	（焊接责任工程师）	日期

工作任务 分离器焊接工艺评定任务书

依据 NB/T 47014—2011 对接焊缝评定规则、试验要求和结果评价等要求，编制分离器产品的焊条电弧焊对接焊缝的焊接工艺评定任务书。

焊接工艺评定任务书——样表

复习思考

一、单选题

1. 焊接 Q235B 材料时,焊接材料的选择一般遵循(　　)原则。
A. 等韧性　　　　　　B. 等塑性　　　　　　C. 等强度　　　　　　D. 等力学性能

2. 根据 NB/T 47014—2011,对接焊缝试件的弯曲试样弯曲到规定的角度后,其拉伸面上的焊缝和热影响区内沿任何方向不得有单条长度大于(　　)mm 的开口缺陷。
A.1　　　　　　　　B.2　　　　　　　　C.3　　　　　　　　D.4

3. 根据 NB/T 47014—2011,对接焊缝工艺评定拉伸试样需要(　　)个。
A.1　　　　　　　　B.2　　　　　　　　C.3　　　　　　　　D.4

4. 根据 NB/T 47014—2011,对接焊缝工艺评定弯曲试样需要(　　)个。
A.1　　　　　　　　B.2　　　　　　　　C.3　　　　　　　　D.4

5. 根据 NB/T 47014—2011,对接焊缝需要做冲击韧性工艺评定试验时,冲击试样每个区取(　　)个。
A.1　　　　　　　　B.2　　　　　　　　C.3　　　　　　　　D.4

6. 焊条电弧焊的英文缩写是(　　)。
A.SMAW　　　　　　B.GTAW　　　　　　C.GMAW　　　　　　D.SAW

7. 根据 NB/T 47014—2011,焊接工艺评定拉伸试验的标准是(　　)。
A.GB/T 228—2010　　B.GB/T 2653—2008　　C.GB/T 229—2007　　D.GB/T 232—2010

8. 根据 NB/T 47014—2011,焊接工艺评定冲击试验的标准是(　　)。
A.GB/T 228—2010　　B.GB/T 2653—2008　　C.GB/T 229—2007　　D.GB/T 232—2010

二、多选题

1.NB/T 47014—2011 的适用范围是(　　)。

A. 锅炉　　　　　　　　B. 船舶　　　　　　　　C. 压力容器　　　　　　D. 压力管道

2. 根据 NB/T 47014—2011，焊接完成的对接焊缝试件需要进行(　　　)。

A. 外观检测　　　　　　B. 无损检测　　　　　　C. 力学性能试验　　　　D. 弯曲试验

3. NB/T 47014—2011 适用于(　　　)等焊接方法。

A. 焊条电弧焊　　　　　B. 熔化极气体保护焊　　C. 钨极氩弧焊　　　　　D. 等离子弧焊

4. 根据 NB/T 47014—2011，对接焊缝需要做冲击韧性工艺评定试验时，冲击韧性试验需要在(　　　)进行。

A. 母材　　　　　　　　B. 焊缝区　　　　　　　C. 熔合区　　　　　　　D. 热影响区

三、判断题

1. 根据 NB/T 47014—2011，焊接工艺评定拉伸试验的标准是 GB/T 2653—2008。　　(　　)
2. 根据 NB/T 47014—2011，焊接工艺评定冲击试验的标准是 GB/T 229—2007。　　(　　)
3. 根据 NB/T 47014—2011，焊接工艺评定拉伸试验的标准是 GB/T 228.1—2010。　　(　　)
4. 焊接完成的 Q235B 试样的无损检测(按 NB/T 47013—2015)结果不得有裂纹。　　(　　)
5. 铜质母材规定的抗拉强度的最低值等于其标准规定的抗拉强度的上限值。　　(　　)
6. 根据 NB/T 47014—2011，焊接工艺评定无损检测按 NB/T 47013—2015 结果无裂纹合格。　　(　　)
7. 根据 NB/T 47014—2011，焊接工艺评定外观检查结果不得有未熔合、气孔、夹渣等缺陷。　　(　　)

项目四

编制对接焊缝焊接工艺评定预焊接工艺规程

工作分析

按照标准和生产过程,我们已经下达分离器产品的焊接工艺评定任务书,现在分析 Q235B 钢的焊接性,依据 NB/T 47014—2011 对接焊缝焊接工艺评定的要求,理解低碳钢母材和对接焊缝焊条电弧焊的焊接工艺评定规则,选择合适的焊接接头、母材、填充金属、焊接位置、预热、焊后热处理、电特性和技术措施,编制分离器对接焊缝焊接工艺评定预焊接工艺规程。

基本工作思路:
1) 分析分离器的技术要求;
2) 温习 Q235B 低碳钢的焊接性能、选择合适的焊接工艺等内容;
3) 选择对接焊缝的焊接接头形式;
4) 查阅并理解 NB/T 47014—2011 对接焊缝评定的相关内容;
5) 按照 NB/T 47014—2011 的推荐格式,编制分离器对接焊缝焊接工艺评定预焊接工艺规程。

学习目标

1. 掌握对接焊缝焊条电弧焊的焊接工艺评定规则;
2. 熟知低碳钢母材的评定规则;
3. 掌握焊接工艺评定预焊接工艺规程的格式和基本内容;
4. 能够根据 Q235B 低碳钢的焊接性能,编制对接焊缝的焊接工艺评定预焊接工艺规程;
5. 具有查阅资料、自主学习和勤于思考的能力,具有团队协作意识和语言表达能力;
6. 具有尊重和自觉遵守法规、标准的意识,具有踏实细致、认真负责的工作态度。

焊接工艺评定

工作必备

 技能资料一　承压设备焊接工艺评定的基础

焊接工艺评定的基础是材料的焊接性。钢材的焊接性试验一般包括:根据钢材化学成分、组织和性能进行焊接性分析,预计焊接特点并提出相应的措施与办法;从钢材焊接特点出发,选择与其相适应的焊接方法;通过试验确定若干适用的焊接方法,当焊接方法确定后,依据焊缝金属性能不低于钢材性能的原则进行焊接材料的筛选或研制;在选定某种焊接材料后,着手进行焊接工艺试验,确定合适的焊接规范参数。在确定焊接方法、焊接材料和焊接规范参数的过程中,主要进行焊接性试验,即测试焊接接头的结合性能和使用性能。

材料的焊接性可由材料生产单位提供。材料生产单位在试制出任何一种新钢种时,均做了大量试验研究,材料的焊接性是其中一项重要内容。如果材料的焊接性不好,则该钢种将无法用于焊接生产,也就不能用于焊制压力容器了。

目前常用的钢材的焊接性试验有以下几种:最高硬度法试验、斜Y形坡口焊接裂纹试验和焊接用插销法冷裂纹试验等。通过焊接性试验,可以确定该钢材的焊接性和焊接时的预热温度、层间温度、热输入的范围等参数。对于碳钢和低合金钢,最简单的办法是通过公式计算出该钢号的C_{eq}(碳当量)和P_{cm}(冷裂纹敏感性指数),从理论上进行大致的判断。对于用于压力容器焊接的碳钢和低合金钢,钢材中碳的质量分数应不大于0.25%,且C_{eq}(碳当量)应不大于0.45%,P_{cm}(冷裂纹敏感性指数)应不大于0.25%。

材料的焊接性试验主要解决材料如何焊接的问题,金相组织、裂纹产生的机理、腐蚀试验、回火脆化等问题都属于材料的焊接性范畴,应当在焊接工艺评定前进行充分研究、试验,得出结论。焊接性试验不能回答在具体工艺条件下焊接接头的使用性能是否满足要求这个实际问题,只能依靠焊接工艺评定来完成。焊接工艺评定与材料的焊接性试验是两个相互关联、又有所区别的概念,它们之间不能互相代替。

焊接工艺评定应以可靠的材料焊接性为依据,并在产品焊接前完成。进行焊接工艺评定试验前,首先要拟定预焊接工艺规程(pWPS),由具有一定专业知识和相当生产实践经验的焊接技术人员,依据所掌握材料的焊接性,结合产品设计要求与制造厂的焊接工艺和设施,拟定出供评定使用的预焊接工艺规程(pWPS)。拟定的预焊接工艺规程与产品特点、制造条件及人员素质有关,每个单位都不完全一样,因此,焊接工艺评定应在本单位进行,不允许"照抄"或"输入"外单位的焊接工艺评定。

技能资料二　承压设备焊接工艺评定适用范围

NB/T 47014—2011中的焊接工艺评定规则不适用于超出规定范围、变更和增加试件的检验项目。焊接工艺评定试件检验项目也只要求力学性能（拉伸、弯曲和冲击）。如果要增加检验项目，如不锈钢要求检验晶间腐蚀，则不仅要给出相应的检验方法、合格指标，还要给出增加晶间腐蚀检验后评定合格的焊接工艺适用范围，原来的评定规则、焊接工艺评定因素的划分、钢材的分类分组、厚度替代原则等不一定都能适用。例如，如果在不锈钢焊接工艺评定中增加晶间腐蚀检验，那么评定合格的焊接工艺不再适用"某一钢号母材评定合格的焊接工艺可以用于同组别号的其他钢号母材"这条评定规则。换句话讲，就要重新编制以力学性能、弯曲性能和晶间腐蚀为判断准则的焊接工艺评定标准，原来的焊接工艺评定规则不再适用。增加其他检验要求也是这个道理。通常，对所要求增加的检验要求，只是对所施焊的试件有效，该评定并没有可省略的评定范围、覆盖范围和替代范围。

技能资料三　承压设备焊接工艺评定规则

1. 对接焊缝和角焊缝的焊接工艺评定规则

NB/T 47014—2011 规定的评定规则、焊接工艺评定因素类别划分、材料的分类分组、厚度替代原则等，都是围绕焊接接头力学性能（拉伸、冲击和弯曲）这个准则，焊接工艺评定试件试验项目也只要求检验力学性能。

例如，可以将众多的奥氏体不锈钢放在一个组内，并规定某一钢号母材评定合格的焊接工艺可以用于同组别号的其他钢号母材，这是因为，虽然这些不锈钢焊接接头的耐蚀性不同，但当通用评定因素和专用评定因素中的重要因素不变时，它们的焊接接头力学性能相同或相近。NB/T 47014—2011 中的焊接工艺评定规则不能直接用来编制焊接作业指导书，如改用同一组中奥氏体不锈钢任一钢号，虽然规定了不要求重新进行焊接工艺评定，但在编制焊接工艺文件时，改用同一组内的另一奥氏体不锈钢钢号时，要考虑腐蚀性能是否满足介质、环境的要求，改用与该钢号相匹配的焊接材料。

2. 对接焊缝和角焊缝重新进行焊接工艺评定的规则

对接焊缝和角焊缝重新进行焊接工艺评定的规则是焊接条件变更是否影响焊接接头的力学性能。

由于压力容器用途广泛，服役条件复杂，因而焊接接头的性能也是多种多样的。某一焊接条件的变更可能引起焊接接头的一种或多种性能发生变化。到目前为止，焊接条件与接头性能之间的对应变化规律并没有被完全掌握，但对焊接条件变更引起焊接接头力学性能改变的规律掌握得比较充分，因而 NB/T 47014—2011 将焊接条件变更是否影响焊接接头的力学性能作为是否需要重新进行焊接工艺评定的准则，从而制定承压设备焊接工艺评定标准，确定评定规则。同时，焊接接头的力学性能是承压设备设计的基础，也是基本性能，以力学性能作为判断准则也是恰当的。

当依据焊接接头力学性能进行焊接工艺评定时，如产品有其他性能要求，则由焊接工艺人员依据理论知识和科学试验结果来选择焊接条件并规定焊接工艺适用范围。需要指出的是，以焊接接头力学性能作为准则制定焊接工艺评定标准不是不考虑其他性能，而是目前没有条件制定以各种性能作为准则的焊接工艺评定标准。承压设备焊接工艺评定标准是确保焊接接头的力学性能符合要求的焊接工艺评定标准（接头形式试验件和耐蚀堆焊工艺评定除外）。

技能资料四　承压设备预焊接工艺规程编制的基础和要求

预焊接工艺规程编制的基础是材料的焊接性能。

预焊接工艺规程编制的要求（图4-1）：必须由企业中有经验的专业技术人员编制；一定要依据产品设计要求编制；一定要依据制造厂焊接工艺和设施条件编制；考虑单位焊工的技能水平，因为焊接工艺评定试板是由本单位的焊工用本单位设备焊接的。

图4-1　预焊接工艺规程编制的要求

焊接工艺评定

工作实施

 工作案例　编制空气储罐 4 mm Q235B 对接焊缝预焊接工艺规程（pWPS02）

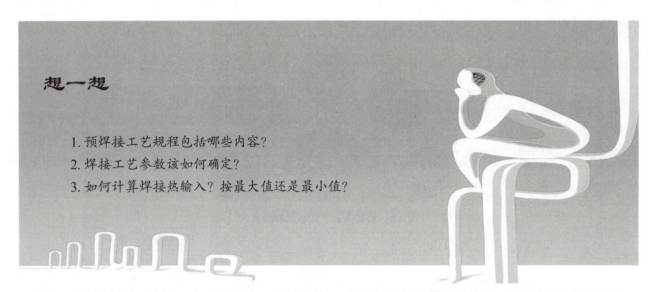

想一想

1. 预焊接工艺规程包括哪些内容？
2. 焊接工艺参数该如何确定？
3. 如何计算焊接热输入？按最大值还是最小值？

按照焊接工艺评定流程，在进行焊接工艺评定前，必须根据金属材料的焊接性，按照设计文件的规定和制造工艺拟定预焊接工艺规程（pWPS）。为了更好地理解预焊接工艺规程的要求，且为简化起见，将表 4-1 中各项内容都用数字代号表示并逐项进行说明。

表 4-1　预焊接工艺规程（pWPS）

单位名称：_____（1）_____		
预焊接工艺规程编号：__（2）__ 日期：__（3）__ 所依据焊接工艺评定报告编号__（4）__		
焊接方法：__（5）__ 机械化程度（手工、机动、自动）_____（6）_____		
焊接接头： 坡口形式：_____（7）_____ 衬垫（材料及规格）：____（8）____ 其他：_____（9）_____		简图：（接头形式、坡口形式与尺寸、焊层、焊道布置及顺序） （10）

续表

母材:
类别号____（11）____组别号____（11）____与类别号____（11）____组别号____（11）____相焊或
标准号____（12）____钢　号____（13）____与标准号____（12）____钢　号____（13）____相焊
对接焊缝焊件母材厚度范围____（14）____
角焊缝焊件母材厚度范围____（15）____
管子直径、壁厚范围：对接焊缝____（16）____角焊缝____（17）____
其他：____（18）____

填充金属：	
焊材类别	（20）
焊材标准	（21）
填充金属尺寸	（22）
焊材型号	（23）
焊材牌号（金属材料代号）	（24）
填充金属类别	（25）

其他：____（26）____
对接焊缝焊件焊缝金属厚度范围____（19）____角焊缝焊件焊缝金属厚度范围____
耐蚀堆焊金属化学成分（质量分数，%）(27)

C	Si	Mn	P	S	Cr	Ni	Mo	V	Ti	Nb

其他：____（28）____注：对每一种母材与焊接材料的组合均需分别填表

焊接位置：(29)	焊后热处理：(30)
对接焊缝位置____	温度范围（℃）____
立焊的焊接方向（向上、向下）____	保温时间范围（h）____
角焊缝位置____	
立焊的焊接方向（向上、向下）____	

预热：(31)	气体：(32)
最小预热温度（℃）____	气体种类　　混合比　　流量（L/min）
最大道间温度（℃）____	保护气____
保持预热时间____	尾部保护气____
加热方式____	背面保护气____

电特性：
电流种类____（33）____　　　　　　极性____（34）____
焊接电流范围（A）____（35）____　　电弧电压（V）____（36）____
焊接速度（范围）____（37）____
钨极类型及直径____（40）____　　　　喷嘴直径（mm）____（41）____
焊接电弧种类（喷射弧、短路弧等）____（42）____焊丝送进速度（cm/min）____（43）____
（按所焊位置和厚度，分别列出电流和电压范围，记入下表）

焊道/焊层	焊接方法	填充材料		焊接电流		电弧电压（V）	焊接速度（cm/min）	线能量（kJ/cm）
		牌号	直径(mm)	极性	电流（A）			
（39）	（5）	（23）	（22）	（34）	（35）	（36）	（37）	（38）

续表

技术措施：
摆动焊或不摆动焊　　　　　（44）　　　　　摆动参数　　　（45）
焊前清理和层间清理　　　　（46）　　　　　背面清根方法　　（47）
单道焊或多道焊（每面）　　　（48）　　　　　单丝焊或多丝焊　（49）
导电嘴至工件的距离（mm）　　（50）　　　　　锤击　　　　　（51）
其他：　　　　　　　　　　　　　　（52）

| 编制 | （53） | 日期 | | 审核 | （54） | 日期 | | 批准 | （55） | 日期 | |

注：对每一种母材与焊接材料的组合均需分别填表。

（1）单位名称

实际使用并进行焊接工艺评定的单位名称，与经营注册名称一致。

（2）预焊接工艺规程编号

该预焊接工艺规程是依据焊接工艺评定任务书编制的，所以其编号和焊接工艺评定任务书是一致的。

（3）日期

该日期为焊接工艺评定报告批准日期或更晚，预焊接工艺规程经评定合格才能填写，开始编制的时候该日期可以不填写。

（4）所依据焊接工艺评定报告编号

填写对该预焊接工艺规程进行评定的焊接工艺评定报告的编号。例如，针对pWPS02进行工艺评定试验后完成的工艺评定报告，一般简写为PQR02。

（5）焊接方法

填写任务书选择的焊接方法。

依据NB/T 47014—2011附录G"焊接工艺评定常用英文缩写及代号"的规定，板材对接焊缝和角焊缝试件的焊接位置及代号见表4-2。

表4-2　常用焊接方法及代号

焊接方法	代号	焊接方法	代号
气焊	OFW	电渣焊	ESW
焊条电弧焊	SMAW	等离子弧焊	PAW
埋弧焊	SAW	摩擦焊	FRW
钨极气体保护焊	GTAW	气电立焊	EGW
熔化极气体保护焊	GMAW	螺柱电弧焊	SW
药芯焊丝电弧焊	FCAW	—	—

（6）机械化程度（手工、机动、自动）

机械化程度是相应于焊接方法而言的，用手操作和控制的焊接，就填写"手工"，如焊条电弧焊、二氧化碳气体保护焊、手工钨极氩弧焊；由焊机操作工直接或在他人指导下，对机械装置夹持的焊枪等进行调节控制以适应焊接条件的焊接，就填写"机动"，如常规埋弧焊、管道自动焊；无须焊机操作工调节控制设备进行的焊接,就填写"自动",如机器人焊接。

（7）坡口形式

应填写产品生产选用的坡口形式,注意以下几点：

1）坡口要尽量保证焊透和避免产生根部裂纹；

2）尽量减少焊缝金属的熔敷量,提高生产率；

3）坡口加工方便,有利于焊接操作；

4）尽量减少工件的焊后变形。

一般常用的坡口有I形、V形、Y形、X形和U形等,坡口的选择主要和板材的厚度、焊接方法等要素有关,可参考《气焊、焊条电弧焊、气体保护焊和高能束焊的推荐坡口》（GB/T 985.1—2008）。

依据已确定的空气储罐焊接工艺评定项目,此处应填写"Y形坡口"。

（8）衬垫（材料及规格）

依据选用的焊接接头如实填写是否有衬垫,没有填写"无",有就填写材料和规格。如是单道焊,背面自由成形则为无衬垫；如是多道焊,第一层单面焊背面自由成形是无衬垫,其他道是在第一道的基础上焊接的,则为有衬垫,衬垫材料是焊缝金属；如是双面焊,都有衬垫,分别是母材和焊缝金属。

（9）其他

填写焊接接头中没有表达清楚的其他内容,如坡口加工方法、加工质量要求等。值得说明的是,按照NB/T 47014—2011第5.2.2条表6"各焊接方法专用焊接工艺评定因素分类",焊接接头是焊条电弧焊、钨极氩弧焊等大部分方法的次要因素,所以选择焊接接头主要根据结构类型、工件厚度、企业加工条件和经济性等多方面综合考虑。

（10）简图

画出具体的接头形式、坡口形式与尺寸、焊接层数、焊道布置及焊接顺序。

依据空气储罐4 mm Q235B对接焊缝焊接工艺评定任务书,焊接接头的简图如图4-2所示。

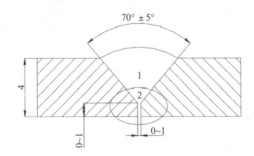

图4-2　空气储罐4 mm Q235B对接焊缝焊接工艺评定焊接接头

（11）类别号、组别号

依据NB/T 47014—2011第5.1.2条,填写选用的焊接工艺评定材料的类别和组别号。例如,低碳钢的类别号为Fe-1,组别号为Fe-1-1。

（12）标准号

当焊接工艺评定选用的钢材在NB/T 47014—2011第5.1.2条材料分类中时,就不需要填写标准号；假如没有对应的类别和组别号,就需要在该项目中填写该选用钢材的标准号。

（13）钢号

填写焊接工艺评定试验选用钢材的钢号,如Q235B。

（14）对接焊缝焊件母材厚度范围

填写选用板材试件评定合格后适用于对接焊缝焊件母材的厚度范围,依据标准NB/T 47014—2011第

6.1.5.1 条规定,确定对接焊缝试件评定合格的焊接工艺适用于焊件厚度的有效范围。

NB/T 47014—2011 第 6.1.5.2 条规定,用焊条电弧焊、埋弧焊、钨极气体保护焊、熔化极气体保护焊、等离子弧焊和气电立焊等焊接方法完成的试件,当规定进行冲击试验时,焊接工艺评定合格后,当 $T \geq 6$ mm 时,适用于焊件母材厚度的有效范围最小值为试件厚度 T 与 16 mm 两者中的较小值;当 $T < 6$ mm 时,适用于焊件母材厚度的有效范围最小值为 $T/2$。当试件经高于上转变温度的焊后热处理或奥氏体材料焊后经固溶处理时,仍按表 2-1 和表 2-2 的规定执行。

NB/T 47014—2011 所述及的"焊件"与"试件"厚度,均包括母材和焊缝金属厚度两部分。

空气储罐 4 mm Q235B 焊条电弧焊对接焊缝预焊接工艺规程(pWPS02)的"对接焊缝焊件母材厚度范围"应填写"2~8 mm"。

(15)角焊缝焊件母材厚度范围

依据 NB/T 47014—2011 第 6.1.5.5 条,对接焊缝试件评定合格的焊接工艺用于焊件角焊缝时,焊件厚度的有效范围不限。说明不论是对接焊缝试件还是角焊缝试件,评定合格的焊接工艺适用于角焊缝焊件母材厚度不限,此处填"不限"。

(16)管子直径、壁厚范围:对接焊缝

依据 NB/T 47014—2011 第 6.3.2 条,板状对接焊缝试件评定合格的焊接工艺,适用于管状焊件的对接焊缝,反之亦可。所以此处填写的内容参照(14)和(15)。

(17)管子直径、壁厚范围:角焊缝

从试件上测量对接焊缝的实际厚度(余高不计),查阅表 2-1 和表 2-2,确定其焊缝金属厚度范围。如为组合评定,则按各焊接方法或焊接工艺的焊缝厚度分别填写。

(18)其他

该处可以填写补充与注释,如返修焊、补焊等。如没有其他要求应划"/"。

(19)对接焊缝焊件焊缝金属厚度范围、角焊缝焊件焊缝金属厚度范围

按照 NB/T 47014—2011 第 6.1.5 条规定,查阅表 2-1,试件母材厚度为 4 mm 时,适用于焊件焊缝金属厚度的有效范围,最小值为"不限",最大值为 2 倍焊缝金属厚度即 8 mm,故对接焊缝焊件焊缝金属厚度范围可填写"≤8 mm",角焊缝焊件焊缝金属厚度范围可填写"不限"。

(20)焊材类别

在编制空气储罐 4 mm Q235B 焊条电弧焊对接焊缝焊接工艺评定任务书时,已经确定焊接材料选用 E4303(J422)焊条,现在依据 NB/T 47014—2011 第 5.1.3.2 条,填写填充金属的分类代号,NB/T 47018—2017 中的 E43××型焊条的分类代号为 FeT-1-1。

(21)焊材标准

用作压力容器焊接填充金属的焊接材料应符合中国国家标准、行业标准和《承压设备用焊接材料订货技术条件》(NB/T 47018—2017)的规定,一般填写 NB/T 47018—2017。

(22)填充金属尺寸

根据工艺评定试板的厚度,选择合适的焊接材料,如焊条和焊丝的直径,当可能使用多种直径时,都需要填。常用的焊条尺寸有 $\varphi 3.2$ mm、$\varphi 4.0$ mm、$\varphi 5.0$ mm。对于空气储罐 4 mm Q235B 对接焊缝预焊接工艺规程,钢板厚度只有 4 mm,故选择较细的 $\varphi 3.2$ mm 的焊条。

(23)焊材型号

按国家标准规定的焊材型号填写,命名方式:E 开头表示焊条,ER 表示焊丝等。例如,焊条 E4303、E5015;焊丝 ER50-6。此处应填写"E4303"。

(24)焊材牌号(金属材料代号)

焊条牌号是厂家或行业自定的,种类繁多,国产的约有 300 多种。按《焊接材料产品样本》(1997 年,机

械工业出版社)填写,如 J422、J507 等。 型号 E4303 焊条对应的牌号为 J422。

(25)填充金属类别

依据 NB/T 47014—2011 第 5.1.3.1 条规定,填充金属包括焊条、焊丝、填充丝、焊带、焊剂、预置填充金属、金属粉、板极、熔嘴等,依据实际填写。此处应填写"焊条"。

(26)其他

填写焊接材料标准以外的填充金属分类、分组规定等补充内容。如无须补充,则划"/"。

(27)耐蚀堆焊金属化学成分

只有进行堆焊焊接工艺评定时才填写。依据空气储罐 4 mm Q235B 对接焊缝焊接工艺评定任务书,此处应划"/"。

(28)其他

填写堆焊焊接工艺评定时需要补充的一些其他要求。如无须补充,则划"/"。

(29)焊接位置

焊接位置的具体内容,依据焊接工艺评定选用的焊缝形式,确定填写对接焊缝还是角焊缝,填写的焊接位置要与任务书一致,如采用立焊,需要明确向上立焊或向下立焊,其他的焊接位置都不需要填写焊接方向。依据空气储罐 4 mm Q235B 对接焊缝焊接工艺评定任务书,应在"对接焊缝位置"填写"平焊(1G)"。

(30)焊后热处理

焊后热处理的目的如下:

1)减少 80%~90% 的焊接残余应力;

2)改善母材、焊接接头的综合力学性能;

3)释放焊缝金属中的有害气体,尤其是氢,防止延迟裂纹的产生;

4)稳定结构的形状和尺寸,减少畸变。

确定焊后热处理时,一般先分析产品的技术要求是否需要热处理,或者是根据产品用材料的焊接性,确定该部件是否需要热处理,热处理要求可以参照《压力容器焊接规程》(NB/T 47015—2011)第 4.6 条规定,它明确了需要热处理的厚度以及热处理的规范、方式等具体要求。

依据 NB/T 47014—2011 第 6.1.4.1 条规定,改变焊后热处理类别,需要重新进行焊接工艺评定,所以该处的焊后热处理必须和产品的要求一致。查阅空气储罐图样,在各类技术参数和要求中,并未要求进行焊后热处理,所以在进行焊接工艺评定时,也就不进行焊后热处理。故此处无须填写,均划"/"。

(31)预热

焊前预热的目的如下。

1)焊前预热和保持层间温度主要是为了减缓焊后的冷却速度,有利于焊缝金属中扩散氢的逸出,避免产生氢致裂纹,同时也减少焊缝及热影响区的淬硬程度,提高了焊接接头的抗裂性。

2)预热也可降低焊接应力。均匀地局部预热或整体预热,可以减少焊接区域被焊工件之间的温度差。这样,一方面降低了焊接应力;另一方面,降低了焊接应变速率,有利于避免产生焊接裂纹。

3)预热可以降低焊接结构的拘束度,对降低角接接头的拘束度尤为有效,随着预热温度的提高,裂纹产生率下降。

分析评定选用材料的焊接性,确定是否需要预热以及道间温度、加热方式和保持时间,对于低碳钢和低合金钢,一般没有特别的预热要求,可以参照 NB/T 47015—2011 第 3.5.7 条、第 3.6.3 条和第 4.4 条规定。经查阅标准,4 mm 的 Q235B 焊接,不需要焊前预热,故在"最小预热温度"处写"室温"。依据 NB/T 47015—2011 第 4.4.3 条规定,碳钢的最高预热温度和道间温度不宜大于 300 ℃,则在"最大道间温度"处可填写"≤300 ℃"。"保持预热时间"和"加热方式"2 处,均划"/"。

(32)气体

采用需要使用保护气体的焊接方法(如熔化极气体保护焊、钨极氩弧焊、等离子弧焊等焊接方法)时,需要填写气体种类、混合比和流量。按照经验,采用钨极氢弧焊时,氢气的合适流量为 0.8~1.2 倍的喷嘴直径;采用熔化极气体保护焊时,短路过渡气体的流量为 15~20 L/min,射流过渡气体的流量为 20~25 L/min。

(33)电流种类

主要根据评定材料的焊接性能,选择合适的焊接工艺参数,包括焊接电源、电流、电压以及焊接层数和线能量等,这些参数同焊接方法关系很大。工艺评定考虑的是在具体条件下的焊接工艺问题,而不是为了选择最佳工艺参数,所以,工艺评定所选择的电特性工艺参数要综合考虑企业的具体条件、评定覆盖范围和生产效率等问题。根据焊接工艺评定试件选用的焊接方法和焊材,分析选用焊接电流的种类是直流还是交流。例如,焊条电弧焊采用 E4303 焊条时,交直流电源都适用;E5015 焊条则适用直流反接。

(34)极性

采用直流电源时,要明确是正接还是反接。直流正接时,熔深略大;直流反接时,可以防止薄板烧穿。根据焊接方法和焊材等实际情况进行选择。

依据空气储罐 4 mm Q235B 对接焊缝焊接工艺评定任务书,选择 J422 焊条是为了在实际生产中可以选择 J422 酸性焊条,也可以选择 J427 碱性焊条,故此处填写与 J427 焊条相同的极性,即"直流反接"。

依据 NB/T 47014—2011 附录 G"焊接工艺评定常用英文缩写及代号"规定,交流电源的代号为 AC,直流电源反接为 DCEP,直流电源正接为 DCEN。

(35)焊接电流范围

根据试板的材料和厚度、焊接位置、焊接接头形式、焊接层数和焊条直径等选择焊接电流范围。对于焊条电弧焊,电流常用经验公式:$I=(35~55)d$ 或 $I=10d^2$ 或 $I=(30~50)d$(其中 I 为电流,A;d 为焊条直径,mm)。每层或每道的电流要分别填写,范围填写最小电流至最大电流。

(36)电弧电压

不同焊接方法的电弧电压不相同,按照经验,焊条电弧焊的电弧电压为 $(20+0.04I)$ V;熔化极气体保护焊的焊接电流小于 300 A 时,电弧电压为 $(0.04I + 16 \pm 1.5)$ V;焊接电流大于 300 A 时,电弧电压为 $(0.04I + 20 \pm 2)$ V;钨极氩弧焊的电弧电压是 $(10 + 0.04I)$ V。每层或每道的电压要分别填写,范围填写最小电压至最大电压。

(37)焊接速度

焊接速度指单位时间内完成的焊缝长度。如果焊接速度过快,熔池温度不够,易造成未焊透、未熔合、焊缝成形不良等缺陷。如果焊接速度过慢,高温停留时间延长,热影响区宽度增加,焊接接头的晶粒变粗、机械性能降低,同时变形量增大。因此,要合理选择焊接速度,在保证焊接质量的前提下,生产中选择略大的焊接速度,可提高生产率,一般焊条电弧焊的焊接速度为 14~16 cm/min。

(38)热输入

焊接热输入也称为焊接线能量,其计算公式为:焊接热输入 = 焊接电流 × 电弧电压 ÷ 焊接速度($q = IU/V$)。焊接热输入直接影响焊接质量,其数值越大,焊接质量越差。所以,在计算热输入时要算出最大焊接热输入,即焊接电流和电压取最大值,而焊接速度取最小值。

焊接热输入计算过程举例如下。焊条 J422,直径为 3.2 mm,焊接电流为 90~110 A,焊接电压为 23~26 V,焊接速度为 10~13 cm/min,其焊接热输入计算过程为

$$q = IU/V$$
$$= (110 \text{ A} \times 26 \text{ V}) \div 10 \text{ cm/min}$$
$$= (110 \text{ A} \times 26 \text{ V} \times 60) \div 10 \text{ cm/s}$$
$$= 171\,600 \text{ J/cm} \div 1\,000$$

=16.5 kJ/cm

（39）焊道/焊层

此处填写估算的焊接层数。对于焊条电弧焊，焊接层数＝母材厚度÷焊条直径。依据图4-2，空气储罐 4 mm Q235B 对接焊缝焊接工艺评定试板需焊接2层。

（40）钨极类型及直径

只有采用使用钨极的焊接工艺才需要填写钨极类型和直径，目前最常用的是铈钨极。

（41）喷嘴直径

采用气体保护焊时，填写选用的喷嘴直径。喷嘴直径与气体流量同时增加，则保护区增大，保护效果好。但喷嘴直径不宜过大，否则会影响焊工的视线。按照经验，喷嘴直径一般为钨极直径的2.5~3.5倍，手工氩弧焊时喷嘴直径为2倍钨极直径再加上4 mm。

（42）焊接电弧种类（喷射弧、短路弧等）

当采用熔化极气体保护焊时，要填写熔滴的过渡形式，一般最常用的是短路过渡、喷射过渡和粗滴过渡。

（43）焊丝送进速度

焊丝送进速度等于焊丝熔化速度时，焊接不断弧，可以稳定焊接；焊丝送进速度小于熔化速度时，因焊丝供不上熔化，会出现断弧现象，根本无法焊接；焊丝送进速度大于熔化速度时，因焊丝送丝太快来不及熔化，会导致焊丝伸出过长，电阻热加剧而烧断焊丝，也会导致无法焊接。电流越大，送丝速度越快。

（44）、（45）摆动方式及参数

焊接时，为达到需要的焊接宽度，有时焊枪会做适当摆动。摆动幅度太大，会增加气孔等缺陷，同时也会降低焊缝的性能。摆动参数依据焊材直径和焊接需达到的宽度确定，所以依照经验，一般宽度不超过焊条直径的3倍。当焊缝较宽时，为保证焊接质量，可采用多层多道焊。

空气储罐 4 mm Q235B 对接焊缝焊接工艺评定的试板厚度仅为4 mm，坡口比较小，生产中不摆动即可满足宽度要求，所以这两处分别填写"不摆动"和"/"。

（46）焊前清理和层间清理

依据评定试板的焊接性确定。依据 NB/T 47015—2011 中第4.3.3条，坡口表面及附近（以离坡口边缘的距离计，焊条电弧焊每侧约10 mm，埋弧焊、等离子弧焊、气体保护焊每侧约20 mm）应将水、锈、油污、积渣和其他有害杂质清理干净。一般碳钢、低合金钢和不锈钢常采用打磨清理，钛合金常采用丙酮或酒精清理。

（47）背面清根方法

根据评定试板的焊接性确定。一般碳钢、低合金钢和不锈钢常采用碳弧气刨，然后用砂轮打磨直至露出金属光泽。

（48）单道焊或多道焊（每面）

依据焊接接头简图填写，一面焊接2道以上，就属于多道焊。此处应填写"单道焊"。

（49）单丝焊或多丝焊

根据实际选择的焊接方法填写，选用双丝以上焊接，就属于多丝焊接。此处应划"/"。

（50）导电嘴至工件的距离

采用需要用导电嘴的焊接方法时填写。按照经验，采用熔化极气体保护焊时，导电嘴至工件的距离采用短路过渡时为10~15 mm，采用射流过渡时为15~20 mm；采用钨极氩弧焊时，导电嘴至工件的距离为8~12 mm。本例为焊条电弧焊，不用导电嘴，故应划"/"。

（51）锤击

锤击能去除部分焊接应力，但注意不宜对打底层与盖面层锤击。空气储罐 4 mm

4mmQ235B
钢板对接焊条
电弧焊

Q235B对接焊缝焊接工艺评定的试板厚度仅为4 mm,不需要锤击。

(52)其他

填写焊接过程中其他需要指出的技术措施。因焊接过程对环境要求比较高,可填写焊接环境要求等。例如,NB/T 47015—2011第3.6.3条有如下规定。

1)焊接环境出现下列任一情况时,应采取有效防护措施,否则禁止施焊。

①风速:气体保护焊大于2 m/s,其他焊接方法大于10 m/s;

②相对湿度大于90%;

③雨雪环境;

④焊件温度低于-20 ℃。

2)当焊件温度为-20~0 ℃时,应将施焊处100 mm范围内预热到15 ℃以上。

故此处可填写"环境温度>0 ℃,相对湿度<90%"。

(53)编制

填写实际编制人员,一般为焊接工艺员,同时应填写编制完成的时间。

(54)审核

依据TSG 21—2016要求,由焊接责任工程师审核,时间据实填写即可。

(55)批准

依据TSG 21—2016要求,必须由技术负责人批准,时间据实填写即可。

编制好的空气储罐4 mm Q235B对接焊缝预焊接工艺规程(pWPS02)见表4-3。

表4-3 空气储罐4 mm Q235B对接焊缝预焊接工艺规程(pWPS02)

单位名称 ××工程设备有限公司
预焊接工艺规程编号 pWPS02   日期_____ 所依据焊接工艺评定报告编号 PQR02
焊接方法 SMAW   机械化程度(手工、机动、自动) 手工

焊接接头: 坡口形式 Y形坡口 衬垫(材料及规格)母材和焊缝金属 其他: /	简图:(接头形式、坡口形式与尺寸、焊层、焊道布置及顺序)

母材:

类别号 Fe-1   组别号 Fe-1-1   与类别号 Fe-1 别号 Fe-1-1 相焊或

标准号   /   钢号 Q235B 与标准号 / 钢号 Q235B 相焊

对接焊缝焊件母材厚度范围   2~8 mm

角焊缝焊件母材厚度范围   不限

管子直径、壁厚范围:对接焊缝   2~8 mm   角焊缝   不限

其他: /

填充金属:

焊材类别	FeT-1-1	/
焊材标准	NB/T 47018—2017	/
填充金属尺寸	φ3.2 mm	/
焊材型号	E4303	/

续表

焊材牌号（金属材料代号）	J422	/
填充金属类别	焊条	/

其它：＿＿/＿＿＿＿＿＿＿
对接焊缝焊件焊缝金属厚度范围＿≤8 mm＿角焊缝焊件焊缝金属厚度范围＿不限＿
耐蚀堆焊金属化学成分（质量分数，%）

C	Si	Mn	P	S	Cr	Ni	Mo	V	Ti	Nb
/	/	/	/	/	/	/	/	/	/	/

其他：＿＿＿＿＿/＿＿＿＿＿ 注：对每一种母材与焊接材料的组合均需分别填表

焊接位置：
对接焊缝位置＿＿＿＿平焊（1G）＿＿＿＿
立焊的焊接方向（向上、向下）＿＿/＿＿
角焊缝位置＿＿＿＿/＿＿＿＿
立焊的焊接方向（向上、向下）＿＿/＿＿

焊后热处理：
温度范围（℃）＿＿/＿＿
保温时间范围（h）＿＿/＿＿

预热：
最小预热温度（℃）＿＿室温＿＿
最大道间温度（℃）＿＿≤300 ℃＿＿
保持预热时间＿＿/＿＿
加热方式＿＿/＿＿

气体：
　　　　气体种类　混合比　流量（L/min）
保护气　　/　　　/　　　/
尾部保护气　/　　/　　　/
背面保护气　/　　/　　　/

电特性：
电流种类＿＿直流（DC）＿＿　　极性＿＿反接（EP）＿＿
焊接电流范围（A）＿90~120＿　　电弧电压（V）＿23~26＿
焊接速度（范围）＿10~13 cm/min＿
钨极类型及直径＿＿/＿＿　　喷嘴直径（mm）＿＿/＿＿
焊接电弧种类（喷射弧、短路弧等）＿＿/＿＿　　焊丝送进速度（cm/min）＿＿/＿＿
（按所焊位置和厚度，分别列出电流和电压范围，记入下表）

焊道/焊层	焊接方法	填充材料		焊接电流		电弧电压（V）	焊接速度（cm/min）	线能量（kJ/cm）
		牌号	直径（mm）	极性	电流（A）			
1	SMAW	J422	φ3.2	DCEP	90~110	23~25	10~13	16.5
2	SMAW	J422	φ3.2	DCEP	110~120	23~25	10~13	16.5
/	/	/	/	/	/	/	/	/
/	/	/	/	/	/	/	/	/
/	/	/	/	/	/	/	/	/

技术措施：
摆动焊或不摆动焊＿＿不摆动焊＿＿　　摆动参数＿＿＿＿／＿＿＿＿
焊前清理和层间清理＿刷或磨＿　　背面清根方法＿碳弧气刨+修磨＿
单道焊或多道焊（每面）＿单道焊＿　　单丝焊或多丝焊＿＿/＿＿
导电嘴至工件距离（mm）＿＿/＿＿　　锤击＿＿/＿＿
其他：＿＿环境温度>0 ℃　相对湿度<90%＿＿

编制	×××	日期	×××	审核	×××	日期	×××	批准	×××	日期	×××

焊接工艺评定

工作任务 编制分离器焊接工艺评定预焊接工艺规程

根据Q235B钢的焊接性,依据NB/T 47014—2011中对接焊缝焊接工艺评定的要求,按照设计文件规定和制造工艺,编制分离器焊条电弧焊对接焊缝的焊接工艺评定预焊接工艺规程。

预焊接工艺规程(样表)

复习思考

一、单选题

1. 据NB/T 47015—2011焊接时,焊接环境的相对湿度应该小于(   );焊接环境的温度应该高于(   )。

A.80%;-30 ℃ B.80%;-20 ℃ C.90%;-30 ℃ D.90%;-20 ℃

2. 10 mm的Fe-1-2材料对接焊缝评定合格后,其焊件母材厚度的有效范围是(   )mm。

A.1.5~20 B.5~20 C.10~20 D.≤20

3. 10 mm的Fe-1-2材料对接焊缝经上转变温度热处理评定合格后,其焊件母材厚度的有效范围是(   )mm。

A.1.5~20 B.5~20 C.10~20 D.≤20

4. 按照NB/T 47014—2011,焊条J507(E5015)的分类代号是(   )。

A.FeT-1-1 B.FeT-1-2 C.FeT-1-3 D.FeT-1-4

5. 下列(   )焊接位置需要填写焊接方向。

A. 平焊 B. 立焊 C. 横焊 D. 仰焊

6. Q235B按照NB/T 47014—2011材料分类,属于(   )组别。

A.Fe-1-1 B.Fe-1-2 C.Fe-1-3 D.Fe-1-4

7. Q345R按照NB/T 47014—2011材料分类,属于(   )组别。

A.Fe-1-1 B.Fe-1-2 C.Fe-1-3 D.Fe-1-4

8. 15CrMoR按照NB/T 47014—2011材料分类,属于(   )组别。

A.Fe-1 B.Fe-2 C.Fe-3 D.Fe-4

9. 根据 NB/T 47014—2011，金属材料总共分成（　　）大类。
A.12　　　　　　　B.13　　　　　　　C.14　　　　　　　D.15
10. 填充材料的选择都需要采用（　　）的原则。
A. 等强度　　　　B. 等韧性　　　　C. 等成分　　　　D. 等性能
11. 低碳钢焊接时，填充金属的选择都需要采用（　　）的原则。
A. 等强度　　　　B. 等韧性　　　　C. 等成分　　　　D. 等性能
12. 不锈钢焊接时，填充金属的选择都需要采用（　　）的原则。
A. 等强度　　　　B. 等韧性　　　　C. 等成分　　　　D. 等性能
13. 预焊接工艺规程的英文缩写是（　　）。
A.pWPS　　　　　B.PQR　　　　　　C.WPS　　　　　　D.WWI
14. 可以参照选择焊接坡口标准有（　　）
A.GB/T 985—2008　B.GB 150—2011　　C.GB 150.1—2011　D. TGS 21—2016

二、多选题

1. 可以参照选择焊接坡口标准为（　　）。
A.GB/T 985—2008　B.GB 150—2011　　C.HG/T 20584—2011　D.HG/T 20583—2011
2. 焊接接头的选择主要根据（　　）。
A. 结构类型　　　B. 工件厚度　　　C. 企业加工条件　　D. 经济性
3. 在其他因素不变的情况下，增加（　　）会增大焊接热输入。
A. 焊接电流　　　B. 焊接电压　　　C. 焊接速度　　　D. 增加焊接层数
4. 预焊接工艺规程中的焊接接头简图包括（　　）等内容。
A. 坡口形式和尺寸　B. 焊接层数　　　C. 焊道布置　　　D. 焊接顺序
5. 填充材料包括（　　）等。
A. 焊条　　　　　B. 焊丝　　　　　C. 气体　　　　　D. 熔嘴

三、判断题

1. 双面焊的衬垫材料可以是母材。　　　　　　　　　　　　　　　　　　　　　　　（　　）
2. 根据 NB/T 47014—2011，对接焊缝试件评定合格的焊接工艺用于焊件角焊缝时，焊件厚度的有效范围不限。　　　　　　　　　　　　　　　　　　　　　　　　　　　　　　　　　（　　）
3. 根据 NB/T 47014—2011，板状对接焊缝试件评定合格的焊接工艺，不适于管状焊件的对接焊缝。
　　　　　　　　　　　　　　　　　　　　　　　　　　　　　　　　　　　　　（　　）
4. 焊接 Q235B 钢厚板，焊接中间层可以锤击处理。　　　　　　　　　　　　　　　（　　）
5. 根据 NB/T 47014—2011，接头厚度为 26 mm 的 Fe-1 钢材不需要预热。　　　　　　（　　）
6. 采用焊条电弧焊焊接 10 mm 的 Fe-1-2 材料对接焊缝评定合格后，其焊件熔敷金属的厚度的有效范围>20 mm。　　　　　　　　　　　　　　　　　　　　　　　　　　　　　　　　　（　　）
7. 低碳钢的焊接层间温度应小于或等于 300 ℃。　　　　　　　　　　　　　　　　（　　）
8. 焊接压力容器的低碳钢焊条除了符合 GB/T5117—2012 外，还需符合 NB/T 47018—2017。（　　）
9. 编制预焊接工艺规程的基础是材料的焊接性。　　　　　　　　　　　　　　　　（　　）

项目五

完成对接焊缝焊接工艺评定报告（PQR01）

工作分析

按照标准和生产过程，我们已经编制好分离器产品的焊接工艺评定的预焊接工艺规程，现在依据分离器产品技术要求和 NB/T 47014—2011 要求，选择合适的工艺评定试板，按照预焊接工艺规程进行焊接，并进行外观检查和无损检测，然后截取拉伸、弯曲和冲击试样，加工和测量试样，并分别依据 GB/T 228.1—2021 进行拉伸试验，依据 GB/T 2653—2008 进行弯曲试验，依据 GB/T 229—2020 进行冲击试验，并出具试验报告。

基本工作思路：

1）按照预焊接工艺规程，焊接试板并完成外观检验和无损检测；

2）按照 NB/T 47014—2011 标准画试样截取图，画拉伸、弯曲和冲击加工图；

3）按照 GB/T 228.1—2021 要求检查拉伸试样，进行拉伸试验、记录试验数据、计算抗拉强度、并出具拉伸试验报告；

4）按照 GB/T 2653—2008 要求检查弯曲试样，选择弯心直径和弯头，计算支承辊间距，进行弯曲试验，试验完成后，检查试样，出具弯曲试验报告；

5）按照 GB/T 229—2020 进行冲击试验、记录试验数据、并出具试验报告。

学习目标

→ 1. 掌握法规和标准对焊接、检测的要求，能按照预焊接工艺规程准备试板、焊接并检查外观质量；能进行无损检测并出具评定报告。

→ 2. 能够按照 NB/T 47014—2011 标准画出力学性能试样的位置图，能够画力学性能的试样加工图，提出加工要求。

→ 3. 能够按照 GB/T 228.1—2021 标准要求进行拉伸试验，并出具拉伸试验报告。

→ 4. 能够按照 GB/T 2653—2008 标准要求进行弯曲试验，并出具试验报告。

→ 5. 能够按照 GB/T 229—2020 检查冲击试样缺口，进行冲击试验，并出具试验报告。

→ 6. 具有安全、环保和节约意识，具有现场 6S 管理能力。

焊接工艺评定

工作必备

 技能资料一　PQR01 焊接工艺评定试件的焊接和无损检测

具体工作思路：
1）查阅 NB/T 47014—2011 中试板焊接对焊接设备场地和人员的要求；
2）准备焊接试板和焊接工具、工装；
3）按照预焊接工艺规程焊接试板，做好焊接记录；
4）对焊接完成的试板进行外观检查；
5）按照 NB/T 47013.2—2015 对焊接试板进行无损检测并出具报告。

想一想

1. 焊接工艺评定试样焊接时，应该由什么样的人焊接？
2. 应该在哪焊接？焊接时记录哪些数据？
3. 焊接完成后要做哪些检查，合格要求如何？

1. 焊接工艺评定试件焊接

依据 NB/T 47014—2011 第 4.3 条，焊接工艺评定必须在本单位进行。焊接工艺评定所用设备、仪表应处于正常工作状态，金属材料和焊接材料应符合相应标准，由本单位技能熟练的焊接人员使用本单位焊接设备焊接试件。

NB/T 47014—2011 中，"本单位技能熟练的焊接人员""使用本单位焊接设备"和"验证施焊单位拟定的焊接工艺"这三条限定了焊接工艺评定需在本单位进行，不允许"借用""输入"或"交换"。

（1）焊前准备

1）试板准备。按照任务书和预焊接工艺规程要求，部分企业在下达评定任务的时候，会有焊接工艺评定流转卡，明确工艺评定的要求和流转程序，选择具有合格质量证明书的 Q235B 钢板，划线、采用热切割试板 400 mm×125 mm×8 mm 两块，同步进行标记。

①选择合格的试板。根据对接焊缝工艺评定任务书和预焊接工艺规程(pWPS01)的要求,应选用 8 mm 厚度的 Q235B 钢板。依据 NB/T 47014—2011 第 4.3 条,金属材料应符合相应标准;同时第 5.1.2 条规定,Q235B 应符合的标准包括 GB/T 700、GB/T 912、GB/T 3091、GB/T 3274、GB/T 13401。我们选用有合格质量证明书且满足 NB/T 47014—2011 要求的 Q235B 钢板进行评定试验。合格的钢板上都标有生产批号、钢材牌号、执行标准和钢板规格尺寸等重要内容。

②清理钢板、划线并标记。用毛刷等工具清理掉所选钢板表面上的浮灰、铁锈等杂物。根据 PQR01 工艺评定的拉伸、弯曲和冲击试验的取样要求,应准备尺寸为 8 mm × 125 mm × 400 mm 的 Q235B 试板两块。按照尺寸在所选钢板上划线。将钢板牌号、尺寸、焊接工艺评定编号标记在钢板上。

③试板的切割。选用火焰切割、等离子切割、激光切割等加工方式,按照划好的线,将钢板切割出两块 8 mm × 125 mm × 400 mm 的试板。

2)坡口准备。按照预焊接工艺规程,开 30° 单边 V 形坡口(用焊接检验尺测量),加工钝边 1~2 mm,打磨坡口内及两侧 20 mm 范围内的油污、铁锈等污物。

①试板坡口角度。按照预焊接工艺规程(pWPS01)的要求,试板开 60° V 形坡口,因此坡口面角度为 30°,如图 5-1 所示。

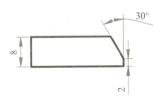

图 5-1 试板坡口简图

②试板坡口加工。对于 Q235B 钢板,坡口的加工方法有刨削、铣削、氧乙炔火焰切割、等离子切割、激光切割和水切割等。相对于其他加工方法,氧乙炔火焰切割具有价格便宜、轻便灵活、操作简单、加工成本低等优点,使用比较广泛;但是经火焰切割加工的坡口,必须经过打磨,直至露出金属光泽后方可进行焊接。

③坡口角度检查。切好的坡口,用焊接检验尺检查坡口角度是否符合焊接工艺规程(pWPS01)的要求,操作步骤如下:

a)先用检测尺的主体测量角紧靠钢边表面,如图 5-2(a)所示;

b)旋转多用尺的测量角靠紧坡口表面,如图 5-2(b)所示;

c)读取多用尺端部刻线所指示的数值,即为坡口角度。

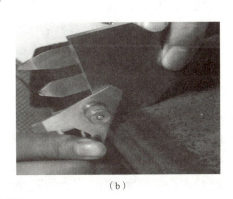

(a) (b)

图 5-2 坡口角度检查

(a)用检测尺的主体测量角紧靠钢边表面 (b)旋转多用尺的测量角靠紧坡口表面

3)试板打磨。根据对接焊缝焊接工艺评定和预焊接工艺规程要求,工艺评定试板的坡口及坡口两侧 20 mm 范围内的油污、氧化层等需清理干净,直至露出金属光泽,钝边厚度打磨至 2 mm 左右。

4）焊机准备。依据 NB/T 47014—2011 第 4.3 条,焊接工艺评定用设备、仪表应处于正常工作状态。选用计量检定合格的焊条电弧焊接机,要注意日常维护保养并做好维护保养记录,贴上完好设备标签。焊机使用前检查接地可靠。

5）工量具准备。焊条电弧焊需准备的常用工具包括:防护面罩、焊工手套、锤子、焊工锤、錾子、钢丝刷、锉刀、槽钢等。

焊前、焊接过程中和焊后检查用的量具,如焊接检验尺、红外线测温仪、温湿度计、游标卡尺等都必须计量检定合格,记录合格。

①焊接检验尺:测量试板坡口角度、焊缝间隙、余高、咬边等。

②红外线测温仪:用来测量焊缝层间温度。

③温湿度计:测量施焊环境的温湿度是否符合要求。

④游标卡尺:测量焊缝宽度和咬边长度。

6）焊材准备。按照预焊接工艺规程准备符合标准要求的 E4303（J422）焊条,规格为 φ3.2 mm。对于采购的焊条,首先要检查外包装有无破损或者受潮,有无合格标记;其次要检查外包装标注的焊条型牌号、规格、批号是否与质量证明书一致。经检查合格后方可入库,并给同一批次的焊条编好入库编号。

J422 焊条按照质量证明书要求在 150 ℃烘干,保温 1 h,随用随取,焊条烘干要做好相应烘干记录。应选用经过计量检定部门检定合格的焊条烘干箱进行烘烤;计量合格、运行正常的烘干箱要贴上完好标签,同时要做好维护保养记录。

（2）焊接

1）试板装配。控制错边量< 0.5 mm,装配间隙为 1~2 mm,测量并记录。

2）焊接。总共焊接 3 层,正面焊 2 层,背面焊 1 层,注意记录层间温度和焊接参数。

焊接作业个人防护用品及其正确使用　　焊接作业安全注意事项

①打底层焊接。打底层焊接工艺参数与定位焊相同,采用连弧、锯齿形运条法进行焊接,焊接时应注意控制好焊条的电弧长度,酸性焊条一般为焊条直径的一倍左右;焊条与试板前后夹角为 90°,向焊接方向倾斜 65°~80°,焊条在坡口两边稍作停顿,匀速向前施焊,收弧时用灭弧法填满弧坑,防止产生弧坑裂纹。

用红外线测温仪测量打底层焊缝表面温度,并将焊接时间、工艺参数和层间温度记录在焊接记录表上。

盖面层与打底层一样,采用锯齿形运条法焊接,焊条角度与打底层相同。焊接过程中压低电弧,匀速向前施焊,焊条摆动过程中在坡口两侧稍作停顿,熔化试板坡口两侧 1.0~1.5 mm,保证坡口边缘熔合良好,无咬边现象。收弧时,用灭弧法填满弧坑,防止产生弧坑裂纹。

盖面层焊接完成后,记录焊接时间,清理焊缝表面焊渣。

3）焊后清理。焊接完成后,待试板稍冷却,对焊缝表面进行清理,先用焊工锤清理焊缝表面的焊渣,再用钢丝刷刷干净焊缝表面。

（3）焊后外观检查

用游标卡尺和焊接检验尺,测量焊缝宽度、焊缝余高、咬边深度及长度等,并将测量结果记录在工艺评定焊接记录表上。焊缝表面质量检查按照 NB/T 47013—2015 执行,采用宏观（目视或 5 倍放大镜等）方法检查焊缝表面,没有裂纹、气孔类缺陷即为合格。

试板实物如图 5-3 所示,根据实际焊接情况,如实填写焊接工艺评定试验施焊记录（表 5-1）。

图 5-3 焊接工艺评定试板实物图

表 5-1 焊接工艺评定试验施焊记录

工艺评定号			母材材质		规格	
焊接记录	层次					
	焊接方法					
	焊接位置					
	焊材牌号或型号					
	焊材规格					
	电源极性					
	电流(A)					
	电压(V)					
	焊速(cm/min)					
	钨棒直径(mm)					
	气体流量(L/min)					
	层间温度(℃)					
	线能量(kJ/cm)					

焊前坡口检查					
坡口角度(°)	钝边(mm)	间隙(mm)	宽度(mm)	错边(mm)	
温度:			湿度:		
焊后检查					
正面	焊缝宽度(mm)	焊脚高度(mm)	焊缝余高(mm)		
反面	焊缝宽度(mm)	焊缝余高(mm)	结论		
裂纹			气孔		
咬边	深度(mm)	正面:	反面:	焊工姓名、日期:	
	长度(mm)	正面:	反面:	检验员姓名、日期:	

2. 焊接工艺评定试件焊后无损检测

试件外观检查合格后,开出无损检测委托单,试件依据《承压设备无损检测 第2部分:射线检测》(NB/T 47013.2—2015)进行无损检测。

(1)准备

1)对X射线检测设备进行预热、训机等,保证设备完好。X射线机必须定期校验,校验合格并具备合格证书,有完整的维护保养检查记录,运行正常,并贴有完好标签。

2)X射线器材一般包括:射线胶片(袋)、像质计、观片灯、铅字标记。

①射线胶片(袋)。按照NB/T 47013.2—2015第5.4条规定的胶片选择要求,根据透照材料,准备适当类别和尺寸的胶片,在暗室内将胶片装入底片袋,如图5-4所示。

图5-4 胶片

②像质计。按照NB/T 47013.2—2015第4.2.7条的规定,根据被检测对象,选择合适的金属丝像质计,本例为Q235B钢,应选择碳素钢材料的像质计。

③铅字标记。按照NB/T 47013.2—2015第4.2.7条规定的签字标记选择要求,从铅字标记收纳盒中,选取需要的各类铅字标记,如图5-5所示。

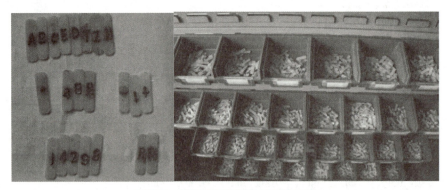

图5-5 铅字标记和铅字标记收纳盒

3)人员资格。从事射线检测人员,应满足NB/T 47013.2—2015中第4.1条的规定,必须进行放射防护培训,增强防护意识,掌握防护技术,并按照有关法规的要求获取相应证书;必须按照"特种设备无损检测人员资格考核规定"的要求,通过考核并取得特种设备安全监察机构颁发的资格证书,才能从事资格范围内的检测工作。无损检测资格分为Ⅰ级(初级)、Ⅱ级(中级)、Ⅲ级(高级)三个等级,取得资格人员需按规定的时间进行定期复试。

(2)射线检测前试板划线分区

本次PQR01工艺评定所焊接的试板长度为400 mm,由于射线源的有效照射场和透照厚度比K值的规定限制着一次透照长度,再加上感光胶片的规格(80 mm×300 mm)限制,需要将试板分为等长度的两段,用两张感光胶片(即1号片、2号片)分两次进行透照。在工艺评定试板中间位置画好分界线,对1号片、2号片做好标记,划好中心标记,如图5-6所示。

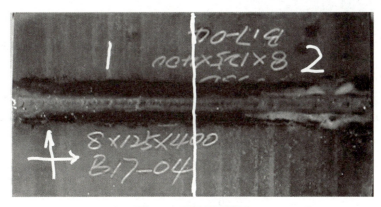

图 5-6 试板划线分区

（3）胶片袋及试板放置

在射线机透照窗口下方,由下向上依次摆放屏蔽铅板和胶片袋,并使二者中心重合正对射线机透照窗口。将划线分区好的试板相应区域放置在底片袋中间位置,背面焊缝压在底片袋中线上。

（4）布片和射线透照

NB/T 47013.2—2015 第 5.13 条规定：透照部位的标记包括识别标记和定位标记，铅字标记应能清晰显示且不至于对底片的评定带来影响。各种铅字标记摆放位置距离焊缝 5 mm，试板上的铅字要摆放整齐。布片完成图如图 5-7 所示。

根据 NB/T 47013.2—2015 第 5.6.1 和 5.9.1 条规定，设置曝光参数。曝光时间为 2.5 min，管电压为 130 kV，实施射线透照。

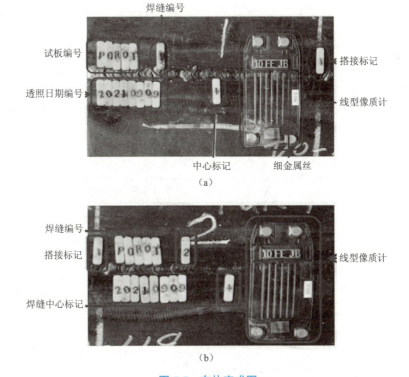

图 5-7 布片完成图
（a）1 号片 （b）2 号片

（5）射线透照后的胶片处理

NB/T 47013.2—2015 第 5.14 条规定：胶片处理一般应按胶片使用说明书的规定进行，可采用自动冲洗或者手工冲洗方式处理。原则上应采用胶片厂家生产或推荐的冲洗配方或药剂。曝光后的胶片应在 8 h 内完成冲洗,最长时间不得超过 24 h。

胶片的手工处理过程可分显影、停显、定影、水洗和干燥五个步骤,各个步骤的标准操作条件见表 5-2。

表 5-2 手工处理胶片步骤及操作条件

步骤	温度(℃)	时间(min)	药液	操作要点
显影	20±2	4~6	显影液(标准配方)	预先水浸,过程中适当搅动
停显	16~24	约0.5	停显液	充分搅动
定影	16~24	5~15	定影液	适当搅动
水洗	—	30~60	水	流动水漂洗
干燥	≤40	—	—	去除表面水滴后干燥

射线检测完成后,如实填写射线检测报告(表 5-3)。

表 5-3 射线检测报告

检测标准		验收规则		曝光条件	
拍片日期		检测技术等级		管电压(kV)	
仪器型号		材料牌号		管电流(mA)	
像质计型号		材料厚度		曝光时间(min)	
应识别丝号		透照方式		焦距(mm)	
试板编号	片号	级别 I	II	III	IV	缺陷记录		结论
评片					审核			
日期					日期			

技能资料二　PQR01焊接工艺评定力学性能试样的截取和加工

具体工作思路：
1. 熟悉NB/T 47014—2011对焊接试板力学性能的要求；
2. 理解NB/T 47014—2011对力学性能试样截取的要求；
3. 按照NB/T 47014—2011标准画试样截取图；
4. 按照NB/T 47014—2011画拉伸、弯曲和冲击加工图；
5. 理解拉伸、弯曲和冲击加工的要求；
6. 理解标准GB/T 228.1—2021、GB/T 2653—2008和GB/T 229—2020的力学性能检测要求。

按照预焊接工艺规程完成试件的焊接，在外观检查和无损检测合格后，依据NB/T 47014—2011第6.4.1.3条，力学性能试验和弯曲试验项目和取样数量应符合该标准的要求。截取横向拉伸试样2个，面弯试样2个，背弯试样2个，热影响区冲击试样3个，焊缝区冲击试样3个。

1. 力学性能试样截取

（1）NB/T 47014—2011标准取样要求
依据NB/T 47014—2011第6.4.1.4条，力学性能试验和弯曲试验的取样要求如下：
1）取样时，一般采用冷加工方法，当采用热加工方法取样时，则应去除热影响区；
2）允许避开焊接缺陷、缺欠制取试样；
3）试样去除焊缝余高前允许对试样进行冷校平；
4）板材对接焊缝试件上试样位置如图5-8所示。

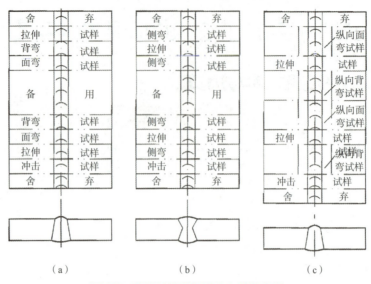

图 5-8　板材对接焊缝试件上试样位置

(a)不取侧弯试样时　(b)取侧弯试样时　(c)取纵向弯曲试样时

依据图 5-8 所示的位置截取力学性能试样时,一定要考虑取样的加工方法,适当地选取加工余量,才能加工出符合标准要求的力学性能试样。

(2)PQR01 工艺评定试验划线、切割

按照 NB/T 47014—2011 上规定的取样数量和要求,对 8 mm 厚钢板不做侧弯试验,只做面、背弯试验和焊缝区、热影响区的冲击试验。故试样在试板上的位置按照图 5-8(a)进行试样的划线和取样。划线时,应按照以下尺寸:

1)拉伸试样宽度大于或等于 32 mm,取 2 个;

2)面弯、背弯试样宽度大于或等于 38 mm,各取 2 个;

3)冲击试样高度为 10 mm,焊缝和热影响区各取 3 个。

划完线后的试样分布如图 5-9 所示。

图 5-9　试件上试样位置划线

本工艺评定试样切割采用线切割方式,切割完成的试样样胚如图 5-10 所示。

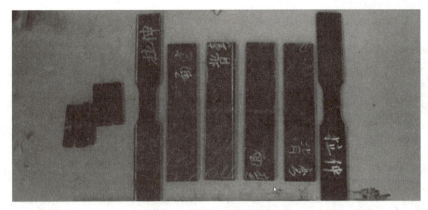

图 5-10　线切割后的试样样胚

试样切割后,应注意标记的移植,尤其是冲击试样,一定要及时标记焊缝区样胚和热影响区样胚。

2. 拉伸试样加工

（1）拉伸试样的取样和加工要求

依据 NB/T 47014—2011 第 6.4.1.5 条,取样和加工要求如下：

1）试样的焊缝余高应以机械方法去除,使之与母材齐平；

2）厚度小于或等于 30 mm 的试件,采用全厚度试样进行试验,试样厚度应等于或接近试件母材厚度 T；

3）当试验机受能力限制不能进行全厚度的拉伸试验时,则可将试件在厚度方向上均匀分层取样,等分后制取试样厚度应接近试验机所能试验的最大厚度,等分后的两片或多片试样试验代替一个全厚度试样的试验。

对于拉伸试样取样方法,标准中不再强调多片试样厚度每片为 30 mm,允许在切取多片试样时,切口占据的部分厚度不进行拉伸试验。切口宽度应尽量小,用薄锯条或薄铣刀对试样进行分层加工。

用机械方法去除焊缝余高过程中,可能会加工到母材,所以规定拉伸试样厚度应等于或接近试件母材厚度 T,这是符合实际情况的。

（2）试样形式及加工图

分离器对接接头板厚为 6 mm,依据标准取紧凑型板接头带肩板形拉伸试样,如图 5-11 所示。NB/T 47014—2011 中拉伸试样与钢材、焊材的拉伸试样不同,其特点是：试样受拉伸平行部分很短,通常等于焊缝宽度加 12 mm,实质上是焊缝宽度加上热影响区宽度,两侧立即以 $r=25$ mm 的圆弧过渡到夹持部分,其目的是强迫拉伸试样在焊接接头内（焊缝区、熔合区和热影响区）断裂,以测定焊接接头的抗拉强度 R_m。

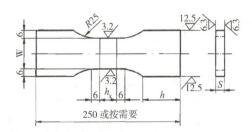

图 5-11　紧凑型板接头带肩板形拉伸试样

S—试样厚度；W—试样受拉伸平行侧面宽度,大于或等于 20 mm；
h_k—S 两侧面焊缝中的最大宽度；h—夹持部分长度,根据试验机夹具而定

（3）拉伸试样打磨并标记

拉伸试样样胚切割后,应用机械方法打磨,去除焊缝余高和四周尖锐棱角（图 5-12（a））。在试样夹持两端（避开试样中间段受拉伸部位）分别标记清楚试样编号,两端均要标记,务必做好与其他焊接工艺评定

拉伸试样的区分,以免混淆。可选的标记的方式包括:刻字笔刻字(图 5-12(b))、记号笔书写等。

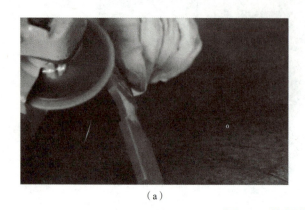
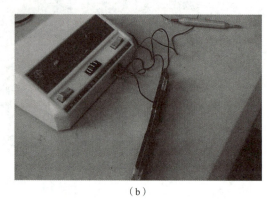

图 5-12　拉伸试样打磨并标记
(a)拉伸试样打磨　(b)拉伸试样刻字笔

3. 弯曲试样加工

(1)取样和加工要求

依据 NB/T 47014—2011 第 6.4.1.6.1 条加工弯曲试样。

试样加工要求:试样的焊缝余高应采用机械方法去除,面弯、背弯试样的拉伸表面应齐平,试样受拉伸表面不得有划痕和损伤。

(2)试样形式及加工图

依据 NB/T 47014—2011 第 6.4.1.6.2 条,钢质焊接试板的试样形式如下。

1)面弯和背弯试样如图 5-13 所示。

①当试件厚度 $T \leq 10$ mm 时,试样厚度 S 尽量接近 T;当 $T>10$ mm 时,$S=10$ mm,从试样受压面去除多余厚度。

②板状及外径 $\varphi > 100$ m 的管状试件,试样宽度 $B=38$ mm;当管状试件外径 $\varphi=50\sim100$ mm 时,则 $B=(S+\varphi/20)$,且 8 mm$\leq B \leq 38$ mm;10 mm$\leq \varphi \leq 50$ mm 时,则 $B=(S+\varphi/10)$,且最小为 8 mm;$\varphi \leq 25$ mm 时,则将试件在圆周方向上四等分取样。

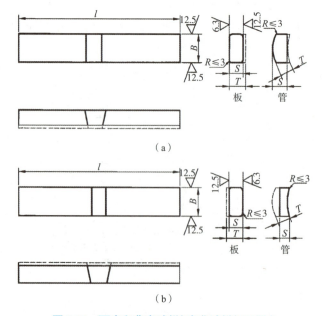

图 5-13　面弯和背弯试样(弯曲试样加工图)
(a)板状和管状试件的面弯试样　(b)板状和管状试件的背弯试样

2)横向侧弯试样如图 5-14 所示。

当试件厚度 T 为 10~38 mm 时,试样宽度 B 等于或接近试件厚度。

当试件厚度 $T \geqslant 38$ mm 时,允许沿试件厚度方向分层切成宽度为 20~38 mm 等分的两片或多片试样的试验代替一个全厚度侧弯试样的试验;或者试样在全宽度下弯曲。

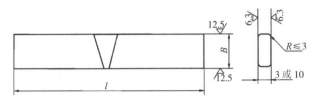

图 5-14 横向侧弯试样(加工图)

(3)弯曲试样打磨并标记

弯曲试样样胚切割后,将试样两侧面在焊缝中心处用记号笔标出焊缝中线(图 5-15(a))。试样焊缝余高应以机械方法去除,面弯、背弯试样的受拉伸表面应加工平齐,不得有划痕和损伤(图 5-15(b))。去除试样周边尖锐棱角,并将拉伸面棱角打磨成圆角其半径 $r<3$ mm。打磨过程中需注意,保留标注的焊缝中线,以确保在弯曲试验时试样的焊缝中线对准压头中线。在试样端部(避开试样中间段受拉伸部位)标记清楚试样编号,做好与其他焊接工艺评定弯曲试样的区分,以免混淆(图 5-15(c))。

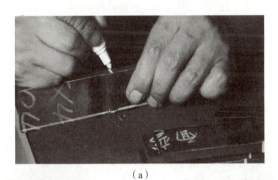

(a)

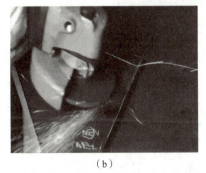

(b)

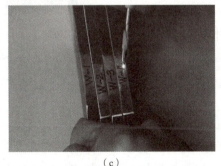

(c)

图 5-15 弯曲试样打磨并标记

(a)弯曲试样焊缝中心标记 (b)弯曲试样打磨 (c)弯曲试样编号标记

4. 冲击试样加工

(1)试样制取

依据 NB/T 47014—2011 第 6.4.1.7.1 条,制取冲击试样。

1)试样取向:试样纵轴线应垂直于焊缝轴线,缺口轴线垂直于母材表面。

2)取样位置:在试件厚度上的取样位置如图 5-16 所示。

3)缺口位置:焊缝区试样的缺口轴线应位于焊缝中心线上。

热影响区试样的缺口轴线至试样纵轴线与熔合线交点的距离 $k>0$，且应尽可能多地通过热影响区，如图 5-17 所示。

4）当试件采用两种或两种以上焊接方法（或焊接工艺）时，拉伸试样和弯曲试样的受拉面应包括每一种焊接方法（或焊接工艺）的焊缝金属和热影响区；当规定进行冲击试验时，对每一种焊接方法（或焊接工艺）的焊缝金属和热影响区都要经受冲击试验的检验。

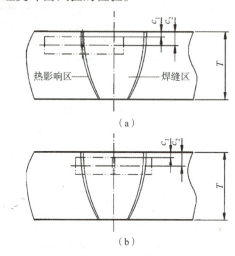

图 5-16 冲击试样

（a）热影响区冲击试样位 （b）焊缝区冲击试样位置

注 1：c_1、c_2 依据材料标准规定执行；当材料标准没有规定时，$T\leqslant 40$ mm，则 $c_1\approx 0.5\sim 2$ mm；$T>40$ mm，则 $c_2=T/4$。

注 2：当双面焊时，c_2 从焊缝背面的材料表面测量。

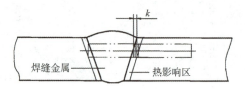

图 5-17 热影响区冲击试样的缺口轴线位置

（2）冲击试样的加工

冲击试样的形式、尺寸和试验方法依据《金属材料 夏比摆锤冲击试验方法》（GB/T 229—2020）的规定。当试件尺寸无法制备标准试样（宽度为 10 mm）时，则应依次制备宽度为 7.5 mm 或 5 mm 的小尺寸冲击试样。

冲击试验的数值除了和材料本身、试验温度等因素有关外，还与试样的形状和表面粗糙度、缺口的位置、形式等有关。

表面粗糙度是指加工表面具有的较小间距和微小峰谷的不平度。其两波峰或两波谷之间的距离（波距）很小（在 1 mm 以下），它属于微观几何形状误差。表面粗糙度值越小，则表面越光滑。表面粗糙度一般是由所采用的加工方法和其他因素确定的。

冲击试样一般可以采用铣床、刨床、线切割、磨床和专用拉床加工。上述五种加工手段中只有后三种能保证加工合格的夏比 V 形缺口。磨床的加工效果最好，但是效率太低，无法用于常规生产检验；线切割多用于硬度极高的特殊材料；而冲击试样缺口专用拉床是一种效率高且可以保证加工合格冲击试样缺口的专用加工设备。

（3）缺口加工

焊接工艺评定冲击试样依据 GB/T 229—2020 标准，加工 V 形缺口试样，如图 5-18 所示。

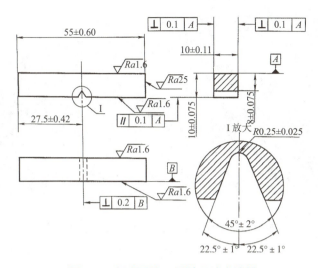

图 5-18 标准夏比 V 形缺口冲击试样

（4）冲击试样打磨、标记

在线切割完成的焊缝区和热影响区冲击试样上，先在试样样胚一端用记号笔做好热影响和焊缝区的临时标记（图 5-19），以免混淆。

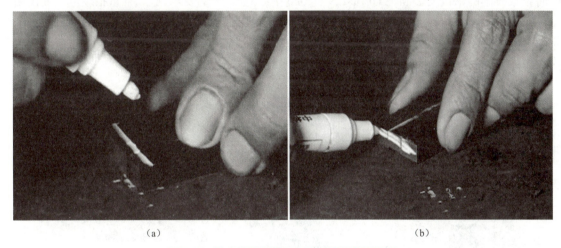

图 5-19 冲击试样焊缝区和热影响区临时标记
（a）热影响区试样标记 （b）焊缝区试样标记

以机械加工方式将试样样胚的焊缝余高打磨平整，直至与母材平齐。打磨完焊缝余高的冲击试样，还需要经过磨削加工，才能到达标准要求的尺寸精度和表面粗糙度。为了防止在后续的精加工过程中磨削掉临时标记，需要在试样的非精加工面（试样端部）做正标记（图 5-20）。

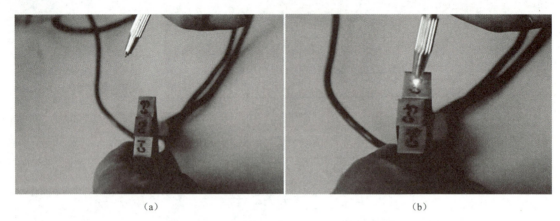

图 5-20　冲击试样焊缝区和热影响区正式标记

(a)焊缝区冲击试样正式标记　(b)热影响区冲击试样正式标记

(5) V形缺口拉削、检查

磨削、标记好的冲击试样,即可进行缺口加工。此处我们使用冲击试样缺口专用拉床(图 5-21(a))进行 V 形缺口加工。

第一个冲击试样的 V 形缺口拉削完成后,必须先对缺口加工质量进行检验,以防止因为拉刀磨损或调整错误而导致拉削的缺口无法满足 GB/T 229—2020 中第 6.2.2 条的要求,造成批量报废。一般使用冲击试样缺口投影仪(图 5-21(b)),得到试样缺口放大 50 倍的投影图像并与标准样板图进行比对,投影图像在样板图允许范围内即为合格。第一个试样合格,则可继续进行其他试样的缺口加工。

加工完成后冲击试样如图 5-21(c)所示。

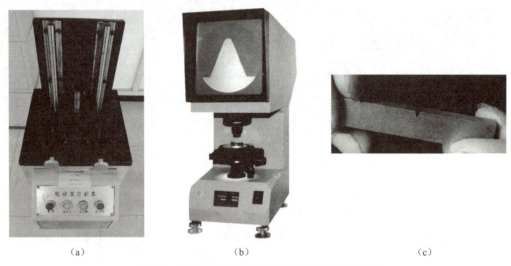

图 5-21　缺口加工、检验设备及加工好的冲击试样

(a)冲击试样缺口专用拉床　(b)冲击试样缺口投影仪　(c)加工好的冲击试样

工作实施

力学性能试验所用设备和仪表应处于正常工作状态,试验人员必须具有合格的力学性能试验人员资格,试验时严格遵循安全操作规程。

实施任务1　PQR01焊接工艺评定试样拉伸试验

具体工作思路:
1)理解 NB/T 47014—2011 焊接工艺评定拉伸试样要求;
2)理解 NB/T 47014—2011 拉伸试验的合格标准;
3)按照 GB/T 228.1—2021 要求检查拉伸试样,进行拉伸试验,记录试验数据,计算抗拉强度并出具拉伸试验报告。

想一想
1. 拉伸试验过程执行哪个标准?
2. 拉伸试验包括哪些步骤和安全要求?
3. 拉伸试验报告包括哪些内容?如何判断是否合格?

NB/T 47014—2011 第 6.4.1.5.3 条规定,应按照 GB/T 228.1—2021 规定的试验方法测定焊接接头的抗拉强度。

1. 拉伸试验人员、设备和工量具要求

（1）人员要求

试验人员必须经过理化检验技术培训考核,并取得相关行业的力学性能Ⅰ级及其以上的技术资格证书。证书必须在有效期内,试验时严格遵循安全操作规程。

（2）设备要求

NB/T 47014—2011 第 4.3 条规定:焊接工艺评定力学性能试验所用设备、仪表应处于正常工作状态。我们选用的设备是微机控制电液伺服万能试验机(图 5-22),型号为 WAW—300 C。设备需经具备检定资

格的单位检定合格,并发放合格证书。应在检定合格的设备上粘贴完好标识,并定期进行维护保养。

图 5-22　微机控制电液伺服万能试验机

(3)工量具要求

拉伸试验所需工量具包括:温湿度计、游标卡尺和 R 规,如图 5-23 所示。温湿度计用来测量试验环境温度和相对湿度;游标卡尺用来测量拉伸试样各部分尺寸;R 规由多个不同规格的精钢叶片组成,包括凹弧和凸弧两组,用来检验拉伸试验的拉伸段和夹持段的圆弧过渡是否符合要求。

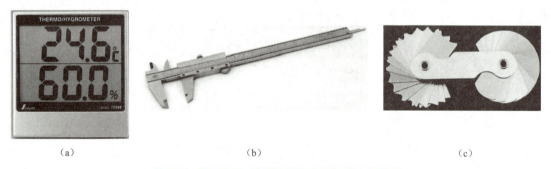

(a)　　　　　　　　　　　　(b)　　　　　　　　　　　　(c)

图 5-23　缺口加工、检验设备及加工好的冲击试样
(a)温湿度计　(b)游标卡尺　(c)R 规

2. 拉伸试验

(1)检测实验室环境温度

GB/T 228.1—2021 第 5 条规定:试验应在 10 ℃ ~35 ℃ 的室温中进行。对温度要求严格的试验,试验温度应为 23 ℃ ± 5 ℃。用温湿度计检测环境温度是否符合规定要求,如不符合,则需打开空调,将温度调节到要求范围内。

(2)拉伸试样尺寸的确定

1)试样拉伸段宽度和厚度的测量

按照 GB/T228.1—2021 规定的试验方法测定拉伸试样尺寸,如图 5-24 所示。
①测量加持端宽度,应不少于 32 mm;
②至少分三个点测量拉伸段的宽度和厚度。

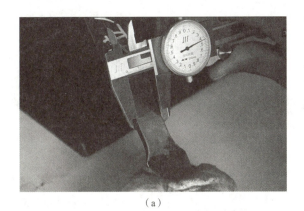
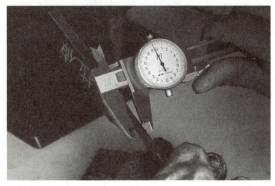

(a) （b）

图 5-24　试样拉伸段宽度和厚度的测量

(a)测量试样宽度　（b)测量试样厚度

2)试样拉伸段横截面积的计算

根据测量的宽度和厚度,计算平均值,并计算平均横截面积S_0,将测量和计算结果记录到拉伸试样尺寸记录表 5-4 中。

表 5-4　拉伸试样尺寸记录表

试样编号	试样宽度（mm）			宽度平均值（mm）	试样厚度（mm）			厚度平均值（mm）	平均横截面积 $(S_0)(mm^2)$
L-1	20	20	20	20	7.94	7.90	7.86	7.90	158
L-2	20	20	20	20	7.92	7.88	7.90	7.90	158

3)试样过渡圆弧值的测量

用 $R=25$ mm 的 R 规测量拉伸段和夹持端过渡圆弧弧度是否符合标准要求,如图 5-25 所示。

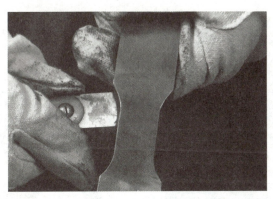

图 5-25　试样过渡圆弧的测量

（3)试样夹头的选择和安装

图 5-11 所示为板形拉伸试样,应选择紧凑型板接头带肩板形拉伸试样夹头,如图 5-26 所示。将 4 个夹头插入试验机相应卡槽并推到底,确保夹头安装到位,避免试验过程中试样受力后滑出。

图 5-26　板形拉伸试样夹头

(4) 试验机开机并调整至工作状态

打开计算机和电控箱电源开关,启动液压泵。计算机启动后找出相应的操作软件(Testsoft)并双击打开操作界面。此时,在界面的右上角试验方案下可以看到一盏红灯,在左下角单击液压缸空载调位按钮中的上升按钮,并选择百分之百输出;工作台快速上升,直到红灯变成绿色;再单击停止按钮,此时计算机才正式进入可操作状态。

(5) 试样装夹

将拉伸试样放入下夹具,按动下夹紧按钮,夹紧试样;按动横梁上升按钮直到合适高度;按动上夹紧按钮夹紧试样,注意此时试样的夹持部分的大部分应处于夹具内。

(6) 参数设置

在计算机操作界面上设置好试验方案、曲线种类、试样信息后,将显示在窗口的绿色数据全部清零。计算机默认输出为百分之一,可以根据需要,选择合适的输出百分比,然后单击试验开始按钮,开始进行拉伸试验。

(7) 试样拉伸过程

随着试验的进行,计算机界面显示的数据不断变化,可以清楚地看到拉伸曲线和试验力的大小,及同步显示的位移量和时间,如图 5-27 所示。在试样被拉断或试验力突然迅速下降到设定范围时,试验机会自动停止拉伸。此时,可根据试验要求记录或保存试验数据。

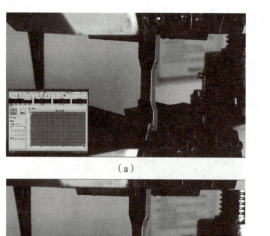
(a)

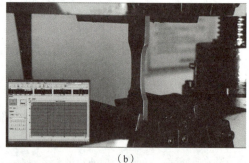
(b)

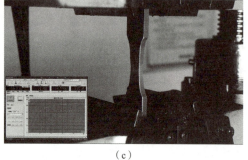
(c)

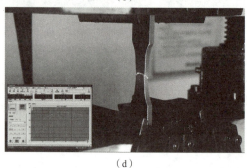
(d)

图 5-27　拉伸曲线和拉伸试样不断变化

(a) 逐渐加载试验力试样发生弹性变形　(b) 试验力逐渐达到最大值试样逐步发生塑性变形
(c) 试样进入屈服阶段发生缩颈　(d) 试样断裂,试验力骤然下降

(8)更换试样并按压试验机的上、下夹具松开按钮,取下试样,进行下一个试样的装夹和试验。

(9)收尾工作试验结束后,首先按住横梁下降按钮,将横梁下降到合适高度,再关闭计算机操作界面,此时试验机工作台会快速下降到初始位置;然后关闭液压泵、电控箱电源及计算机,清理干净试验机后方可离开实验室。

完成拉伸试验的2个试样,如图5-28所示。

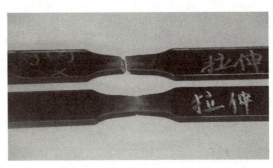

图5-28　完成拉伸试验的试样

3. 试验结果分析

(1)断裂位置判断

观察图5-28中两个试样的断裂位置,判断断裂发生在焊缝区还是热影响区。经观察判断,确定两个拉伸试样的断裂全部发生在焊缝区。

(2)数值修约要求

依据 GB/T 228.1—2021,试验测定的性能结果数值应按照相关产品标准进行修约。如未规定具体要求,应按照表5-5的要求进行修约。

表5-5　性能结果数值的修约间隔

性能	修约间隔
强度性能	修约至 1 MPa
屈服点延伸率	修约至 0.1 %
其他延伸率和断后伸长率	修约至 0.5 %
断面收缩率	修约至 1 %

(3)计算抗拉强度 R_m

试验结束后,拉伸曲线及试验数据如图5-29所示。根据记录的试验力峰值 F_m 计算最大抗拉强度 R_m。计算过程中,应注意单位的换算。计算公式为

$$R_m = F_m \times 1\,000 \div S_0$$

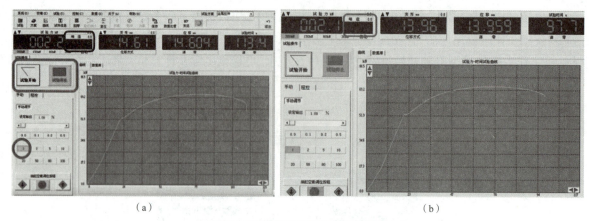

（a） （b）

图 5-29 拉伸试验曲线及试验数据

（a）第一个拉伸试样曲线及数据 （b）第二个拉伸试样曲线及数据

由图 5-29 中数据可知，2 个拉伸试件的载荷峰值分别为 71.8 kN 和 71.6 kN，带入公式计算并修约后，将结果填入试验验报告，相应栏目的内容见表 5-6。

表 5-6 拉伸试验报告内容

试样编号	试样宽度（mm）	试样厚度（mm）	横截面积（mm²）	断裂载荷（kN）	抗拉强度（MPa）	断裂部位和特征
L-1	20	7.90	158	71.8	455	韧性断裂、焊缝区
L-2	20	7.90	158	71.6	455	韧性断裂、焊缝区

知识链接

拉伸试验一般包括对母材、焊接接头及焊缝熔敷金属的拉伸试验。因它们的取样位置不同，故其拉伸试验测定的性能所代表的对象也就不同，如图 5-30 所示。母材拉伸试验用来测定材料的强度和塑韧性；焊接接头拉伸试验用于评定焊缝或焊接接头的强度和塑性性能；焊缝及熔敷金属的拉伸试验只要求测定其拉伸强度及塑性。

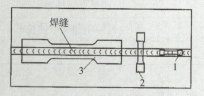

图 5-30 拉伸试样

1—焊缝金属拉伸试样；2—焊接接头横向拉伸试样；3—焊接接头纵向拉伸试样

项目五　完成对接焊缝焊接工艺评定报告（PQR01）

实施任务2　PQR01焊接工艺评定试样弯曲试验

具体工作思路：

1）理解 NB/T 47014—2011 焊接工艺评定弯曲试样要求；

2）理解 NB/T 47014—2011 弯曲试验的合格标准；

3）照 GB/T 2653—2008 要求检查弯曲试样，选择合适的弯心直径 D 和弯头、计算支承辊之间距离、确保试样的弯曲角度为 180°，试样的焊缝中心对准弯心轴线进行弯曲试验；

4）试验完成后，检查试样，出具报告。

依据 NB/T 47014—2011 第 6.4.1.6.3 条规定进行试验。

1. 弯曲试验方法

1）弯曲试验按 GB/T 2653—2008 和 NB/T 47014—2011 规定的试验方法，测定焊接接头的完好性和塑性。

2）试样的焊缝中心应对准弯心轴线。侧弯试验时，若试样表面存在缺欠，则以缺欠较严重一侧作为拉伸面。

3）弯曲角度应以试样承受载荷时的测量值为准。

4）对于断后伸长率 A 标准规定值下限小于 20% 的母材，若按表 5-7 中规定的数值，弯曲试验不合格，而其实测值小于 20%，则允许加大弯心直径重新进行试验，此时弯心直径等于 $S(200-A)/2A$（A 为断后伸长率的规定值下限乘以 100），支座间距离等于弯心直径加上 [（$2S+3$）mm]。

5）进行横向试样的弯曲试验时，焊缝金属和热影响区应完全位于试样的弯曲部分内。

表 5-7 弯曲试验条件及参数

序号	焊缝两侧的母材类别	试样厚度 S(mm)	弯心直径 D(mm)	支承辊之间距离 (mm)	弯曲角度 (°)
1	1）Al-3 与 Al-1、Al-2、Al-3、Al-5 相焊； 2）用 AlS-3 类焊丝焊接 Al-1、Al-2、Al-3、Al-5（各自焊接或相互焊接）； 3）Cu-5； 4）各类铜母材用焊条（CuT-3、CuT-6 和 CuT-7）、焊丝（CuS-3、CuS-6 和 CuS-7）焊接时	3	50	58	180
		<3	16.5S	18.5S+1.5	
2	Al-5 与 Al-1、Al-2、Al-5 相焊	10	66	89	
		<10	6.6S	8.6S+3	
3	Ti-1	10	80	103	
		<10	8S	10S+3	
4	Ti-2	10	100	123	
		<10	10S	12S+3	
5	除以上所列类别母材外，断后伸长率标准规定值下限大于或等于 20% 的母材类别	10	40	63	
		<10	4S	6S+3	

特别说明：焊接接头的弯曲试样加工、试验方法与判废指标一直是压力容器标准中争论最多的问题之一，影响弯曲试验结果的因素也十分复杂。弯曲试验与拉伸、冲击试验相比，因为没有实物弯曲开裂数值作参照，因而难以确定弯曲试验的判废指标与试验方法。

焊接接头弯曲试验的目的在于测定焊接接头的完好性（连续性、致密性）和塑性，压力容器工作者认为焊接接头的焊缝区、熔合区和热影响区都在相同伸长率条件下考核其完好性才是真正合理的。值得注意的是热影响区的性能比焊缝和母材更难以控制，是焊接接头的薄弱面，是弯曲试验的重点。

弯曲试验的弯心直径为 3S 时，是否表明比 4S 要求更严呢？答案是否定的。因为弯曲试验（特别是横向弯曲试验）要求试样的焊缝区、熔合区和热影响区应全都在试样受弯范围内并在近似相同伸长率条件下进行考核。试验结果表明，随着弯心直径的减小，试样受弯范围也相应减少，主要集中在焊缝区受弯，而热影响区受弯程度大大减少，热影响区这个薄弱面在弯曲试验中得不到充分考核，这样减小弯心直径所谓提高弯曲试验要求不过是严在焊缝区、松在热影响区，这对提高焊接接头的弯曲性能，提高压力容器安全性能极为不利。对 4 倍板厚的弯心直径进行弯曲试验时，焊缝区、熔合区和热影响区都在弯曲范围内，在其表面伸长率近似相同（约 20%）条件下进行弯曲试验考核，这不仅是合理的，也是严格的。

用不同钢材的单面焊、双面焊焊接接头制成的压力容器，无论在制造过程中或在使用过程中都经受着同样的弯曲变形过程和弯曲后承压过程，对设计、制造、检验而言，就不应当规定单面焊和双面焊有不同的弯曲试验要求，也不应当规定不同钢材的焊接接头有不同的弯曲试验要求。

参照美国、日本相关标准，在压力容器焊接工艺评定标准中的弯曲试验方法，规定不区分单面焊还是双面焊，也不区分钢材种类，焊接接头弯曲试验都规定弯心直径为 4S，弯曲角度为 180°。

弯曲试样受弯时，其拉伸面在拉伸过程中极易受到试样表面加工质量的影响，因为不同试样母材原始表面缺陷（如咬边、鱼鳞纹等）状况和程度不同，对应力集中敏感性也不一样，因而使弯曲试验不是在同一条件下考核。弯曲试样在较大应力集中的表面缺陷处开裂，掩盖了焊缝内部细小缺陷的实际状况。

当考核焊工技能时，弯曲试样保留焊缝一侧母材原始表面，似乎有些道理。当考核焊接接头弯曲性能时，再保留焊缝一侧母材原始表面就显然不近情理了。使用压力容器产品时，大都保留了焊缝两侧母材原始表面,这种不利因素已被安全系数等设计规定所包容了。

修订 NB/T 47014—2011 时,对弯曲试样受拉面依据《焊接接头弯曲试验方法》(GB/T 2653—2008)中对试样表面规定"不得有划痕""不应有横向刀痕或划痕"等要求,规定了弯曲试样的拉伸表面应齐平,在同样表面加工质量条件下对比试样的弯曲性能,才能体现弯曲试验的本意。

弯曲试验不再按钢材类别、单面焊、双面焊区分,一律按弯曲角度 180° 进行试验。试样在离开试验机后都有回弹,在试样承载时测量弯曲角度表明试样已经具备的弯曲能力,这是合理的。

2. 弯曲试验人员、设备和工量具要求

(1)人员和设备要求

弯曲试验人员和设备的要求与拉伸试验类似,设备也选用 WAW—300 C 微机控制电液伺服万能试验机,按照标准 GB/T 2653—2008 规定进行。

(2)工量具要求

弯曲试验所需工量具包括:温湿度计、游标卡尺、梅花扳手、大力钳和内六角扳手,如图 5-31 所示。温湿度计用来测量试验环境温度;游标卡尺用来测量弯试样各部分尺寸;梅花扳手用于拧紧或者松开支撑座固定螺母,以便调节支撑座之间的距离,以及取下弯曲后的试样;大力钳用于拧紧或者松开支撑座拉杆螺母,以便调节支撑座之间的距离,以及取下弯曲后的试样。

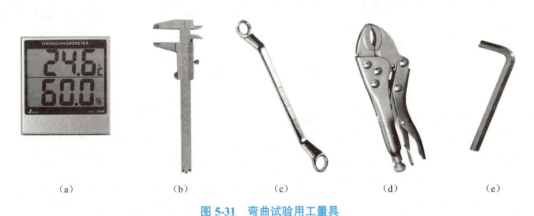

图 5-31 弯曲试验用工量具
(a)温湿度计 (b)游标卡尺 (c)梅花扳手 (d)大力钳 (e)内六角扳手

3. 弯曲试验

(1)检测实验室环境温度

依据 GB/T 2653—2008 的规定:对从焊接接头截取的横向或纵向试样进行弯曲,不改变弯曲方向,通过弯曲产生塑性变形,使焊接接头的表面或横截面发生拉伸变形。除非另有规定,试验环境温度应为 23 ℃ ± 5 ℃。用温湿度计检测环境温度是否符合规定要求,如不符合,则需打开空调,将温度调节到要求范围内。

(2)弯曲试样尺寸测量和检查

1)试验开始前,用游标卡尺测量试样的厚度与宽度,并做好记录。

2)用肉眼检查试样拉伸面有无明显的划痕、缺陷和损伤(若有,则必须重新进行打磨处理),检查试样棱边是否符合试样加工要求,有无缺陷(图 5-32)。

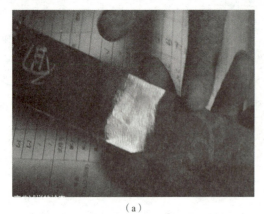 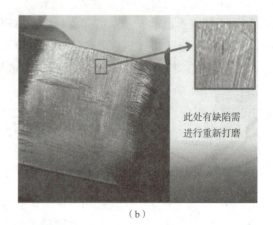

(a)　　　　　　　　　　　　　　　　　　(b)

图 5-32　弯曲试样拉伸面检查

(a)完好的试样拉伸面　(b)需重新打磨处理的试样拉伸面

(3)压头的选择与安装

1)压头的选择。

根据弯曲试样尺寸测量,PQR01 焊接工艺评定试板厚度是 8 mm,Q235 钢的断后伸长率大于 20%,故依据表 5-9 中第 5 条要求:试样厚度 $S<10$ mm,弯心直径 $D=4S$。

前面测得的试样厚度 $S=7.9$ mm,计算弯心直径:

$$D = 4S = 31.6(\text{mm})$$

即应取 $\varphi 32$ mm 直径的压头。

目前,实验室有中 $\varphi 30$ mm 和中 $\varphi 38$ mm 的压头,我们选择 $\varphi 30$ mm 的压头,原因有以下两点:

① $\varphi 30$ mm 的压头直径和 $\varphi 31.6$ mm 更接近;

② 焊接接头弯曲试验的目的是测定焊接接头的完好性和塑性,要求试样的焊缝区、熔合区和热影响区应全都在试样受弯范围内,$\varphi 30$ mm 的压头是符合要求的。

2)压头的安装。

安装压头前,必须先检查试验机主轴孔、压头尾柄和轴肩清洁无异物。将压头尾柄垂直插入主轴孔中,压头轴肩与主轴平面贴合,调整压头轴线方向,使其与底座上支撑辊轴线平行,然后用内六角扳手拧紧支紧螺丝,如图 5-33 所示。

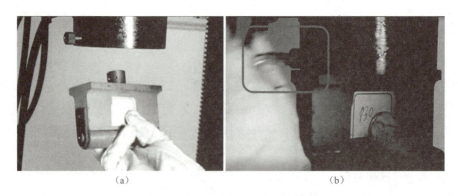

(a)　　　　　　　　　　　　　　　　　　(b)

图 5-33　弯曲试样拉伸面检查

(a)压头尾柄垂直插入主轴孔　(b)内六角扳手拧紧支紧螺丝

(4)支撑座间距离的调节

1)支撑座间距离的计算

依据 NB/T 47014—2011 第 6.4.1.6.3 条规定:

支撑座间距=弯心直径 $D+(2S+3)$ mm。

将 D=30 mm，S=7.9 mm 带入上式可得：

支撑座的间距=30+（2×7.9+3）=48.8（mm）

经测量微机控制电液伺服万能试验机上面的支撑辊，其直径为 30 mm，则：

支撑辊中心线间的距离=48.8+30=78.8（mm）

每侧支撑辊中心线距标尺零位的距离=78.8÷2=39.4（mm），如图 5-34 所示。

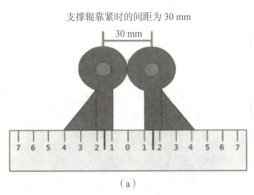 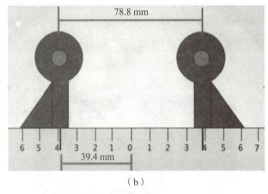

图 5-34 支撑座间距离的计算

(a)调整前两支撑辊中心线距　(b)调整前两支撑辊中心线距

2）调节支撑座距离。

松开支撑座固定螺母和拉杆螺母，由中心向两边调节两个支撑座间的距离，直到两个支撑座的中心线均对准标尺上的 39.4 mm 刻度的位置。再用游标卡尺测量两个支撑辊之间的距离，并根据测量结果细微调整，直到测量结果为 48.8 mm，并且二侧支撑辊中心线到刻度尺零位的距离一样。支撑座距离测量及调整完成后，用梅花扳手旋紧支撑座固定螺母，并将拉杆螺母拧紧。

（5）试验机开机并调整工作状态

打开计算机和电控箱电源开关，起动液压泵。计算机起动后找出相应的操作软件 Testsoft 并双击打开操作界面，此时在界面的右上角试验方案下可以看到一盏红灯；在左下角单击液压缸空载调位按钮的上升按钮，并选择百分之百输出，工作台快速上升，直到红灯变成绿色；再单击停止按钮，此时计算机才正式进入可操作状态。

（6）弯曲试样的摆放

将试样放在支撑辊上，试样长度方向轴线与两个支撑辊轴线基本垂直，焊缝中心标记基本处于两个支撑辊之间（图 5-35（a）），按动横梁下降按钮，直到压头靠近试样；细微调整试样位置，使试样长度方向轴线和压头轴线呈 90°垂直，同时保证焊缝中心标记线对准压头的中心（图 5-36（b））。

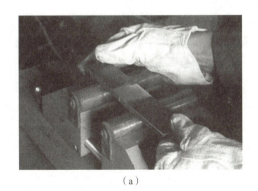 

图 5-36 弯曲试样的摆放

(a)试样与两支撑辊相对位置　(b)试样与压头相对位置

(7) 参数设置

在计算机操作界面上设置好试验方案、曲线种类、试样信息后,将显示在窗口的绿色数据全部清零。计算机默认输出为百分之一,可以根据需要选择合适的输出百分比,然后单击试验开始按钮即开始做弯曲试验。

(8) 试样弯曲过程

随着试验的进行,弯曲试样被慢慢压弯,计算机界面上的信息不断变化,可以清楚地看到弯曲曲线和试验力的大小,位移量和时间也同时显示。在试样被弯曲到要求角度时按停止按钮,停止试验;或者在试验力突然迅速下降到设定范围时,试验机会自动停止,过程如图 5-37 所示。此时,可根据试验要求记录或保存试验数据。

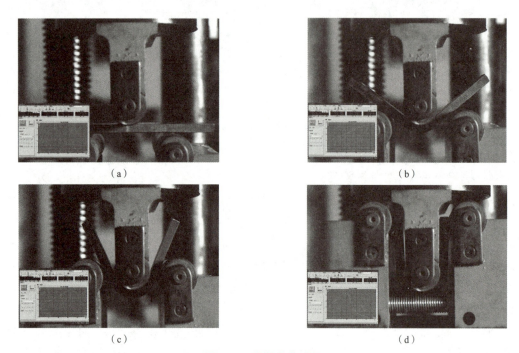

图 5-37　试样弯曲过程

(a) 逐渐加载试验力　(b) 试样被逐渐压弯,至试验力达到最大值　(c) 试样逐渐向 180° 弯曲　(d) 试样被弯曲到 180°

(9) 弯曲试样的取出

单击液压缸下行按钮,直到上压头退到试验开始位置,取下被压弯的试样。如果试样被支承座夹住,就需要松开压紧螺母,推开支承座,取出试样,再把支承座归位紧固后才能进行下次试验。

(10) 试验机关机

试验结束后,首先按住横梁上升按钮,将横梁上升到合适高度,再关闭计算机操作界面,此时试验机工作台会快速下降到初始位置;然后关闭液压泵、电控箱电源及计算机,清理干净试验机后方可离开实验室。

4. 弯曲试验注意事项

1) 测量试样厚度,确定弯心直径 D,选择合适的弯头。
2) 计算支承座之间的距离,并调节。
3) 确保试样的焊缝中心对准弯心轴线才开始试验。
4) 试验时保证弯曲角度为 180°。

5. 弯曲后试样检查和报告填写

（1）弯曲后试样的检查

依据 GB/T 2563—2008 的规定：弯曲结束后，试样的拉伸面和侧面都应进行检验；依据相关标准对弯曲试样进行评定并记录；除非另有规定，在试样表面上，小于 3 mm 长的缺欠应判为合格。弯曲试验完成后的试样，如图 5-38 所示。

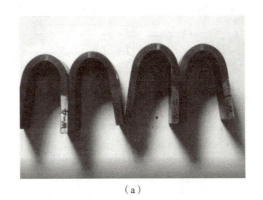 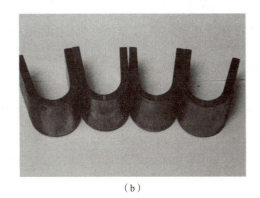

（a） （b）

图 5-38　弯曲后的试样
（a）弯曲后的试样侧面　（b）弯曲后的试样正面

仔细检查弯曲试样的拉伸面和两侧面有无缺欠（图 5-39），如有缺欠，用游标卡尺测量缺欠长度；检查弯曲角度是否符合要求，以判断试样是否合格。

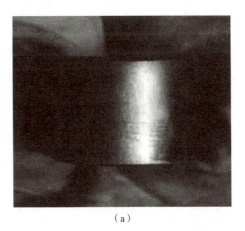 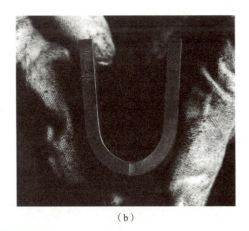

（a） （b）

图 5-39　弯曲后的试样检查
（a）检查试样拉伸面　（b）检查试样侧面

（2）填写弯曲试验报告

根据弯曲试验数据和弯曲后试样检查结果，填写试验验报告，相应栏目内容见表 5-8。

表 5-8　弯曲试验报告内容

试样编号	试样类型	试样厚度（mm）	弯心直径（mm）	支撑座间距离（mm）	弯曲角度（°）	试验结果
W-1	面弯	7.9	30	48.8	180	合格
W-2	面弯	7.9	30	48.8	180	合格
W-3	背弯	7.9	30	48.8	180	合格
W-4	背弯	7.9	30	48.8	180	合格

知识链接

根据《焊接接头弯曲试验方法》(GB/T 2653—2008)的要求,采用横弯、纵弯和侧弯三种基本类型的弯曲试样。

1)横弯试验:焊缝轴线与试样纵轴垂直时的弯曲试验。
2)纵弯试验:焊缝轴线与试样纵轴平行时的弯曲试验。
3)横向侧弯试验:试样受拉面为焊缝纵剖面时的弯曲试验。

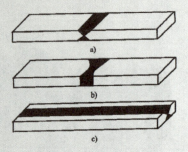

图5-40 弯曲试样
(a)横弯 (b)侧弯 (c)纵弯

实施任务 3　PQR01 焊接工艺评定试样冲击试验

具体工作思路：
1. 理解 NB/T 47014-2011 焊接工艺评定冲击试样的标准要求；
2. 按照 GB/T 229—2020 检查冲击试样缺口并判断是否合格；
3. 按照 GB/T 229—2020 进行冲击试验，记录试验数据并出具试验报告。

依据 NB/T 47014—2011 第 6.4.1.7 条规定进行试验。

1. 冲击试验人员、设备和工量具要求

（1）人员要求

试验人员必须经过理化检验专业技术培训考核，并取得力学性能专业 1 级或者 2 级技术资格证书，证书必须在有效期内，试验时严格遵循安全操作规程。

（2）设备要求

NB/T 47014—2011 第 4.3 条规定：焊接工艺评定力学性能试验所用设备、仪表应处于正常工作状态。我们选用的试验设备是型号为 JB-W300 的冲击试验机，如图 5-41 所示。设备需经具备检定资格的单位检定合格，并发放合格证书。检定合格的设备要贴上完好标识，并定期进行维护保养。

图 5-41　冲击试验机

(3) 工量具要求

冲击试验所需工量具包括：温湿度计、游标卡尺、螺旋测微仪，如图 5-42 所示。所有工量具均需要经过计量检定，并有检定合格证书。温湿度计用来测量试验环境温度是否符合试验要求；游标卡尺用来测量冲击试样长度和 V 形缺口开口位置是否符合加工要求；螺旋测微仪用来测量冲击试样高度和宽度是否符合加工要求。

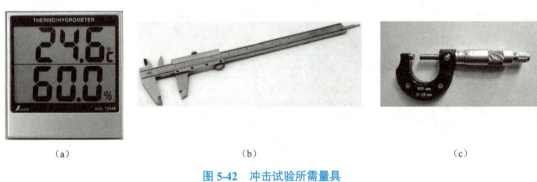

图 5-42　冲击试验所需量具
(a) 温湿度计　(b) 游标卡尺　(c) 螺旋测微仪

冲击试验所需工具包括：开口扳手、摆锤拔出器、试样对中样板，如图 5-43 所示。开口扳手和摆锤拔出器用于更换摆锤；试样对中样板用于快速正确的摆放冲击试样。

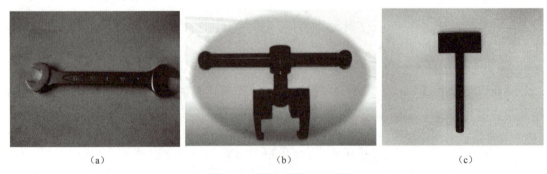

图 5-43　冲击试验所需工具
(a) 开口扳手　(b) 摆锤拔出器　(c) 试样对中样板

2. 冲击试验

(1) 检测实验室环境温度

《金属材料 夏比摆锤冲击试验方法》(GB/T 229—2020) 第 8.3.1 条规定：除非另有规定，冲击试验应在

23 ℃±5 ℃（室温）条件下进行。对于试验温度有规定的冲击试验，试样温度应控制在规定温度±2 ℃范围内进行冲击试验。试验前，应测量实验室环境温度并记录。

（2）拉伸试样尺寸检查

PQR01 工艺评定试板材料为 8 mm 厚度的 Q235B 钢板，根据 GB/T 299—2020 规定，冲击试样形式为 V 形缺口小尺寸试样，加工尺寸如下图 5-44 所示。

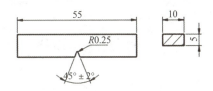

图 5-44　PQR01 工艺评定冲击试样加工尺寸

1）冲击试样长宽高测量

用游标卡尺测量冲击试样的长度（如图 5-45a 所示），用螺旋千分尺测量试样的高度和宽度（如图 5-45b、c 所示）。

  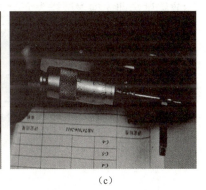

（a）　　　　　　　　　　　　　（b）　　　　　　　　　　　　　（c）

图 5-45　冲击试验所需工具

（a）游标卡尺测长度　（b）螺旋测微仪测宽度　（c）螺旋测微仪尺测厚度

2）冲击试样缺口检查

冲击试验的数值和缺口的加工有很大关系，所以必须对加工的缺口进行检验。常用 CST—50 型冲击试样投影仪检查试样缺口，如图 5-21（b）所示。它是用于检查夏比 V 形和 U 形冲击试样缺口加工质量的专用光学仪器。

① CST—50 型冲击试样投影原理：该仪器是利用光学投影方法将被测的冲击试样 V 形和 U 形缺口轮廓放大投射到投影屏上，与投影屏上冲击试样 V 形和 U 形缺口标准样板图对比，以确定被检测的冲击试样 V 形和 U 形缺口加工是否合格，其优点是操作简便、检查对比直观、效率高。

该仪器为单一投射照明，光源通过一系列光学元件投射在工作台上，通过一系列光学元件将被测试样轮廓清晰地投射到投影屏上，试样经二次放大和二次反射成正像，在投影屏上所看到的图形与实际试样放置的方向一致。

② 操作方法如下。

a）接通电源，电源开关指示灯亮，打开电源开关，工作指示灯亮，随后屏幕出现光栅，处于待使用状态。

b）将被测试的试样轻轻地放在工作台上，转动工作台升降手轮，进行焦距调节（图 5-46（a）），直到影像调整清晰后，再调节工作台的纵向和横向调节手轮，使已经放大了 50 倍的冲击试样 V 形和 U 形缺口投影图像与仪器所提供的已经放大了 50 倍的冲击试样 V 形和 U 形缺口标准尺寸（图 5-46（b））对比，仔细观察冲击试样的 V 形缺口投影是否处于投影屏上划定的两条虚线范围内（图 5-46（c）），并以此来判断冲击试样

V形和U形缺口的几何尺寸及加工质量是否符合要求。

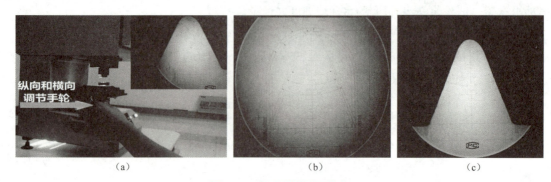

图 5-46　冲击试样缺口检查
(a)试样放置并调节　(b)屏幕上缺口标准尺寸　(c)试样缺口投影

③操作注意事项如下。
a)注意用电安全。
b)工作台表面是玻璃制品,放置试样时动作要轻柔,以免砸破玻璃。
c)放置试样前先检查试样表面是否有加工后未去除的毛刺,如有毛刺必须先清理,以免划伤玻璃表面。
d)调节工作台的过程必须缓慢轻柔,严禁野蛮操作。

(3)冲击试验摆锤的选择和更换

PQR01 工艺评定的试板为 8 mm 厚度的 Q235B 钢板,焊材选用的是 E4303 焊条,制取的冲击试样为 5 mm 厚度的 V 形缺口小尺寸试样,根据经验估算,其冲击吸收功不会超过 100 J,故选用最大量程 150 J 的小摆锤即可满足试验要求。大小摆锤如图 5-47 所示。使用冲击试验机配套专用工具摆锤拔出器和开口扳手进行摆锤的更换。

图 5-47　大小摆锤

(4)冲击试验机开机

打开机身电源,指示灯亮起,试验机进入工作状态。清理试验机摆锤运动轨迹范围内影响摆锤运动的杂物,然后将冲击试验机的手持控制器开关拨到开位置。

(5)试验机空打校零

冲击试验机配置有自动安全装置(图 5-48),按下手持操作器上的"取摆"按钮,提升摆锤,当扬起到设定高度听到"咔哒"声时说明摆锤已锁定;检查自动安全销是否弹出,确认后再次清除摆锤打击圈内的一切障碍,并把刻度盘指针拨到最大打击能量刻度 150 J 或 300 J 处(图 5-49)。先按下手持控制器上的"退销"按钮,安全销回缩,再按下"冲击"按钮,自动锁锤系统动作,松开摆钩,使摆锤进行一次空打(不放置试样)。

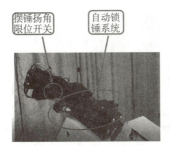
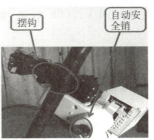

图 5-48 冲击试验机的自动安全装置

待摆锤扬起到最高处后返回到最低点位置时,快速短按手持控制器上的放摆按钮,刹车系统工作,快速停止摆锤的摆动。检查刻度盘上被动指针是否归零,若不归零则必须调整指针位置后重新空打,使指针归于零位,同时也可检查试验机工作是否正常。

图 5-49 冲击试验机的刻度盘

(6) 冲击试样放置

试验机空打校零完成后,按下手持控制器上的"取摆"按钮,扬起摆锤,当其扬起到设定高度并发出"咔哒"声时,确认锁锤系统锁住摆钩;自动安全销弹出后,将刻度盘指针拨到最大值,可放置试样。

将试样的V形缺口对准样板上的圆柱销,试样在下,对中样板在上,放到试样支座上,样板处于两侧支座中间,前后移动试样,使试样缺口基本处于两侧支座中间,如图5-50(a)所示。试样位置调整好后,右手继续抵住试样,轻轻抽出对中样板,然后小心地撤出右手,操作过程中一定要小心,不得再移动试样位置,如图5-50(b)所示。

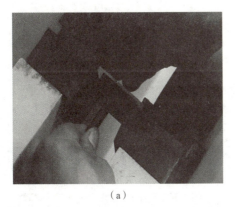
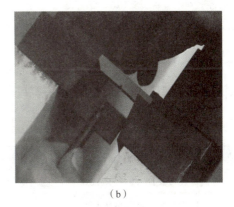

(a) (b)

图 5-50 冲击试样放置

(a)试样缺口处于两支座中间 (b)轻抽出样板,撤出右手

(7) 击打试样

试样摆放完成后,再次检查刻度盘指针是否已经位于最大值位置,确定后按下"退销"按钮。安全销退回后,按下"冲击"按钮,落摆。当摆锤下落到最低点时,能量最大,摆锤的刃口击打冲击试样缺口背面,将试

样缺口部位打裂或打断。待摆锤回摆时,按"放摆"按钮,当摆锤停止摆动后,记下冲击吸收能量。然后再依据上述步骤进行试验。

(8)试验结束

试验结束后,关闭操作器电源及试验机电源,把操作器放回原位,并将试验场地整理干净。

冲击完成后的试样如图5-51所示。

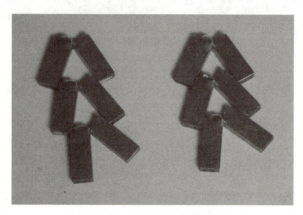

图5-51 冲击完成后的试样

3. 冲击试验注意事项

1)摆锤扬起后,必须先检查自动安全销是否弹出;俯身安置试样时,应确保手持操作器处于无人触碰状态;试验时,在摆锤摆动平面内不允许有人员活动。

2)试样击断后,摆锤来回摆动时,要按"放摆"按钮,不能用手制止尚在摆动中的摆锤。在摆锤未完全静止前,禁止触碰试验机任何部分。

3)检查试样的尺寸和缺口。

4)设定试验温度,保证温度在规定值±2℃以内。

5)根据试样材质和尺寸,选择打击能力为300 J还是150 J。

6)试验前,检查摆锤空打时,指针的回零差;试验前,应将指针回零,一般是放置在刻度盘最大值处。

7)试样应紧贴支座放置,并使试样缺口的背面朝向摆锤的刀刃;试样缺口对称面应位于两支座的对称面上,其误差不应大于0.5 mm。

8)试验结果依据GB/T 229—2020第8.9条处理,至少保留两位有效数字。

4. 填写冲击试验报告

根据冲击试验实际情况和试验数据,填写试验报告,相应栏目内容见表5-9。

表5-9 冲击试验报告内容

试样编号	试样尺寸(mm)	缺口类型	缺口位置	试验温度(℃)	冲击吸收能量(J)	备注
C-1	55.16×9.99×4.98	V形	焊缝区	20	44	
C-2	55.14×9.98×4.98	V形	焊缝区	20	43	
C-3	55.18×9.98×4.98	V形	焊缝区	20	45	
C-4	55.14×9.99×4.99	V形	热影响区	20	79	
C-5	55.13×9.99×4.98	V形	热影响区	20	85	
C-6	55.15×9.99×4.98	V形	热影响区	20	77	

知识链接

冲击试验是20世纪初由夏比(G. Charpy)提出的,一直沿用至今。我国现行标准规定的冲击试验是横梁式弯曲冲击试验,其试验所用标准试样以V形缺口试样和U形缺口试样为主。

由于材料的冲击韧性受温度影响很大,因此冲击试验结果与试验温度有很大关系,只有在与焊接结构工作温度相同条件下得出的结果才有比较的意义。

冲击试验根据试验温度的不同,分为常温冲击试验、高温冲击试验和低温冲击试验。

图5-52　V形缺口和U形缺口试样

工作案例 PQR02 对接焊缝焊接工艺评定试验

4 mm Q235B 焊条电弧焊对接焊缝焊接工艺评定的施焊记录见表 5-10。

表 5-10 4 mm Q235B 焊条电弧焊对接焊缝焊接工艺评定的施焊记录

工艺评定号		PQR02	母材材质	Q235B	规格	T=4 min
焊接记录	层次	1	2	/		
	焊接方法	SMAW	SMAW			
	焊接位置	1G	1G			
	焊材牌号或型号	J422	J422			
	焊材规格	φ3.2	φ3.2			
	电源极性	DCEP	DCEP			
	电流(A)	100	120			
	电压(V)	25	25			
	焊速(cm/min)	11.8	10.5			
	钙棒直径	/	/			
	气体流量(L/min)	/	/			
	层间温度	/	235			
	线能量(kJ/cm)	12.7	17.1			

焊前坡口检查				
坡口角度	钝边(mm)	间隙(mm)	宽度(mm)	错边(nun)
70°	0.5	0.5	6	0
温度: 30 ℃		湿度: 60%		

焊后检查				
正面	焊缝宽度(mm)	焊脚高度(mm)	焊缝余高(mm)	
	6.5	/	1.5	
反面	焊缝宽度(mm)	焊缝余高(mm)	结论	
	5.5	1.8	合格	
裂纹	无	气孔	无	
咬边	深度(mm)	正面: 无 反面: 无	焊工姓名、日期: ×××、2016.8.31	
	长度(mm)	正面: 无 反面: 无	检验员姓名、日期: ×××、2016.8.31	

4 mm Q235B 焊条电弧焊对接焊缝焊接工艺评定的射线检测报告见表 5-11。

表 5-11 4 mmQ235B 焊条电弧焊对接焊缝焊接工艺评定射线检测报告

工件	材料牌号		Q235B					
检测条件及工艺参数	源种类	□× □Ir192 □Co60		设备型号		2515		
	焦点尺寸	3 mm		胶片牌号		爱克发		
	增感方式	□Pb □Fe 前屏 后班		胶片规格		80 mm × 360 mm		
	像质计型号	FE10-16		冲洗条件		□自动 ☑手工		
	显影配方	/		显影条件		时间 6 min,温度 20 ℃		
	照相质量	☑AB □B		照片黑度		1.5~2.5		
	焊缝编号	2016-01		2016-01				
	板厚(mm)	8		8				
检测条件及工艺参数	透照方式	直缝		直缝				
	L_1(焦距)(mm)	700		700				
	能量(kV)	150		150				
	管电流(源活度)(mA(Bq))	10		10				
	曝光时间(min)	2		2				
	要求像质指数	13		13				
	焊缝长度(mm)	400		400				
	一次透照长度(mm)	200		200				
	合格级别	Ⅱ		Ⅱ				
	要求检测比例(%)	100		100				
	实际检测比例(%)	100		100				
	检测标准	NB/T 47013—2015		检测工艺编号				
合格片数	A类焊缝(张)	B类焊缝(张)	相交焊缝(张)	共计(张)	最终评定结果	Ⅰ级(张)	Ⅱ级(张)	Ⅲ级(张)	Ⅳ级(张)
	2	/	/	2		1	1	/
缺陷及返修情况说明				检测结果				
1. 本台产品返修部位共计____处,最高返修次数____次 2. 超标缺陷部位返修后经复验合格 3. 返修部位原缺陷情况见焊缝射线检测底片评定表				1. 本台产品焊缝质量符合____级的要求,结果合格 2. 检测位置及底片情况详见焊缝射线底片评定表及射线检测位置示意图(另附)				
报告人(资格) 年 月 日		审核人(资格) 年 月 日			无损检测专用章 年 月 日			

4 mm Q235B 焊条电弧焊对接焊缝焊接工艺评定的拉伸、弯曲试样检测表见表 5-12。

表 5-12　4 mm Q235B 焊条电弧焊对接焊缝焊接工艺评定的拉伸、弯曲试样检测表（单位：mm）

		试样检查结果				
拉伸试样		L-1	W=20.0	S=3.8	L_0=6.5	h_k=50
			R_1=25	h_1=50	A=6	B=32
		L-2	W=20.0	S=3.8	L_0=6.5	B=32
			R_1=25	h_1=50	A=6	h_k=50
弯曲试样		W-1	L_1=140	B_1=38	R_1=3	S_1=3.8
		W-2	L_1=140	B_1=38	R_1=3	S_1=3.8
		W-3	L_1=140	B_1=38	R_1=3	S_1=3.8
		W-4	L_1=140	B_1=38	R_1=3	S_1=3.8

4 mm Q235B 焊条电弧焊对接焊缝焊接工艺评定的拉伸、弯曲试验报告见表 5-13。

表 5-13　4 mm Q235B 焊条电弧焊对接焊缝焊接工艺评定的拉伸、弯曲试验报告

炉号：		样品名称：焊接工艺评定		制令：		报告编号：PQR02
批号：		材质：Q235B,T=4mm		状态：		室温：23℃
拉伸（GB/T 228.1—2021）	试样号	宽度（mm）	厚度（mm）	横截面积（mm^2）	屈服载荷（kN）	屈服强度（MPa）
	L-1	20.0	3.8	76	/	/
	L-2	20.0	3.8	76	/	/
	试样号	极限载荷（kN）		拉伸强度（MPa）	延伸率（%）（G=60 mm）	断裂类型及位置
	L-1	34		447	/	韧性、热影响区
	L-2	34		447	/	韧性、热影响区
弯曲（GB/T 2653—2008）	试样号	母材	面弯	背弯	侧弯	弯曲直径（mm）
	W-1	Q235B	合格			16
	W-2	Q235B	合格			弯曲角度
	W-3	Q235B		合格		180°
	W-4	Q235B		合格		
冲击（夏比 V 形）	试样号	缺口位置	试样尺寸（mm）	试验温度（℃）	冲击吸收能量（J）	侧向膨胀量（mm）
	/					
	/					
评定标准		NB/T 47014—2011		评定结果		合格
试验员				审核		
日期				日期		

工作任务 编制分离器焊接工艺评定任务书

学习工作必备和实施任务 1 至 3 的内容,完成分离器 8 mm 对接焊缝焊接工艺评定技术文件,包括:焊接工艺评定施焊记录,射线检测报告,力学性能试样加工图,拉伸、弯曲和冲击试样检查记录表,力学性能试验报告。

施焊记录(样表)

射线检测报告(样表)

力学性能试样加工图(样表)

试样检查记录表(样表)

力学性能试验报告(样表)

复习思考

一、单选题

1. 依据 NB/T 47014—2011,焊接工艺评定无损检测按 NB/T 47013—2015 结果( ),为无损检测合格。
   A. Ⅰ级　　　　　B. 无裂纹　　　　　C. Ⅱ级　　　　　D. Ⅳ级
2. 在焊接工艺评定中,进行试板焊接时,焊接环境的相对湿度应不高于( )。
   A. 60%　　　　　B. 70%　　　　　C. 80%　　　　　D. 90%
3. 焊接工艺评定试件选择的焊材是 J422,其烘干温度是( )℃。
   A. 不需要　　　　B. 100　　　　　C. 150　　　　　D. 350
4. 焊接工艺评定拉伸试样的宽度为( )mm。
   A. 32　　　　　B. 20　　　　　C. 38　　　　　D. 10
5. 焊接工艺评定的面弯和背弯试样的宽度为( )mm。

A.32　　　　　　　B.20　　　　　　　C.38　　　　　　　D.10

6. 焊接工艺评定的侧弯试样的厚度为(　　)mm。

A.32　　　　　　　B.20　　　　　　　C.38　　　　　　　D.10

7. 冲击韧性试样的标准尺寸是(　　)。

A.10 mm × 10 mm × 55 mm　　　　　　B.7.5 mm × 10 mm × 55 mm

C.5 mm × 10 mm × 55 mm　　　　　　　D.5 mm × 10 mm × 50 mm

8. 弯曲试样的厚度为 7 mm,应该选用弯心直径为(　　)mm 的压头。

A.26　　　　　　　B.28　　　　　　　C.30　　　　　　　D.32

9. 按 GB/T 228.1—2021 进行拉伸试验时,对于拉伸段,每个试样测量(　　)点的宽度和厚度,计算它们的平均值。

A.2　　　　　　　　B.3　　　　　　　　C.4　　　　　　　　D.5

10. 按 GB/T 228.1—2021 进行拉伸试验时,试样截面积为 200 mm²,最大的力 99.7 kN,试验报告中其抗拉强度为(　　)MPa。

A.498.5　　　　　　B.500　　　　　　　C.495　　　　　　　D.490

11. 弯曲试样的厚度为 8 mm,支承辊之间距离为(　　)mm。

A 32　　　　　　　B.51　　　　　　　C.33　　　　　　　D.63

二、多选题

1. 在 NB/T 47014—2011 中,力学性能试验和弯曲试验的取样要求是(　　)。

A 取样时,一般采用冷加工方法

B. 允许避开焊接缺陷、缺欠制取试样

C. 试样去除焊缝余高前允许对试样进行冷校平

D. 当采用热加工方法取样时,则应去掉热影响区

2. 按照 pWPS01 焊接的工艺评定试板,总共需要(　　)力学性能试样。

A. 拉伸 2 个　　　B. 横向弯曲 4 个　　　C. 纵向弯曲 4 个　　　D. 冲击 6 个

3. 弯曲试样的摆放应该(　　)。

A. 试样轴线与压头轴线成 90°　　　　　B. 焊缝中心对准压头中心

C. 试样中心与压头轴线平行　　　　　　D. 试样应放于支承辊的中心

三、判断题

1. 焊接工艺评定试件必须由本单位技能熟练的焊接人员施焊。　　　　　　　　　　　　(　　)
2. 焊接工艺评定试件可以由外单位的持证焊工来施焊。　　　　　　　　　　　　　　　(　　)
3. 焊接工艺评定试件可使用外单位的焊接设备施焊。　　　　　　　　　　　　　　　　(　　)
4. 施焊焊接工艺评定试件的焊接设备需要计量合格,并在有效期内,且定期维护。　　　(　　)
5. 焊接工艺评定试件外观检查用的焊接检验尺,新买回来就可以直接使用。　　　　　　(　　)
6. 施焊焊接工艺评定试件时的工艺参数应该如实记录。　　　　　　　　　　　　　　　(　　)
7. 焊接工艺评定试件外观检查的要求包括不能有未熔合和咬边。　　　　　　　　　　　(　　)
8. 焊接工艺评定试件外观检查的要求包括余高不允许太高。　　　　　　　　　　　　　(　　)
9. 施焊焊接工艺评定试件时,对环境温度和湿度没有要求。　　　　　　　　　　　　　(　　)
10. 焊接工艺评定试件无损检测的要求是可以有未焊透、未熔合、气孔缺陷。　　　　　(　　)

11. 焊接工艺评定试样的截取可以避开缺陷取样。 (　　)
12. 焊接工艺评定试样的取样一般采用冷加工方法，当采用热加工方法取样时,则应去除热影响区。
(　　)
13. 如果焊接工艺评定试样不平整,不允许在去除余高前冷校平。 (　　)
14. 当焊缝金属和母材的弯曲性能有显著差别时,取横向弯曲试样。 (　　)
15. 冲击试样纵轴线应平行于焊缝轴线,缺口轴线垂直于母材表面。 (　　)
16. 冲击焊缝区试样的缺口位置应位于焊缝中心线上。 (　　)
17. 对拉伸、弯曲和冲击试验人员,没有资格要求。 (　　)
18. 拉伸、弯曲和冲击试验设备应完好,并计量合格,且在有效期内。 (　　)
19. 在夹持试样时,试样上端的夹持部分应该全部处于夹头内,并且试样不应该顶住上夹头平面。
(　　)
20. 焊接工艺评定的弯曲试验按 GB/T 2653—2008 的试验方法测定焊接接头的完好性和塑性。(　　)
21. 侧弯试验时,若试样表面存在缺欠,则以没有缺欠的一侧作为拉伸面。 (　　)
22. 根据 NB/T 47014—2011,焊接工艺评定的弯曲试验的弯曲角度都是 180°。 (　　)
23. 根据 NB/T 47014—2011,焊接工艺评定的弯曲试验的弯心直径越小越严格。 (　　)
24. 冲击试样吸收能量与冲击试验温度没有关系。 (　　)
25. 冲击试验前需要检查试样的缺口是否符合要求。 (　　)
26. 假如拉伸试样断裂位置在母材上,那么该拉伸试验不合格。 (　　)
27. 进行拉伸试验前,需要根据试样类型,选择合适的拉伸试验夹持端。 (　　)
28. 进行冲击试验前,需要选择合适的摆锤。 (　　)
29. 面弯试验是指焊缝较宽的一面受压。 (　　)
30. 拉伸弯曲试验结束后,要保证工作台下降到原始位置,保证液压缸处于空载状态。 (　　)

项目六

编制对接焊缝焊接工艺评定报告

（PQR01）

工作分析

按照国家特种设备生产制造相关标准和生产过程，我们已经完成焊接工艺评定试件的焊接、无损检测和拉伸、弯曲、冲击试验，现在要编制焊接工艺评定报告，关键是要判断工艺评定报告是否合格，如不合格，必须从焊接工艺修订开始重新制作，直至评定报告合格为止。

基本工作思路：

1）按照施焊记录、无损检测报告和力学性能试验报告编制工艺评定报告；

2）分析 NB/T 47014—2011 中对焊接工艺评定试样进行拉伸、弯曲和冲击试验的合格指标；

3）查阅 Q235B 材料标准等，按照标准 NB/T 47014—2011 分析拉伸、弯曲和冲击试验结果是否合格；

4）按照标准要求，判断焊接工艺评定报告是否合格。

学习目标

1. 熟悉焊接工艺评定报告的格式和基本内容；
2. 掌握 NB/T 47014—2011 中焊接工艺评定试样力学性能试验的结果评价；
3. 掌握对接焊缝工艺焊接工艺评定报告的编制和合格要求；
4. 能够按照 NB/T 47014—2011 要求，分析力学性能（拉伸、弯曲和冲击）试验结果；
5. 能够按照 NB/T47014—2011 要求，编制焊接工艺评定报告，并判断其合格与否；
6. 具有尊重和自觉遵守法规、标准的意识，具有团队协作意识；
7. 具有踏实细致、认真负责的工作态度，具有良好的职业道德和敬业精神。

工作必备

焊接工艺评定报告的编制必须按照 NB/T 47014—2011 标准,以及评定试验得到的施焊记录、无损检测报告和力学性能试验报告如实填写。

想一想

1. 按照什么来编制焊接工艺评定报告?
2. 焊接工艺评定报告包括哪些内容?
3. 工艺评定报告合格的依据是什么?

技能资料一　焊接工艺评定报告的合法性

焊接结构生产企业必须严格按照焊接工艺评定标准或有关法规的要求,完成焊接工艺评定试验。企业必须根据自身的生产能力和工艺装备,由本企业的工艺部门和人员,编制焊接工艺评定任务书和预焊接工艺规程,并按相关标准或法规的要求,利用企业现有的焊接设备和考试合格的焊工完成焊接工艺评定试验。

相关法规不允许企业将焊接工艺评定试验委托外单位完成,也不允许企业基于外单位的焊接工艺评定报告编制用于本企业焊接生产的焊接工艺规程。因此,每一家企业都必须保证本企业的焊接工艺评定报告的合法性。企业的管理者必须为完成相关标准或法规规定的焊接工艺评定试验创造必要的条件。很难设想,一家没有能力自行完成相应的焊接工艺评定试验的企业,能够生产出质量完全符合标准或法规要求的产品。因此,焊接工艺评定试验也是考核企业焊接生产能力和质量控制有效性的重要手段。

焊接工艺评定报告所记录的数据和试验结果必须是真实的,是采用经校验合格的仪器、仪表和检测设备得到结果的记录,不允许对试验数据和检测结果进行修改,更不允许编造试验和检测结果。企业管理者有责任采取有效的管理和监督措施,杜绝有关人员的违法行为。企业技术负责人必须在工艺评定报告上签字,这意味着他对报告所列全部数据的真实性和合法性负完全责任。

技能资料二 焊接工艺评定报告的合格指标

依据 NB/T 47014—2011 要求进行焊接工艺评定试验后,要分析所得试验数据是否合格,并编制焊接工艺评定报告。

1. 外观检查和无损检测

NB/T 47014—2011 指出,通过对接焊缝试件评定焊接工艺的目的在于,得到使焊接接头力学性能符合要求的焊接工艺。该标准中规定的评定规则、试验方法和合格指标都是围绕焊接接头力学性能的。评定合格的焊接工艺的目的不在于焊缝外观达到何种要求,也不在于焊缝能达到无损检测几级标准,所以虽然该标准在试件检验项目中规定了外观检查、无损检测,其主要目的在于了解试件的施焊情况,避开焊接缺陷取样。

出现焊接裂纹的原因比较复杂,首先要考虑对钢材焊接性是否完全掌握、焊接工艺是否正确、是否存在钢板冶金轧制缺陷等,坡口宽窄对裂纹敏感性也有影响。从焊接工艺评定原理来讲,如果使试件出现裂纹的焊接工艺评定合格,只说明对力学性能而言工艺是合格的,对焊接裂纹而言是不合格的;如果改变焊接条件(如加大坡口宽度、加大焊缝成形系数)消除了裂纹,而所改变的焊接条件又是次要因素,那么原来产生裂纹的焊接工艺就不需要重新评定了。

鉴于焊接裂纹产生原因复杂,故 NB/T 47014—2011 第 6.4.1.2 条规定:外观检查和无损检测(按 NB/T 47013—2015)结果不得有裂纹。

2. 拉伸试验

拉伸试验合格指标依据 NB/T 47014—2011 第 6.4.1.5.4 条,相关规定如下。

1)试样母材为同一金属材料代号时,每个(片)试样的抗拉强度应不低于"本标准规定的母材抗拉强度最低值",而不是以前所要求的不低于"母材钢号标准规定值的下限值"。

①钢质母材规定的抗拉强度最低值,等于其标准规定的抗拉强度下限值。

以 4 mm 厚的 Q235B 低碳钢为例,查阅《碳素结构钢》(GB/T 700—2006)第 5.4.1 条:钢材的拉伸和冲击试验结果应符合表 6-1 的规定。其抗拉强度的下限值为 370 MPa,所以其焊接工艺评定试板的抗拉强度合格指标为≥370 MPa。

表 6-1 钢材的拉伸和冲击试验结果要求

牌号	等级	屈服强度（N/mm²）不小于						抗拉强度 b R_m（N/mm²）	断后伸长率 A（%）不小于					冲击试验（V型缺口）	
		厚度（或直径）（mm）							厚度（或直径）（mm）					温度（℃）	冲击吸收功（纵向）（J）不小于
		≤16	>16~40	>40~60	>60~100	>100~150	>150~200		≤40	>40~60	>60~100	>100~150	>150~200		
Q195	—	195	185	—	—	—	—	315~430	33	—	—	—	—	—	—
Q215	A	215	205	195	185	175	165	335~450	31	30	29	27	26	—	—
	B													+20	27
Q235	A	235	225	215	215	195	185	370~500	26	25	24	22	21	—	—
	B													+20	27c
	C													0	
	D													-20	
Q275	A	275	265	255	245	225	215	410~540	22	21	20	18	17	—	—
	B													+20	27
	C													0	
	D													-20	

① Q195 的屈服强度值仅供参考，不作交货条件。
② 厚度大于 100 mm 的钢材，抗拉强度下限允许降低 20 N/mm²。宽带钢（包括剪切钢板）抗拉强度上限不作交货条件。
③ 厚度小于 25 mm 的 Q235 级钢材，如供方能保证冲击吸收功值合格，经需方同意，可不做检验。

②铝质母材类别号为 Al-1、Al-2、Al-5 的母材规定的抗拉强度最低值，等于其退火状态标准规定的抗拉强度下限值。

③钛质母材规定的抗拉强度最低值，等于其退火状态标准规定的抗拉强度下限值。

④铜质母材规定的抗拉强度最低值，等于其退火状态与其他状态标准规定的抗拉强度下限值中的较小值。当挤制铜材在标准中没有给出退火状态下规定的抗拉强度下限值时，可以按原状态下标准规定的抗拉强度下限值的 90%确定，或按试验研究结果确定。

⑤镍质母材规定的抗拉强度最低值，等于其退火状态（限 Ni-1 类、Ni-2 类）或固溶状态（限 Ni-3 类、Ni-4 类、Ni-5 类）的母材标准规定的抗拉强度下限值。

2）试样母材为两种金属材料代号时，每个（片）试样的抗拉强度应不低于 NB/T 47014—2011 规定的两种母材抗拉强度最低值中的较小值。

3）若规定使用室温抗拉强度低于母材的焊缝金属，则每个（片）试样的抗拉强度应不低于焊缝金属规定的抗拉强度最低值。

4）上述试样如果断在焊缝或熔合线以外的母材上，其抗拉强度值不得低于本标准规定的母材抗拉强度最低值的 95%。不同于以前所要求的"单片试样其最低值不得低于母材钢号标准规定值下限的 95%（碳素钢）或 97%（低合金钢和高合金钢）"。

5）分层取样后，拉伸试样合格指标不再取平均值，而应是每个（片）试样抗拉强度不低于 NB/T 47014—2011 规定的母材抗拉强度最低值。

3. 弯曲试验

弯曲试验合格指标依据 NB/T 47014—2011 第 6.4.1.6.4 条。相关规定如下。

对接焊缝试件的弯曲试样弯曲到规定的角度后,其拉伸面上的焊缝和热影响区内,沿任何方向不得有单条长度大于 3 mm 的开口缺陷,试样的棱角开口缺陷一般不计,但因未焊合、夹渣或其他内部缺欠引起的棱角开口缺陷长度应记入。

若采用两片或多片试样时,每片试样都应符合上述要求。

4. 冲击试验

冲击试验合格指标依据标准 NB/T 47014—2011 第 6.4.1.7.3 条。相关规定如下。

1)试验温度应不高于钢材标准规定的冲击试验温度。

2)钢质焊接接头每个区 3 个标准试样为一组的冲击吸收能量平均值应符合设计文件或相关技术文件规定,且不应低于表 6-2 中规定值,至多允许一个试样的冲击吸收能量低于规定值,但不得低于规定值的 70%。

表 6-2　碳钢和低合金钢焊缝的冲击吸收能量最低值

钢材标准抗拉强度下限值 R_m(MPa)	3 个标准试样冲击功平均值 KV_2(J)
≤450	≥20
>450~510	≥24
>510~570	≥31
>570~630	≥34
>630~690	≥38

3)对于镁的质量分数超过 3% 的铝镁合金母材,试验温度应不高于承压设备的最低设计金属温度,焊缝区 3 个标准试样为组的冲击吸收能量平均值,应符合设计文件或相关技术文件规定,且不应小于 20 J,至多允许一个试样的冲击吸收能量低于规定值,但不得低于规定值的 70%。

4)宽度为 7.5 mm 或 5 mm 的小尺寸冲击试样的冲击吸收能量指标,分别为标准试样冲击吸收能量指标的 75% 或 50%。

案例:某标准冲击试样的冲击功合格值是 24 J,现有尺寸为 7.5 mm × 10 mm × 55 mm 的冲击试样,其冲击试验焊缝区三个冲击吸收功的数值分别是 16 J、18 J、25 J,分析焊缝区的冲击韧性是否合格?

案例分析:

①该试样为 7.5 mm 的小尺寸冲击试样,则其冲击吸收能量指标为标准试样冲击吸收能量指标的 75%,即:

　　　24 × 75%=18(J)

按照 NB/T 47014—2011 要求,3 个标准试样为一组的冲击吸收能量平均值应大于 18 J,则:

　　　(16+18+25)÷3=19.7(J)>18(J)　　满足要求

②在 16 J、18 J、25 J 三个数值中,18 J 和 25 J 都不小于 18 J,但是 16 J 的试样合格吗?

NB/T 47014—2011 要求至多允许一个试样的冲击吸收能量低于规定值,但不得低于规定值的 70%。

　　　18 × 70%=12.6(J)

　　　16 J>12.6 J　　　　　满足要求

③通过以上分析,能够确定该焊缝区的冲击韧性是合格的。

焊接工艺评定

工作实施

工作案例 4 mm Q235B 焊条电弧焊对接焊缝焊接工艺评定报告（PQR02）

1. 焊接工艺评定报告的编制

焊接工艺评定报告与预焊接工艺规程的最大区别在于评定报告是焊接工艺评定的实际记录，要详细记录试件焊接和试验结果的具体数据，任何在试件焊接中未观察和测量的因素都不能填写。

为简化起见，将焊接工艺评定报告（表 6-3）中各项目的内容都用数字代号表示。该工艺评定报告的格式不允许改变。

表 6-3　焊接工艺评定报告（PQR）

单位名称：_____（1）		
焊接工艺评定报告编号_____（2）_____ 预焊接工艺规程编号_____（3）		
焊接方法_____（4）_____ 机械化程度（手工、半自动、自动）_____（5）		
接头简图：（坡口形式、尺寸、衬垫、每种焊接方法或者焊接工艺的焊缝金属厚度） （6）		
母材： 材料标准　　　（7） 材料代号　　　（8） 类、组别号：（9）与类、组别号：（10）相焊 厚度　　　　　（11） 直径　　　　　（12） 其他　　　　　（13）		焊后热处理： 保温温度（℃）：　　（25） 保温时间（h）：　　（26） 保护气体：（27） 　　　　气体　混合比　气体流量（L/min） 保　护　气　____　____　____ 尾部保护气　____　____　____ 背面保护气　____　____　____
填充金属： 焊材类别　　　（14） 焊材标准　　　（15） 焊材型号　　　（16） 焊材牌号　　　（17） 焊材规格　　　（18） 焊缝金属厚度　（19） 其他　　　　　（20）		电特性： 电流种类　　　（28） 极性　　　　　（29） 钨极尺寸　　　（30） 焊接电流（A）　（31） 电弧电压（V）　（32） 焊接电弧种类　（33） 其他
焊接位置：（21） 对接焊缝位置_____方向：(向上、向下) 角焊缝位置_____方向：(向上、向下)		技术措施： 焊接速度（cm/min）　（34） 摆动或不摆动　　　　（35）

续表

单位名称： (1)						
焊接工艺评定报告编号 (2) 预焊接工艺规程编号 (3)						
焊接方法 (4) 机械化程度(手工、半自动、自动) (5)						

预热：	摆动参数 (36)
预热温度(℃) (22)	多道焊或单道焊(每面) (37)
道间温度(℃) (23)	多丝焊或单丝焊 (38)
其他 (24)	其他 (39)

拉伸试验试验报告编号： (40)

试样编号	试样宽度（mm）	试样厚度（mm）	横截面积（mm²）	断裂载荷（kN）	抗拉强度（MPa）	断裂部位和特征
(41)	(42)	(43)	(44)	(45)	(46)	(47)

弯曲试验　　　　试验报告编号： (40)

试样编号	试样类型	试样厚度（mm）	弯心直径（mm）	弯曲角度（°）	试验结果
(48)	(49)	(50)	(51)	(52)	(53)

冲击试验　　　　试验报告编号： (40)

试样编号	试样尺寸	缺口类型	缺口位置	试验温度（℃）	冲击吸收功(J)	备注
(54)	(55)	(56)	(57)	(58)	(59)	(60)

金相检验(角焊缝)：(61)
根部(焊透、未焊透)：　　　　　　,焊缝：(熔合、未熔合)
焊缝、热影响区(有裂纹、无裂纹)

检验截面	Ⅰ	Ⅱ	Ⅲ	Ⅳ	Ⅴ
焊脚差(mm)(62)					

无损检验：(63)
RT：　　　　　　　　UT：
MT：　　　　　　　　PT：
其他： (64)
耐蚀堆焊金属化学成分(质量分数,%) (65)

续表

单位名称： (1)												
焊接工艺评定报告编号 (2) 预焊接工艺规程编号 (3)												
焊接方法 (4) 机械化程度(手工、半自动、自动) (5)												
C	Si	Mn	P	S	Cr	Ni	Mo	V	Ti	Nb		
分析表面或取样开始表面至熔合线的距离(mm)： (66)												
附加说明：(67)												
结论：本评定按 (68) 规定制备试件、检验试样、测定性能、确认记录正确，评定结果(合格、不合格) (69) 。												
焊工姓名	(70)			焊工代号	(71)			施焊日期	(72)		
编制	(73)		日期		审核	(74)		日期		批准	(75)	日期
第三方检验	(76)										

由表6-3可以看出，焊接工艺评定报告内容大体分成两大部分：第一部分是焊接工艺评定试验的条件，包括试件材料牌号、类别号、接头形式、焊接位置、焊接材料、保护气体、预热温度、焊后热处理制度、焊接热输入(焊接电流、电弧电压、焊接速度)等；第二部分是记录各项检验结果，其中包括拉伸、弯曲、冲击、硬度、宏观金相、无损检验和化学成分分析结果等。这两部分内容均要保证正确，要真实而完整地记录，不允许弄虚作假。

下面将焊接工艺评定报告(表6-3)中各数字代号填写内容逐一说明如下。

(1)单位名称

实际进行焊接工艺评定的单位名称。

(2)焊接工艺评定报告编号

与按照预焊接工艺规程评定合格的工艺评定报告编号应该是一致的，两个编号要有区别并有内在联系，以便查询。

(3)预焊接工艺规程编号

填写首次评定预焊接工艺规程的编号，以后由于次要因素变更，根据此评定报告再编写的预焊接工艺规程编号不强求填写。

(4)焊接方法

填写试件焊接所采用的所有焊接方法。

(5)机械化程度

相应于(4)中采用的焊接方法的自动化程度(包括机械化)。

(6)接头简图

依据实际施焊结果，详细填写坡口形式、尺寸、衬垫、每种焊接方法或者焊接工艺的焊缝金属厚度。

(7)~(13)母材

按实际情况根据母材材质单填写相应信息。

(14)~(20)填充金属

按实际情况填写试件施焊时填充金属的信息。

(21)焊接位置

填写试件施焊的所有实际位置。

(22)预热温度

填写试件焊前实测的预热温度,记录最低值;不预热则填写室温。

(23)道间温度

填写焊接过程中实测的下一层焊接前的温度。

(24)其他

有其他的信息时,按照实际情况填写。

(25)~(26)焊后热处理

填写试件焊后热处理的实际情况。假如试板焊后热处理,一定要有热处理记录曲线作为凭证。

(27)~(32)保护气体、电特性

按实际施焊所记录的具体的数值填写。每种焊接方法(焊接工艺)都要填写清楚。

(33)焊接电弧种类

按焊接时实际采用的电弧填写,如喷射弧、短路弧等。

将同一种焊接方法或同一重要因素或补加因素的焊接工艺焊接试件的实际最大热输入记入"其他"项目内。

(34)~(38)技术措施

按焊接时实际采用的技术措施填写。

(39)其他

填写焊接时采取的其他技术措施。

(40)~(46)拉伸试验

按力学性能试验时的实际数值填写。

(47)断裂部位和特征

照实填写,不要空白,按 NB/T 47014—2011 进行,便于国内外单位认可。注意拉伸试验中不应填写屈服点,断裂部位应在焊接接头范围内。若填写断于母材,应当慎重鉴别,不要将热影响区当作母材。断裂特征主要看是韧性断裂还是脆性断裂。

(48)试样编号

照实填写。

(49)试样类型

填写面弯、背弯、侧弯。

(50)~(53)弯曲试验项目

照实填写。注意试验结果,除了要满足 NB/T 47014—2011 第 6.4.1.6.4 条规定外,还需检查弯曲后的试样焊缝是否在弯曲中心,假如不对中,则无法确定焊接接头是否都受到了拉伸,不能判断是否合格,需要用余料重新加工弯曲试样进行弯曲试验。

(54)~(60)冲击试验

因空气储罐 PQR02 的钢板厚度只有 4 mm,根据 NB/T 47014—2011 第 6.4.1.3 条表 11 规定,无法制备 5 mm × 10 mm × 10 mm 小尺寸试样,免做冲击试验。故此处全部划"/"。

(61)金相检验

填写角焊缝试件根部是否焊透、焊缝有无未熔合、焊缝和热影响区有无裂纹。

(62)焊脚差

填写"焊脚差",而不是"焊脚尺寸差"。

(63)~(64)无损检测

填写评定试件无损检测后有无裂纹,根据无损检测结果在试件上避开缺陷取样,将无损检测报告号附入。

(65)~(66)耐蚀堆焊化学成分

照实填写。

(67)附加说明

填写上列各栏各项所没有包括的内容或特别说明。

(68)结论

横线线上填写评定执行的标准号,要把标准年份一并写清。

(69)评定结果

横线线上填写合格与不合格。对试件、试样的检验,只要有一项内容,或一个试样不合格,则评定结果便判定不合格。

(70)~(72)焊工姓名、焊工代号、施焊日期

照实填写。

(73)~(75)编制、审核、批准

此三项程序不可缺少,工艺评定报告一般由焊接工艺员或焊接工程师编制,并在此处签名以示负责。NB/T 47014—2011 第 4.2.1.1 条规定,由制造(组焊)单位焊接责任工程师审核,技术负责人批准,以代表企业对报告的真实性和合法性负责。

(76)第三方检验

国内第三方检验一般是特种设备安全监督检验研究院。

2. 焊接工艺评定报告和试件的管理

焊接工艺评定报告是企业质量控制和保证的重要证明文件,是国家技术监督部门和用户对企业质量系统评审和产品质量监督的必检项目,也是焊接生产企业获取国内外生产许可和质量认证的重要先决条件之一。因此,对焊接工艺评定报告应严格管理,从评定报告的格式、填写、审批程序、复制、归档、修改,到外部评审等,每一个企业都应建立完善的管理制度。

特种设备安全技术规范《固定式压力容器安全技术监察规程》(TSG 21—2016)第 4.2.1.1 条和 GB 150.4—2011 第 7.2.7 条规定,焊接工艺评定技术档案应当保存至该工艺评定失效为止,焊接工艺评定试样应至少保存 5 年。

特别要指出的是,虽然法规和标准规定焊接工艺评定试样应至少保存 5 年,但几乎所有企业都设置专门的评定报告档案和残余试件保存柜,并分门别类编号标记,使报告档案与相应残余试件一一对应,进行永久保存。图 6-1 所示是整理归档的焊接工艺评定档案和残余试件。

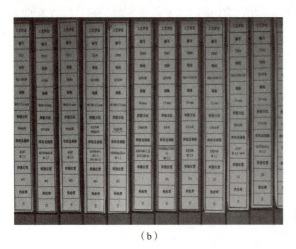

(b)

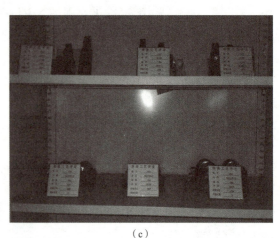

(c)

图 6-1 焊接工艺评定档案和残余试件

(a)焊接工艺评定档案 (b)焊接工艺评定残余试件

3. 编制完成的焊接工艺评定报告 PQR02

编制好的 4 mm Q235B 焊条电弧焊对接焊缝焊接工艺评定报告（PQR02），见表 6-4。

表 6-4　4 mm Q235B 焊条电弧焊对接焊缝焊接工艺评定报告

单位名称：	×× 工程设备有限公司		
焊接工艺评定报告编号　PQR02		预焊接工艺规程编号　pWPS02	
焊接方法　SMAW		机械化程度（手工、半自动、自动）　手工	

接头简图：（坡口形式、尺寸、衬垫、每种焊接方法或者焊接工艺的焊缝金属厚度）

（70°坡口，厚度 4 mm，钝边 0.5，间隙 0.5）

母材：		焊后热处理：			
材料标准　GB/T 3524—2015		保温温度（℃）　/			
材料代号　Q235B		保温时间（h）　/			
类、组别号：Fe-1-1 与类、组别号：Fe-1-1 相焊		保护气体：			
厚度　4 mm			气体	混合比	气体流量（L/min）
直径　/		保护气	/	/	/
其他　/		尾部保护气	/	/	/
		背面保护气	/	/	/
填充金属：		电特性：			
焊材类别　FeT-1-1		电流种类　直流（DC）			
焊材标准　B/T 5117—2012、NB/T 47018—2017		极性　反接（EP）			
焊材型号　E4303		钨极尺寸　/			
焊材牌号　J422		焊接电流（A）　① 100　② 120			
焊材规格　Φ3.2		电弧电压（V）　25			
焊缝金属厚度　4 mm		焊接电弧种类　/			
其他　入库编号 T16-03		其他　最大线能量≤17.1 kJ/cm			
焊接位置：		技术措施：			
对接焊缝位置　1G　方向：（向上、向下）		焊接速度（cm/min）　① 11.8　② 10.5			
角焊缝位置　/　方向：（向上、向下）		摆动或不摆动　不摆动			
预热：		摆动参数			
预热温度（℃）　室温		多道焊或单道焊（每面）　单道焊			
道间温度（℃）　235		多丝焊或单丝焊　/			
其他　/		其他　/			

拉伸试验 GB/228.1—2021　　　　　　　　　　　　　　　　试验报告编号：PQR02

试样编号	试样宽度（mm）	试样厚度（mm）	横截面积（mm²）	断裂载荷（KN）	抗拉强度（MPa）	断裂部位和特征
L-1	20.0	3.8	76	34	447	热影响区、韧性

续表

单位名称：	××工程设备有限公司					
焊接工艺评定报告编号	PQR02		预焊接工艺规程编号	pWPS02		
焊接方法	SMAW		机械化程度（手工、半自动、自动）		手工	
L-1	20.0	3.8	76	34	447	热影响区、韧性

弯曲试验 GB/T 2653—2009　　　　　　　　　　　　　　　　　　　试验报告编号：　　PQR02　　

试样编号	试样类型	试样厚度（mm）	弯心直径（mm）	弯曲角度（°）	试验结果
W-1	面弯	4	16	180	合格
W-2	背弯	4	16	180	合格
W-3	面弯	4	16	180	合格
W-4	背弯	4	16	180	合格

冲击试验　　　　　　　　　　　　　　　　　　　　　　　　　　　试验报告编号：＿＿／＿＿

试样编号	试样尺寸	缺口类型	缺口位置	试验温度（℃）	冲击吸收功（J）	备注
/	/	/	/	/	/	/
/	/	/	/	/	/	/
/	/	/	/	/	/	/
/	/	/	/	/	/	/
/	/	/	/	/	/	/
/	/	/	/	/	/	/
/	/	/	/	/	/	/
/	/	/	/	/	/	/
/	/	/	/	/	/	/

金相检验（角焊缝）：
根部（焊透、未焊透）＿＿／＿＿，焊缝（熔合、未熔合）＿＿／＿＿
焊缝、热影响区（有裂纹、无裂纹）＿＿＿＿＿＿／＿＿＿＿＿＿

检验截面	Ⅰ	Ⅱ	Ⅲ	Ⅳ	Ⅴ
焊脚差（mm）	/	/	/	/	/

无损检验：
RT＿＿无裂纹（100%Ⅱ级）＿＿　　　　　　UT＿＿＿＿＿／＿＿＿＿＿
MT＿＿＿＿＿／＿＿＿＿＿　　　　　　PT＿＿＿＿＿／＿＿＿＿＿
其他＿＿＿＿＿／＿＿＿＿＿

耐蚀堆焊金属化学成分（质量，%）

C	Mn	Si	P	S	Cr	Ni	Mo	V	Ti	Nb
/	/	/	/	/	/	/	/	/	/	/

化学成分测定表面至熔合线的距离（mm）＿＿＿＿＿＿／＿＿＿＿＿＿

续表

单位名称：	××工程设备有限公司								
焊接工艺评定报告编号　　PQR02　　预焊接工艺规程编号　　pWPS02									
焊接方法　　　SMAW　　　　机械化程度(手工、半自动、自动)　　　手工									
附加说明：　/									
结论：　　本评定按 NB/T 47014—2011 规定焊接试件、检验试样、测定性能、确认记录正确，									
评定结果：　　　　　　　　　合格									
焊工姓名	×××			焊工代号	×××	施焊日期		×××	
编制	×××	日期	×××	审核	×××	日期	×××	批准	×××	日期	×××
第三方检验	××××××××××××××								

工作任务 编制分离器对接焊缝焊接工艺评定报告（PQR01）

按照以下步骤,逐步完成分离器 8 mm Q235B 对接焊缝焊接工艺评定报告（PQR01）：
1)依据施焊记录、无损检测报告和力学性能试验报告等,编制焊接工艺评定报告；
2)学习 NB/T 47014—2011 中对焊接工艺评定试样拉伸、弯曲和冲击试验的合格指标；
3)查阅 Q235B 材料标准等,按照 NB/T 47014—2011 分析拉伸、弯曲和冲击试验结果是否合格；
4)按照标准要求,判断焊接工艺评定报告是否合格。

焊接工艺评定报告（样表）

复习思考

一、单选题

1. 在填写焊接工艺评定报告中的电特性时,其中的"其他"一栏一般填写（　　）。
   A. 热输入的平均值　　B. 热输入的最大值　　C. 热输入的最小值　　D. 焊接电流
2. 根据 GB/T 2653—2008 规定,在弯曲试验中,"对接焊缝试件的弯曲试样弯曲到规定角度"。这里的"规定角度"指的是（　　）。
   A. 90°　　　　　　　B. 120°　　　　　　　C. 150°　　　　　　　D. 180°

二、多选题

1. 编制焊接工艺评定报告（PQR02）需要准备的材料有（　　）。
   A. 焊接记录　　　　B. 预焊接工艺规程　　C. 无损检测报告　　D. 力学性能试验报告
2. 按 NB/T 47014—2011 规定,焊接工艺评定报告要对下列（　　）进行确认正确。
   A. 焊接试件　　　　B. 检验试样　　　　　C. 测定性能　　　　D. 焊接工艺规程
3. 对接焊缝试件的弯曲试样弯曲到规定角度后,合格的要求有（　　）。
   A. 其拉伸面上的焊缝和热影响区内,沿任何方向不得有单条长度大于 3 mm 的开口缺陷
   B. 试样的棱角开口缺陷一般不计

C. 弯曲试样的焊缝必须对中

D. 由未熔合、夹渣或其他内部缺欠引起的棱角开口缺陷长度应该记入

4. 按 NB/T 47014—2011 规定,钢质焊接接头冲击试验合格的指标为(　　)。

A. 试验温度应不低于钢材标准规定冲击试验温度

B. 每个区 3 个标准试样为一组的冲击吸收能量平均值符合设计文件或相关技术文件规定,且不应低于标准规定值

C. 至多允许一个试样的冲击吸收能量低于规定值,但不得低于规定值的 70%

D. 试验温度应不高于钢材标准规定的冲击试验温度

三、判断题

1. 焊接工艺评定是为验证所拟定的焊件焊接工艺的正确性而进行的试验过程及结果评价。　(　　)

2. 焊接工艺评定报告中接头简图上的数据是根据预焊接工艺规程标注的。　(　　)

3. 在电特性的"其他"这一栏填写的是焊接热输入的平均值。　(　　)

4. 某标准冲击试样的冲击吸收能量合格标准为 24 J,现有 5 mm × 10 mm × 55 mm 的试样,其冲击试验热影响区的三个冲击试验的数值分别为 11 J、12 J 和 15 J,由此判断其热影响区的冲击韧性合格。　(　　)

5. 弯曲试验后,弯曲试样没有任何开裂但焊缝不对中,则弯曲试验合格。　(　　)

6. 按 NB/T 47014—2011 规定,钢质母材规定的抗拉强度最低值,等于其标准规定的抗拉强度下限值。
　(　　)

项目七

编制对接焊缝焊接工艺规程（WPS01）

工作分析

依据 NB/T 47014—2011 要求和评定为合格的焊接工艺评定报告（PQR01），分析对接焊缝焊接工艺评定规程，理解掌握焊接工艺评定的重要因素、补加因素和次要因素，编制 8 mm Q235B 焊条电弧焊对接焊缝焊接工艺规程（WPS01）。

基本工作思路：

1）分析焊接工艺评定报告的编制流程；

2）理解 NB/T 47014—2011 中焊条电弧焊的专用焊接工艺评定因素，掌握重要因素、补充因素和次要要素；

3）区分 pWPS、PQR、WPS 三者的异同，正确理解各参数含义；

4）按照 NB/T 47014—2011，根据合格的焊接工艺评定报告，编制对接焊缝的焊接工艺规程。

学习目标

1. 理解 NB/T 47014—2011 中焊条电弧焊的专用焊接工艺评定因素，掌握重要因素、补充因素和次要要素；

2. 熟悉焊接工艺评定报告的编制流程和焊接工艺规程的格式；

3. 能够按照 NB/T 47014—2011 要求和合格的焊接工艺评定报告，编制焊接工艺规程；

4. 具有查阅资料、自主学习和勤于思考的能力；

5. 具有尊重和自觉遵守法规、标准的意识；

6. 具有团队协作意识和语言表达能力；

7. 具有踏实细致、认真负责的工作态度；

8. 具有良好的职业道德和敬业精神。

技能资料一　焊接工艺规程的编制流程

焊接工艺评定报告合格后,按照 NB/T 47014—2011 和图 7-1 的要求编制焊接工艺规程。

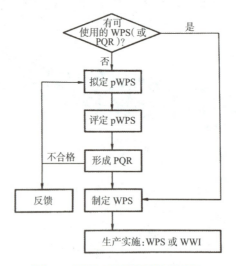

图 7-1　焊接工艺规程的编制流程

技能资料二　焊接工艺评定报告（PQR）与工艺规程（WPS）的关系

对于锅炉和压力容器产品来说，每一份焊接工艺规程（WPS）都必须有相对应的焊接工艺评定报告（PQR）作支撑。由于焊接工艺规程的内容包括了焊接工艺的重要参数和次要参数，不论重要参数还是次要参数发生改变，都需重新编制焊接工艺规程；而对于焊接工艺评定报告只有当重要参数改变时，才需重新进行焊接工艺评定。因此，一份焊接工艺评定报告可以支持若干份焊接工艺规程。

例如，一份完成的平焊位置焊接工艺评定报告，可以同时支持横焊、立焊和仰焊位置的焊接工艺规程，只要其所有的重要参数在所评定的范围之内。其他次要因素的变化也可采取相同的办法处理。

反之，一份焊接工艺规程可能需要多份焊接工艺评定报告的支撑。例如，一条厚壁容器的焊缝采用两种不同的焊接方法焊成，打底焊缝采用CO_2气体保护焊，填充层和盖面层采用埋弧焊，该焊接工艺规程应由相应评定厚度的CO_2气体保护焊以及埋弧焊的两份焊接工艺评定报告所支撑。某些采用组合焊工艺的焊接接头甚至需要3份或4份焊接工艺评定报告。

采用组合焊工艺完成的接头，焊接工艺规程也可以一份焊接工艺评定报告为依据，按产品接头焊接工艺所规定的每种焊接方法所焊制的焊缝厚度焊制评定试板，所切取的接头拉伸和弯曲试样，应能基本反映各种焊接方法所焊焊缝部分的力学性能。另一种做法是，对组合焊工艺所使用的每种焊接方法，单独焊制一副试板，试板的厚度至少为12 mm，这些试板的焊接工艺评定报告可用于相对应的焊接方法和焊缝厚度，包括根部焊道。

采用组合焊工艺的焊接接头的焊接工艺评定报告，也可以按每种焊接方法或工艺所评定的焊缝厚度，分别支持只采用一种焊接方法或工艺所焊接头的焊接工艺规程，条件是其他所有重要参数完全相同或在所评定的范围之内。

技能资料三　pWPS、PQR、WPS 对比分析

关于 NB/T 47014—2011 中的通用焊接工艺评定因素和评定规则、各种焊接方法、专用焊接工艺评定因素，以及承压设备焊接工艺评定试件分类对象等内容，在"项目二　确定分离器焊接工艺评定项目"中已做详述，在编写焊接工艺规程（WPS）时，应进一步加深理解并更好地应用。

对于预焊接工艺规程（pWPS）、焊接工艺评定报告（PQR）和焊接工艺规程（WPS），在填写过程中，三者有哪些异同呢？以下按照 NB/T 47014—2011 中通用焊接工艺评定因素和评定规则来对比分析。

1. 焊接方法

NB/T 47014—2011 第 6.1.1 条规定：改变焊接方法，需要重新进行焊接工艺评定。

在编制 pWPS 时，分析产品技术要求、接头形式、焊接位置、母材特性，及企业的设备条件、技术水平，并综合考虑经济效益等，最终确定了焊接工艺评定所采用的焊接方法。编制 PQR 时，是按照 pWPS 进行验证的，所以焊接方法与 pWPS 一致。根据 NB/T 47014—2011 的相关规定，只要改变焊接方法就需重新评定，所以 WPS 中的焊接方法也不能改变。故三者的焊接方法是一样的。

2. 母材

在编制 pWPS 时，根据企业产品特点及评定覆盖范围，选择合适的评定母材，查阅 NB/T 47014—2011，确定母材的类别号和组别号。编制 PQR 时，实际试验选用的母材基本和 pWPS 一致。但是，在编制 WPS 时，需要按照 PQR 和 NB/T 47014—2011 第 6.1.2 条母材评定规则，填写可以覆盖的所有类别号和组别号母材，是一个母材的范围，而不是某一种母材。

3. 填充金属

在编制 pWPS 时，根据所评定母材和焊接方法，选择合适的焊接材料，查阅 NB/T 47014—2011，确定填充金属的分类代号。编制 PQR 时，实际评定试验用的焊接材料，基本和 pWPS 一致。而编制 WPS 时，是按照 PQR 和 NB/T 47014—2011 第 6.1.3 条的填充金属评定规则，填写焊接可以采用的所有填充金属的分类代号，是一个填充金属范围，而不是某一种填充金属。

4. 焊件厚度

在编制 pWPS 时，分析 NB/T 47014—2011 第 6.1.5 条的试件厚度评定规则，选择符合企业需求的试件厚度，尽量多地覆盖企业常用的厚度范围，减少工艺评定数量，充分考虑经济效益。实际编制 PQR 时，评定的试件厚度基本和 pWPS 一致。但 WPS 与者不同，WPS 根据 PQR 和 NB/T 47014—2011 第 6.1.5 条试件厚度评定规则，确定试件评定合格后能够焊接的所有厚度，只要焊接厚度在厚度覆盖范围内都是允许的。

5. 熔覆金属厚度

在编制 pWPS 时，根据 NB/T 47014—2011 第 6.1.5 条的试件厚度评定规则，分析企业生产条件，选择不

同焊接方法对应的熔敷金属厚度。在编制 PQR 时，填写实际测量到的各种焊接方法的熔敷金属厚度，实际测量厚度与 pWPS 中预想的厚度一般会有所偏差。而在 WPS 中，根据 PQR 中的实际熔覆金属厚度和 NB/T 47014—2011 第 6.1.5 条的试件厚度评定规则，填写每种焊接方法的熔敷金属厚度范围。

6. 焊后热处理

NB/T 47014—2011 第 6.1.4.1 条规定：改变焊后热处理类别，需重新进行焊接工艺评定。

在 pWPS 编制时，根据产品技术要求和试件材料的焊接性，选择合适的焊后热处理方法。在编制 PQR 时，必须按照 pWPS 填写，焊后热处理方法与 pWPS 一致。而编制 WPS 时，根据 NB/T 47014—2011 的规定，焊后热处理方法也是不能改变的，也必须和 PQR 一致。

工作实施

工作案例 编制4 mm Q235B焊条电弧焊焊接工艺规程（WPS02）

依据合格的空气储罐对接焊缝工艺评定，编制焊接工艺规程。当变更次要因素时，不需要重新评定焊接工艺，但需要重新编制预焊接工艺规程。例如，当重要因素、补加因素不变时，评定合格的对接焊缝试件的焊接工艺也适用于角焊缝焊件，其含义是，根据对接焊缝试件的焊接工艺评定报告重新编制角焊缝焊件的预焊接工艺规程。此时，角焊缝试件的焊接工艺已由对接焊缝试件评定报告检证过了；依据该对接焊缝试件的焊接工艺评定报告还可以编制焊工考试的预焊接工艺规程等。因此可以看出，依据一份评定合格的焊接工艺评定报告，可以编制出多种焊件的焊接工艺规程。焊接工艺规程的格式见表7-1。为简化起见，将表格中各项目的内容都用数字代号表示。

表7-1 焊接工艺规程（WPS）

单位名称_____（1）_____
预焊接工艺规程编号___（2）___ 日期___（3）___ 所依据焊接工艺评定报告编号___（4）___ 焊接方法___（5）_____ 机械化程度（手工、机动、自动）___（6）___

焊接接头：（7） 坡口形式_____ 衬垫（材料及规格）_____ 其他_____	简图：（接头形式、坡口形式与尺寸、焊层、焊道布置及顺序）
母材： 类别号__（8）__ 组别号__（9）__ 与类别号__（10）__ 别号__（11）__ 相焊或 标准号__（12）__ 钢号__（13）__ 与标准号__（14）__ 钢号__（15）__ 相焊 对接焊缝焊件母材厚度范围_____（16）_____ 角焊缝焊件母材厚度范围_____（17）_____ 管子直径、壁厚范围：对接焊缝___（18）___ 角焊缝___（19）___ 其他：_____	

填充金属：（20）		
焊材类别		
焊材标准		
填充金属尺寸		
焊材型号		
焊材牌号（金属材料代号）		
填充金属类别		

续表

单位名称 _____（1）_____
预焊接工艺规程编号 ___（2）___ 日期 ___（3）___ 所依据焊接工艺评定报告编号 ___（4）___
焊接方法 ___（5）___ 机械化程度（手工、机动、自动） ___（6）___

其他 _____ 对接焊缝焊件焊缝金属厚度范围 ___（16）___ 角焊缝焊件焊缝金属厚度范围 ___（17）___

耐蚀堆焊金属化学成分(%)（21）

C	Si	Mn	P	S	Cr	Ni	Mo	V	Ti	Nb

其他：_____ 注：对每一种母材与焊接材料的组合均需分别填表

焊接位置：（22）
对接焊缝位置_____
立焊的焊接方向（向上、向下）_____
角焊缝位置_____
立焊的焊接方向（向上、向下）_____

焊后热处理：（23）
温度范围（℃）_____
保温时间范围（h）_____

预热：（24）
最小预热温度（℃）_____
最大道间温度（℃）_____
保持预热时间_____
加热方式_____

气体：（25）
　　　　　气体种类　　混合比　　流量（L/min）
保护气　　_____　_____　_____
尾部保护气　_____　_____　_____
背面保护气　_____　_____　_____

电特性：（26）
电流种类_____　　　　　极性_____
焊接电流范围（A）_____　电弧电压（V）_____
钨极类型及直径_____　　喷嘴直径（mm）_____
焊接电弧种类（喷射弧、短路弧等）_____　焊丝送进速度（cm/min）_____
（按所焊位置和厚度，分别列出电流和电压范围，记入下表）

焊道/焊层	焊接方法	填充材料			焊接电流	电弧电压（V）	焊接速度（cm/min）	线能量（kJ/cm）
		牌号	直径	极性	电流（A）			

技术措施：（27）
摆动焊或不摆动焊_____　　　摆动参数_____
焊前清理和层间清理_____　　背面清根方法_____
单道焊或多道焊（每面）_____　单丝焊或多丝焊_____
导电嘴至工件距离（mm）_____　锤击_____
其他_____

编制		日期		审核		日期		批准		日期	

将焊接工艺规程（WPS）(表7-1)中各数字代号对应的填写内容逐一说明如下。

（1）~（6）基本情况

按照实际情况填写。

（7）焊接接头

在进行焊接工艺评定时，焊接接头部分是按照预焊接工艺规程（pWPS）执行的，而在编制焊接工艺规程（WPS）时，需要结合 NB/T 47014—2011 第 5.2.2 表 6 规定。在 NB/T 47014—2011 的表 6 "各种焊接方法的专用焊接工艺评定因素"中，所有接头因素的改变既不是重要因素也不是补加因素，那么在实际生产中焊接接头的形式，包括坡口形式、衬垫形式都是可以根据实际改变的。针对空气储罐 4 mm Q235B 焊条电弧焊焊接工艺规程（WPS02），焊接接头内容的填写同 pWPS02 一致即可。

（8）~（15）母材

在 pWPS 的母材内容时，应依据 pWPS 中母材适用范围的相应内容。NB/T 47014—2011 第 6.1.2.1 条规定：母材类别号改变，需要重新进行焊接工艺评定，所以（8）和（10）的类别号不能改变，应同 pWPS 一致。根据 NB/T 47014—2011 第 6.1.2.2 规定，组别号 Fe-1-1 的母材，适用范围是同类别号同组别号的所有母材，所以（9）和（11）的组别号也应同 pWPS 一致。针对 WPS02 中的（12）~（15）项，同 pWPS02 一致即可。

（16）~（19）厚度范围

空气储罐 4 mm Q235B 焊条电弧焊焊接工艺规程（WPS02）的此部分内容与其预焊接工艺规程（pWPS02）一致即可。

（20）填充金属

此部分需要重点注意两个内容：填充金属尺寸和类别。

1）填充金属尺寸。NB/T 47014—2011 的表 6 规定："焊条的直径改为大于 6 mm"是补加因素，改变此项需要增补冲击试验，实际是重新焊接工艺评定。在 pWPS02 中，实际母材厚度覆盖范围是 2~8 mm，不可能使用 6 mm 以上焊条，所以填充金属只要小于 6 mm 即可，此处按 pWPS02 填写 "φ3.2"。

2）填充金属类别。NB/T 47014—2011 的 6.1.3.2 a)规定：用非低氢型药皮焊条代替低氢型药皮焊条为补加因素。我们在编制 pWPS02 时已经考虑这个问题，为了在实际产品焊接中能够使用低氢型药皮焊条，我们选用了非低氢型药皮的 E4303 焊条，所以在实际焊接时，既可以使用非低氢型药皮焊条 E4303，也可以使用低氢型药皮焊条 E4315。针对 WPS02，此处填写 E4303 即可。

填充金属部分的其他内容，均与 pWPS02 一致。

（21）耐蚀堆焊

此部分空气储罐 4 mm Q235B 焊条电弧焊对接焊缝不适用，相应内容全部划 "/"。

（22）焊接位置

在编写 pWPS02 时，需要充分考虑产品构件的几何形状、结构类型、工件厚度、接头形式、企业的设备条件、技术水平，综合经济效益来选择焊接位置，能选择平焊焊接则尽量选择平焊，质量容易保证，生产效率高。所以我们在编制 pWPS02 时，选择平焊（1G）。焊接工艺评定报告时，焊接位置按照 pWPS02 填写，即 PQR02 中也填写平焊（1G）。

WPS02 中焊接位置的填写按照 NB/T 47014—2011 的表 6 的规定，从评定合格的焊接位置改变为"向上立焊"是补加因素，需要增补冲击试验，实际需要重新进行工艺评定，所以依据 PQR02 的焊接位置"平焊（1G）"，在 WPS01 中的焊接位置处，可填写平焊（1G）、横焊（2G）、立焊（3G 立向下）和仰焊（4G），不能填写立焊（向上立焊）。

（23）焊后热处理

按照实际情况填写。

（24）预热

1）最小预热温度。编制 pWPS02 时，焊接试板是 4 mm 的 Q235B，其焊接性良好，脆硬倾向小，不需要预热，所以一般焊接温度在 5~50 ℃之间，就填写室温。编制焊接工艺评定报告时，PQR02 的预热温度，根据焊接工艺评定试板焊接前记录的实际温度来填写，基本也是室温。编制 WPS02 时，根据 NB/T 47014—2011 的表 6 的规定，预热温度比已评定合格值降低 50 ℃以上时，需要重新评定，所以 PQR02 预热温度如果是 30 ℃，那 WPS02 的预热温度不能低于-20。事实上，按照 GB150.4—2010 第 7.1.3 条规定，焊件温度低于 0 ℃，应预热至 15 ℃以上。所以最低预热温度一般填写 5 ℃。

2）最大道间温度。编制 pWPS02 时，根据 4 mm Q235B 焊接试板的焊接性能，按照 NB/T 47015—2011 的第 4.4.3 条规定，低碳钢最大预热温度和道间层间温度不宜大于 300 ℃。所以在 pWPS02 中，填写 ≤300 ℃。PQR02 中的最大道间温度，根据焊接焊接工艺评定试板过程中每层或道焊接前记录的实际温度来填写，填写所有记录中最高的温度，即 235 ℃。编制 WPS02 时，根据 NB/T 47014—2011 表 6 的规定，层（道）间温度比已评定合格值高 50°C 以上时需要增加冲击试验，也就是要重新评定。依据 PQR02 中的 235 ℃，那么 WPS02 中最大道间温度应为 235 ℃ + 50 ℃ = 285 ℃，一般填写 280 ℃。

预热部分的其他内容，WPS02 不涉及，故划"/"。

（25）气体

按照实际情况填写。

（26）电特性

编制 pWPS02 时，焊接工艺参数是我们希望评定的，一般线能量偏大，不是最佳参数，而 WPS02 中的焊接工艺参数应是最佳的。

对于电流种类、极性　编制 pWPS02 时，为了在实际产品焊接中既能使用酸性焊条又能使用碱性焊条，填写的是直流反接。根据 NB/T 47014—2011 的表 6 关于电特性 1）中规定，改变电流种类或极性为补加因素，实际需重新做评定，故在焊接工艺规程（WPS02）中仍然填写直流反接。

根据 NB/T 47014—2011 的表 6 关于电特性 2）的规定，增加线能量或单位长度焊道的熔覆金属体积超过评定合格值时，线能量为补加因素。所以在编制 WPS02 时，由最佳焊接工艺参数计算的线能量不能超过焊接工艺评定报告（PQR02）的合格值（17.1 kJ/cm）。这样的工艺参数应是生产中使用比较合理的。

（27）技术措施

根据 NB/T 47014—2011 的表 6，技术措施中只有第 8 条由每面多道焊改为每面单道焊，其为补加因素，实际 pWPS02 和 PQR02 中均为单道焊，故产品焊接时即可采用单道焊也可采用多道焊，那么 WPS02 中也填写"单道焊"。因其他技术措施项目均不是重要因素或补加因素，可根据实际情况填写。

WPS02 中的编制、审核、批准同 PQR02 的相关要求。

编制完成的 4 mm Q235B 焊条电弧焊焊接工艺规程（WPS02）见表 7-2。

表 7-2　4 mm Q235B 焊条电弧焊焊接工艺规程（WPS02）

单位名称	××工程设备有限公司		
预焊接工艺规程编号　pWPS02　日期　　　　　所依据焊接工艺评定报告编号　PQR02			
焊接方法　　SMAW　　　机械化程度（手工、机动、自动）　　手工			

焊接接头：
坡口形式　　V形坡口
衬垫（材料及规格）　母材和焊缝金属
其他　　　/

简图：（接头形式、坡口形式与尺寸、焊层、焊道布置及顺序）

母材：
类别号　Fe-1　组别号　Fe-1-1　与类别号　Fe-1　别号　Fe-1-1　相焊或
标准号　/　钢号　Q235B　与标准号　/　钢号　Q235B　相焊
对接焊缝焊件母材厚度范围　　2~8 mm
角焊缝焊件母材厚度范围　　不限
管子直径、壁厚范围：对接焊缝　2~8 mm　角焊缝　不限
其他：　　　/

填充金属：

焊材类别：	FeT-1-1	/
焊材标准：	GB/T 5117—2012、NB/T 47018.2—2017	/
填充金属尺寸：	φ3.2	/
焊材型号：	E4303	/
焊材牌号（金属材料代号）：	J422	/
填充金属类别：	焊条	/

其他：　　/
对接焊缝焊件焊缝金属厚度范围　≤8 mm　角焊缝焊件焊缝金属厚度范围　不限
耐蚀堆焊金属化学成分（%）

C	Si	Mn	P	S	Cr	Ni	Mo	V	Ti	Nb
/	/	/	/	/	/	/	/	/	/	/

其他：　　　/

注：对每一种母材与焊接材料的组合均需分别填表

焊接位置：
对接焊缝位置　　　平、横、立、仰
立焊的焊接方向（向上、向下）　　向下
角焊缝位置　　　平、横、立、仰
立焊的焊接方向（向上、向下）　　向下

焊后热处理：
温度范围（℃）　　/
保温时间范围（h）　　/

预热：
最小预热温度（℃）　　5（室温）
最大道间温度（℃）　　<280
保持预热时间　　　/
加热方式　　　/

气体：

	气体种类	混合比	流量（L/min）
保护气	/	/	/
尾部保护气			
背面保护气			

续表

单位名称 _____(1)_____

预焊接工艺规程编号 __(2)__ 日期 __(3)__ 所依据焊接工艺评定报告编号 __(4)__
焊接方法 __(5)__ 机械化程度（手工、机动、自动） __(6)__

电特性：
电流种类 _____直流（DC）_____　　极性 _____反接（EP）_____
焊接电流范围（A） _____90~120_____　　电弧电压（V） _____24~26_____
焊接速度（范围） _____10~13_____
钨极类型及直径 _____/_____　　喷嘴直径（mm） _____/_____
焊接电弧种类（喷射弧、短路弧等） _____/_____　　焊丝送进速度（cm/min） _____/_____
（按所焊位置和厚度，分别列出电流和电压范围，记入下表）

焊道/焊层	焊接方法	填充材料		焊接电流		电弧电压（V）	焊接速度（cm/min）	线能量（kJ/cm）
		牌号	直径	极性	电流（A）			
1	SMAW	J422	$\varphi 3.2$	DCEP	90~105	24~26	10~13	16.4
2	SMAW	J422	$\varphi 3.2$	DCEP	110~120	24~26	10~13	17.0

技术措施：
摆动焊或不摆动焊 _____不摆动焊_____　　摆动参数 _____/_____
焊前清理和层间清理 _____磨+刷_____　　背面清根方法 _____碳弧气刨+打磨_____
单道焊或多道焊（每面） _____单道或多道_____　　单丝焊或多丝焊 _____/_____
导电嘴至工件距离（mm） _____/_____　　锤击 _____/_____
其他：_____环境温度>0℃　　相对湿度<90%_____

编制	×××	日期	×××	审核	×××	日期	×××	批准	×××	日期	×××

工作任务　编制分离器对接焊缝焊接工艺规程（WPS01）

1. 分析 NB/T 47014—2011 对接焊缝焊接工艺评定规则；
2. 理解 NB/T 47014—2011 焊条电弧焊的专用焊接工艺评定因素，掌握重要因素、补充因素和次要要素；
3. 区分 pWPS、PQR、WPS 三者的异同，正确理解各参数含义；
4. 按照 NB/T 47014—2011，根据合格的分离器对接焊缝焊接工艺评定，编制其焊接工艺规程（WPS01）。

焊接工艺规程（样表）

一、单选题

1. 下列（　　）选项的 pWPS、PQR 和 WPS 完全一致。
   A. 焊接方法　　　B. 母材　　　C. 填充金属　　　D. 焊件厚度

二、多选题

1. 按照 NB/T 47014—2011，采用 FeT-1-1 焊接 Fe-1 评定合格后，选用（　　）类别的焊条使用时不需要重新评定。
   A.FeT-1-1　　　B.FeT-1-2　　　C.FeT-1-3　　　D.FeT-1-4

2. 未经高于上转变温度的焊后热处理或奥氏体母材焊后未经固溶处理时，焊条电弧焊评定合格后，当（　　）和由每面多道焊改为每面单道焊等因素时，需要增加冲击韧性试件并进行试验。
   A. 焊条直径改为大于 6 mm
   B. 从评定合格的焊接位置改为向上立焊
   C. 道间最高温度比经评定记录值高 50 ℃以上
   D. 增加热输入或单位长度焊道的熔敷金属体积超过评定合格值

三、判断题

1. NB/T 47014—2011 规定,预热温度比评定合格值降低 50 ℃以上是焊条电弧焊的重要因素。
（   ）

2. NB/T 47014—2011 规定,改变电流种类或极性是焊条电弧焊的补加因素,需增加冲击韧性试件并进行试验。
（   ）

3. NB/T 47014—2011 规定,改变焊接方法时,需要重新进行焊接工艺评定。   （   ）

项目八

编制分离器焊缝焊接工艺规程

工作分析

依据分离器的技术要求和需执行的法规和标准,以及合格的焊接工艺评定,确定合适的焊接工艺参数;按照《特种设备焊接操作人员考核细则》(TSG Z 6002—2019)选择分离器 A、B、C、D、E 类焊接接头焊接生产所需的持证焊工,编制分离器 A、B、C、D、E 类焊接接头的焊接作业指导书。

基本工作思路:

1)查阅《大容规》和 GB 150—2011 系列标准对分离器焊接生产的要求;

2)理解分离器需要的焊接工艺评定要求,确定每条焊缝的焊接工艺评定要求,编制焊接工艺评定一览表;

3)理解 TSG Z6002—2019 中关于持证焊工项目的内容;分析 A、B、C、D、E 类焊接接头的焊接方法、母材、焊接位置、厚度、管子直径、壁厚等要求,编制持证焊工合格项目一览表。

学习目标

1. 理解分离器焊接生产时《大容规》、GB 150—2011 系列、NB/T 47014—2011 的要求;
2. 熟悉《特种设备焊接操作人员考核细则》(TSG Z6002)对持证焊工的要求;
3. 理解 A、B、C、D、E 类焊接接头焊接持证焊工的项目和内容,能够为分离器 A、B、C、D、E 类焊接接头选择合适的焊接工艺评定和持证焊工;
4. 具有查阅资料、自主学习和勤于思考的能力;
5. 具有团队协作意识和语言表达能力;
6. 具有尊重和自觉遵守法规、标准的意识;
7. 具有踏实细致、认真负责的工作态度;
8. 具有良好的职业道德和敬业精神;
9. 具有终生学习和可持续发展的能力。

工作必备

技能资料一　焊接工艺规程的内容和要求

产品的焊接工艺规程由焊接接头编号表和焊接工艺卡(也称焊接作业指导书)等资料组成。焊接作业指导书指与制造焊件有关的加工和实践要求的细则文件,可保证由熟练焊工或操作工操作时,质量的再现。焊接接头的焊接工艺规程应能正确体现具体焊接要求和实施程序,包括设计、工艺、质保、检验、焊材、监督检查等各方面内容。

每台压力容器产品都有自身的特点,每个制造与安装单位也都有自身条件和工艺过程,没有必要也不可能规定各制造、安装单位依据统一的焊接规程焊制压力容器。编制标准的目的在于明确焊制压力容器的各个环节所允许与禁止的条款。当标准被图样技术条件采用后,标准中所规定的条款就必须执行,不得任意删改。

工艺人员应根据焊件设计文件、服役要求和制造现场条件,依据评定合格的焊接工艺,从实际情况出发,为每个焊接接头编制焊接工艺文件。

焊接工艺规程包括的主要内容如下:

1)产品图号、名称和生产令号等;
2)焊缝编号、焊接接头简图、母材材质、厚度、坡口形式及尺寸等;
3)焊材型号(牌号)、规格、烘干温度、保温时间和焊材定额等;
4)遵循的焊接工艺评定报告编号;
5)适用的焊工持证项目;
6)焊接工艺参数,包括选用的焊接设备、焊接电源、焊接电流、电弧电压、焊接速度、焊接热输入等;
7)焊接技术要求,包括预热温度、预热方式、层间温度、焊后处理等,还有焊接顺序、焊前清理、层间清理、焊后要求等内容。

焊接工艺规程由焊接工艺员编制,焊接责任人审核,特种设备安全监督检验研究院(以下简称"特检院")监察代表监督检查并确认后下达执行。焊接工艺规程一般要发放至生产车间和质量部,作为施焊与检验的指导文件,且在技术部、资料室存档。焊材定额提供给焊材二级库,作为焊材发放的工艺依据。

技能资料二　焊接工艺评定

NB/T 47014—2011 对焊接工艺评定的内容、方法和合格指标做出了规定,但没有对压力容器产品上哪些焊缝需要做评定、哪些焊缝不需要做评定做出规定。

《固定式压力容器安全技术监察规程》(TSG 21—2016)规定,压力容器产品施焊前,受压元件焊缝、与受压元件相焊的焊缝、熔入永久焊缝内的定位焊缝、受压元件母材表面堆焊与补焊,以及上述焊缝的返修焊缝都应当进行焊接工艺评定或者有评定合格的焊接工艺规程(WPS)支持。

NB/T 47015—2011 第 3.4.1 条规定,施焊下列各类焊缝的焊接工艺必须按 NB/T 47014—2011 评定合格。

1)受压元件焊缝;
2)与受压元件相焊的焊缝;
3)上述焊缝的定位焊缝;
4)受压元件母材表面堆焊、补焊。

"补焊"是对母材(钢板、锻件、铸件、机加工件母材)而言,而"返修焊"是对焊缝而言。"定位焊"焊缝通常只在坡口底部,如图 8-1 所示。有人准备模拟图 1-63 所示的实际情况,对焊接试件进行评定,这是不对的。事实上,定位焊缝实际上是对接焊缝,是在厚度为 T 的母材上焊接的,焊缝厚度为 t,用对接焊缝试件(坡口焊满、单面焊、双面焊皆可)评定合格的焊接工艺就可以用于该定位焊缝。同理,补焊焊缝也是对接焊缝,则对接焊缝试件评定合格的焊接工艺可以用于补焊焊缝。

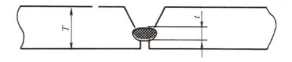

图 8-1　焊缝示例

迄今为止,仍然有单位对返修焊焊接工艺评定做如下规定:如果是第二次返修,那么在焊好的试件上,用返修方法清除焊缝再完全焊好,然后再清除焊缝再完全焊好,最后进行各种检测评定,称为"返修焊工艺评定";如果返修五次,那么必须在焊好的试件上反复 5 次进行"清除—焊接—清除—焊接"操作方可。这样认识返修焊的焊接工艺评定是错误的,即将焊接工艺评定当作"模拟件"对待。正确的做法:返修焊缝若是对接焊缝,则用对接焊缝试件评定合格的焊接工艺施焊返修焊缝即可。当重要因素、补加因素没有变更时,则可用施焊原焊缝的焊接工艺评定报告编制一份预焊接工艺规程,用于焊接返修焊缝,返修次数不作为焊接工艺评定因素。

分离器 C 类焊缝都是角焊缝,D 类焊缝是对接焊缝和角焊缝的组合焊缝,依据 NB/T 47014—2011,对接焊缝试件评定合格的焊接工艺适用于对接焊缝和角焊缝;当用于角焊缝时,焊件厚度的有效范围不限。所以,编制 C 类和 D 类焊缝的焊接工艺规程时,选择评定合格的对接焊缝焊接工艺即可。

目前,我们已经完成了两个焊接工艺评定,企业会将合格的焊接工艺评定编制成一览表(表 8-1),建立焊接工艺评定库,在编制产品焊接工艺规程时可以选用。

表 8-1 焊接工艺评定合格项目一览表

序号	PQR编号	焊接方法	母材		焊接材料		厚度范围(mm)		预热温度层间温度（PWHT，℃）	焊接位置冲击要求	接头形式
			牌号	规格（mm）	型号（牌号）	规格（mm）	母材熔覆厚度	焊缝金属厚度			
1	PQR01	SMAW	Q235B	8	E4303（J422）	φ3.2	8~16	≤16	常温<300（无）	1G 常温	对接
2	PQR02	SMAW	Q235B	4	E4303（J422）	φ3.2	2~8	≤8	常温<280（无）	1G	对接

技能资料三 焊接材料

1. 焊接材料种类

依据 NB/T 47015—2011 第 3.2 条，焊接材料包括焊条、焊丝、焊带、焊剂、气体、电极和衬垫等。

焊接材料是指参与焊接过程所消耗的材料。焊接材料并不限于焊条、焊丝、焊剂，还包括气体（CH_4、O_2、Ar、CO_2 等）、钨极、填充材料、金属粉和衬垫等。为确保压力容器的焊接质量，焊接材料必须要有产品质量证明书，并符合相应标准的规定，相应标准指国家标准、行业标准。分离器选用的焊条标准包括：《非合金钢及细晶粒钢焊条》（GB/T 5117—2012）、《热强钢焊条》（GB/T 5118—2012）、《不锈钢焊条》（GB/T 983—2012）、《熔化极气体保护电弧焊用非合金钢及细晶粒钢实心焊丝》（GB/T 8110—2020）、《熔化焊用钢丝》（GB/T 14957—1994）、《埋弧焊用非合金钢及细晶粒钢实心焊丝、药芯焊丝和焊丝——焊剂组合分类要求》（GB/T 5293—2018）、《氩》（GB/T 4842—2017）等。

2. 焊接材料的选用原则

依据 NB/T 47015—2011 第 3.2.2 条，焊接材料选用原则如下。

1）焊缝金属的力学性能应高于或等于母材规定的限值，当需要时，其他性能也不应低于母材相应要求；或力学性能和其他性能满足设计文件规定的技术要求。

2）合适的焊接材料应与合理的焊接工艺相配合，以保证焊接接头性能在经历制造工艺过程后，还满足设计文件规定和服役要求。

3）制造（安装）单位应掌握焊接材料的焊接性，用于压力容器的焊接材料应有焊接试验或实践基础。

依据 NB/T 47015—2011 第 3.2.3 条，压力容器用焊接材料应符合 NB/T 47018—2017 的规定。

依据 NB/T 47015—2011 第 3.2.4 条，焊接材料应有产品质量证明书，并符合相应标准的规定。使用单位应根据质量管理体系规定按相关标准验收或复验，合格后方准使用，即必须根据母材的化学成分、力学性能、焊接性并结合压力容器的结构特点、使用条件及焊接方法综合考虑选用焊接材料，必要时通过试验确定。

焊缝金属的性能应高于或等于相应母材标准规定值的下限或满足图样规定的技术条件要求。

焊接材料标准或产品样本上所列性能都是焊材熔敷金属（不含母材金属）性能，而焊接接头性能取决于焊缝金属（包括焊材熔敷金属和母材金属）和焊接工艺，目前没有任何一种焊接材料在焊接过程中可以作用于焊接接头中的热影响区而改变它的性能，从选用焊接材料来说只能考虑焊缝金属性能，为保证焊接接头性能还需焊接工艺（特别是焊后热处理、热输入）配合。NB/T 47015—2011 规定的"焊缝金属的性能应高于或等于相应母材标准规定值的下限或满足图样规定的技术条件要求"作为选用焊接材料的总方针。

NB/T 47015—2011 将 GB 150—2011 系列标准中的低合金钢按其使用性能分为强度型低合金钢、耐热型低合金钢，这样划分实际上也与它们的焊接特点相适应。

有人认为"通过焊接工艺评定，确定了焊接材料"这种说法是不全面的。例如，焊接 Q345R 钢，下列焊条都可以通过焊接工艺评定：J506、J507、J507R、J507G、J507RH、J507DF 等。但施焊产品使用哪个牌号则要考虑诸多因素。例如：从焊接设备考虑，J506 适用交流焊机，J507 适用直流焊机；从抗裂性考虑，J507RH 优于 J507；在容器内部施焊时，从劳动保护考虑，J507DF（低尘）要优于 J507；从提高效率方面考虑，铁粉焊条 J507Fe 优于 J507。

综合考虑上述因素后,才最终确定焊条牌号。

NB/T 47015—2011 第 4.1.1 条规定,相同钢号的碳素钢相焊时,选用的焊接材料应保证焊缝金属的力学性能高于或等于母材规定的限值,或符合设计文件规定的技术条件。

3. 焊接材料的使用

使用焊材前,焊丝需去除油、锈;保护气体应保持干燥。除真空包装外,焊条、焊剂应按产品说明书规定的规范进行再烘干,经烘干之后可放入保温箱内(100~150 ℃)待用。对烘干温度超过 350 ℃ 的焊条,累计烘干次数不宜超过 3 次。

当焊接接头拘束度大时,推荐采用抗裂性能更好的焊条施焊。从抗裂性来讲,低氢型药皮焊条优于非低氢型药皮焊条,而带"H"的超低氢型焊条和带"RH"的高韧性超低氢型焊条又优于低氢型药皮焊条。

技能资料四　焊接坡口

焊接坡口应根据图样要求或工艺条件选用标准坡口或自行设计。

1. 焊接坡口应考虑的因素

1) 焊接方法；
2) 母材种类与厚度；
3) 焊缝填充金属尽量少；
4) 避免产生缺陷；
5) 减少焊接变形与残余应力；
6) 有利于焊接防护；
7) 焊工操作方便；
8) 复合材料的坡口应有利于减少过渡焊缝金属的稀释率。

2. 坡口准备

1) 用碳素钢和抗拉强度下限值不大于 540 MPa 的强度型低合金钢制备坡口时，可采用冷加工法或热加工法。
2) 焊接坡口表面应保持平整，不应有裂纹、分层、夹杂物等缺陷。

3. 坡口组对定位

1) 组对定位后，坡口间隙、错边量、坡口角度等应符合图样规定或施工要求。
2) 避免强力组装，定位焊缝长度及间距应符合焊接工艺文件的要求。
3) 焊接接头拘束度大时，宜采用抗裂性能更好的焊材施焊。
4) 定位焊缝不得有裂纹，否则应清除重焊，如存在气孔、夹渣时也应去除。
5) 熔入永久焊缝内的定位焊缝两端应便于接弧，否则应予修整。

4. 坡口形式和尺寸

坡口形式有 I 形、V 形、X 形、K 形、U 形、J 形、喇叭形等。
坡口尺寸包括坡口角度 α，坡口面角 α_1，钝边 p，根部间隙 b，根部半径（又称圆角半径）R，如图 8-2 所示。

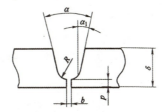

图 8-2　坡口尺寸图

相对于其他焊接参数，焊接坡口与制造单位的实际情况有着更密切的联系，焊接坡口变化并不影响焊接接头的力学性能，因此没有必要，也难以制定出压力容器焊接坡口强制执行标准。相关标准中规定"焊接坡口应根据图样要求或工艺条件选用标准坡口或自行设计"。坡口标准可参照《气焊、焊条电弧焊、气体保护焊和高能束焊的推荐坡口》(GB/T 985.1—2008)、《钢制化工容器结构设计规范》(HG/T 20583—2020)等。各标准中所列坡口形式和尺寸都是可行的,确保焊接接头与母材等强,但不一定是最佳的,最佳的焊接坡口只有结合制造单位的实际条件才能确定。

设计焊接坡口时,必须根据产品设计的有关规范标准(如低温容器不允许采用未焊透的焊接结构;承受疲劳的容器,其焊缝余高需打磨齐平),还要考虑母材的焊接性、结构的刚性、焊接应力、焊接方法的特点及熔深。焊接奥氏体不锈钢时,还要注意坡口形式和尺寸对耐蚀性的影响。

焊接坡口设计的根本目的在于确保接头根部焊透,并使两侧的坡口面熔合良好,故焊接坡口设计的两个因素是熔深和可焊到性,设计依据如下:

1)焊接方法;
2)母材的钢种及厚度;
3)焊接接头的结构特点;
4)加工焊接坡口的设备能力。

5. 焊接坡口的选用原则

(1)I形坡口的选用原则

I形坡口适合薄板和中厚板的高效焊接。单面焊时,焊一道完成;双面焊时,内外各焊一道完成。I形坡口适用厚度如下。

单面焊:δ_{min}=1.6 mm,b=0~0.5 mm;δ_{max}=12 mm,b=0~2.5 mm。

双面焊:δ_{min}=4 mm,b=0~0.5 mm;δ_{max}=20 mm,b=0~2.5 mm。

对于上述坡口尺寸,其最大焊接电流值一般不超过850~900 A,这样的热输入量对于低碳钢和 R_m<490 MPa 的强度型低合金钢来说,焊接接头的力学性能可满足要求。

(2)Y形坡口的选用原则

随着焊件板厚的增加,I形坡口便满足不了焊接要求。Y形坡口是I形坡口加V形坡口,形成的一种最常见的坡口形式。对于双面焊,它适用于厚度为 6~36 mm 的焊件,其中 6~12 mm 为坡口侧,采用焊条电弧焊;钝边侧采用埋弧焊。

(3)X形坡口的选用原则

适用 X 形坡口的板厚为 20~60 mm。

不对称的 X 形坡口得到广泛应用。一般情况下,取坡口角度较小侧为先焊侧。这样做既可避免焊穿,又可确保焊透且变形较小。随着板厚的增加,先焊侧不仅坡口角度要减小,而且先焊侧的坡口高度也应增大,以减少填充金属量,降低热输入,改善焊接接头的力学性能。

(4)U形坡口的选用原则

坡口的根部圆角半径值和坡口角度是相互影响的。圆角半径小、坡口角度大时,有利于焊机头倾斜操作,可防止边缘未熔合和咬边等缺陷。但随着板厚的增加,坡口角度增大,使熔敷金属量较大,由此带来焊接应力及效率低等不利因素。因此,厚壁容器应采用增大圆角半径(有利于消除热裂纹,因为焊缝成形系数得到改善)、缩小坡口角度的措施。特厚的容器应采用窄间隙 U 形坡口或变角 U 形坡口。双 U 形坡口是 U 形坡口的推广应用,适用厚度为 50~160 mm。

(5)组合形坡口的选用原则

组合形坡口是厚壁容器广泛应用的坡口形式,它的显著特点是采用的焊接规范不宜过大,严格控制热输入,因此钝边尺寸较小,一般钝边 p=2~4 mm。内侧坡口高度浅,一般取 H=(10±12)mm,内侧采用焊条电弧焊或气体保护焊。由于内外侧明显不对称,故用于环缝,而不用于纵缝和平板对接,否则将引起较大的角变形,不仅校正困难,而且在焊接过程中由于出现角变形而使焊接过程无法最终完成。

技能资料五　预热、后热和焊后热处理

1. 预热

预热可以降低焊接接头的冷却速度,防止母材和热影响区产生裂纹,改善焊接接头的塑性和韧性,减少焊接变形,降低焊接区的残余应力。

一般通过焊接性试验确定预热温度,通常采用的方法有斜Y形坡口焊接裂纹试验方法、T形接头拘束焊接裂纹试验方法、刚性固定裂纹试验方法、焊接热影响区最高硬度试验方法等。

根据经验公式求出在斜Y形坡口对接裂纹条件下,防止冷裂纹所需要的最低预热温度 T_0(℃),计算公式为

$$T_0 = 1440 P_C - 392$$

式中:P_C 为焊接冷裂纹敏感指数(%),$P_C = C + Si/30 + (Mn + Cu + Cr)/20 + Ni/60 + Mo/15 + V/10 + 5B + \delta/600 + [H]/60$(式中斜体化学成分字母表示各成分的质量分数,扩散氢含量 $[H] = 1 \sim 5$ mL/100 g,板厚 $\delta = 19 \sim 50$ mm),它不仅反映了母材的化学成分,又考虑了熔敷金属含氢量与拘束条件(板厚)的作用。

影响预热温度的因素很多,当遇有拘束度较大或环境温度低等情况时,还应适当提高预热温度。

预热常常会恶化劳动条件,使生产工艺复杂化;过高的预热和层间温度还会降低焊接接头的韧性,因此,焊前在确定是否需要预热和预热温度时,要认真考虑。

2. 后热

后热就是焊接后立即对焊件的全部或局部进行加热或保温,使其缓冷的工艺措施。它不等于焊后热处理。后热有利于焊缝中的扩散氢加速逸出,减少焊接残余变形与残余应力,所以后热是防止产生焊接冷裂纹的有效措施之一。采用后热还可以降低预热温度,有利于改善焊工劳动条件,后热对于容易产生冷裂纹又不能立即进行焊后热处理的焊件,更为有效。

1)对冷裂纹敏感性较大的低合金钢和拘束度较大的焊件应采取后热措施。

2)后热应在焊后立即进行。

3)后热温度一般为200~350 ℃,保温时间与后热温度、焊缝金属厚度有关,一般不少于30 min。温度达到200 ℃以后,氢在钢中大大活跃起来,消氢效果较好。后热温度的上限一般不超过马氏体转变终结温度,一般定为350 ℃。国内外标准都没有规定后热保温时间,根据工程实践经验,一般不低于0.5 h。保温时间与焊缝厚度有关,厚度越大,所需保温时间越长。

4)若焊后立即进行热处理,则可不进行后热。

3. 焊后热处理

依据NB/T 47015—2011,焊后热处理(Post Weld Heat Treatment,PWHT)是指为改善焊接区域的性能,消除焊接残余应力等有害影响,将焊接区域或其中部分的温度从金属相变点以下加热到足够高的温度,并保持一定的时间,而后均匀冷却的热过程。

焊后热处理是焊制压力容器的重要工艺,通过焊后热处理可以松弛焊接残余应力,软化淬硬区,改善组织,减少含氢量,提高耐蚀性,尤其是提高某些钢种的冲击韧性,改善力学性能及蠕变性能。但是焊后热处

理的温度过高,或者保温时间过长,反而会使焊缝金属结晶粗化,碳化物聚焦或脱碳层厚度增加,从而造成力学性能、蠕变强度及缺口韧性的下降。

在加热过程中,残余应力随着材料屈服点的降低而削弱,当达到焊后热处理温度后,就削弱到该温度的材料屈服点以下;在保温过程中,由于蠕变现象(高温松弛)残余应力得以充分松弛、降低。对于高温强度低的钢材和焊接接头,残余应力的松弛主要取决于加热过程的作用;而对于高温强度高的钢材,其残余应力的松弛虽然也取决于加热过程,但保温阶段的作用却相当重要。

对于高强度钢、铬钼钢和低温钢的焊缝金属,焊后热处理的温度越高、保温时间越长,其抗拉强度和屈服点越低。当然,焊缝金属的合金成分不同,强度下降的程度也不同。

焊缝金属的短时高温强度也是随着焊后热处理条件变化而变化的。

焊后热处理后,焊缝金属的冲击韧度值可能提高,也可能下降。铬钼耐热钢焊缝金属属于前者,70 kgf/mm²(686 N/mm²)(700 MPa)级的高强度钢焊缝金属属于后者。对于碳素钢、低温用钢、锰-钼-镍系的各种焊缝金属,焊后热处理影响并不明显。

在同一类钢材中,各国标准规定的焊后热处理温度并不相同,原因是:①各国标准对钢材化学成分、冶炼轧制、热处理状态规定各不相同;②焊后热处理目的不同,如针对蠕变特性或焊缝区软化或高温性能或抗拉强度,而有不同的温度要求;③制定标准时的试验研究依据不同。

碳素钢和低合金钢低于 490 ℃的热过程,高合金钢低于 315 ℃的热过程,均不作为焊后热处理对待。

常用焊后热处理推荐规范见表 8-2,各测温点的温度允许在热处理工艺规定温度的 ±20 ℃范围内波动。

表 8-2 常用焊后热处理推荐规范

钢质母材类别①		Fe-1	Fe-3
最低保温温度(℃)		600	600
在相应焊后热处理厚度下,最短保温时间(h)	≤50 mm	最少为 15 min	
	>50~125 mm	$2+\dfrac{\delta_{\text{PWHT}}-50}{100}$	$\dfrac{\delta_{\text{PWHT}}}{25}$
	>125 mm		$5+\dfrac{\delta_{\text{PWHT}}-125}{100}$

技能资料六　焊接设备和施焊条件

1. 焊接设备

焊接设备、加热设备及辅助装备应确保工作状态正常,安全可靠,仪表应定期校准或检定。

2. 焊接环境

焊接环境出现下列任一情况时,应采取有效防护措施,否则禁止施焊:
1) 气体保护焊时风速大于 2 m/s;采用其他焊接方法时,风速大于 10 m/s。
2) 相对湿度大于 90%。
3) 雨雪环境。
4) 焊件温度低于 -20 ℃。

3. 温度条件

当焊件温度为 -20 ℃ ~0 ℃时,应在施焊处 100 mm 范围内预热到 15 ℃以上。

4. 操作注意事项

1) 应在引弧板或坡口内引弧禁止在非焊接部位引弧。纵焊缝应在引出板上收弧,弧坑应填满。
2) 防止地线、电缆线、焊钳等与焊件打弧。
3) 电弧擦伤处需经修磨,使其均匀过渡到母材表面,修磨的深度应不大于该部位母材厚度 δ_s 的 5%,且不大于 2 mm,否则应进行补焊。
4) 有冲击试验要求的焊件应控制热输入,每条焊道的热输入都不超过评定合格的限值。

焊接热输入与焊接接头的冲击韧性密切相关。所谓控制热输入是要求控制每条焊道的热输入都不超过评定合格的限值。焊条电弧焊时,在生产现场控制热输入难度很大,当焊条头长度一定时,如果用测量一根焊条所熔敷焊缝金属长度的办法来控制热输入,是一个简便有效的措施。

5) 焊接管件时,一般应采用多层焊,各焊道的接头应尽量错开。
6) 角焊缝的根部应保证焊透。
7) 多道焊或多层焊时,应注意道间和层间清理,将焊缝表面焊渣、有害氧化物、油脂、锈迹等清除干净后再继续施焊。
8) 双面焊须清理焊根,显露出正面打底的焊缝金属。对于机动焊和自动焊,若经试验确认能保证焊透及焊接质量,也可不做清根处理。
9) 接弧处应保证焊透与熔合。
10) 施焊过程中应控制道间温度不超过规定的范围。当焊件规定预热时,应控制道间温度不低于预热温度。
11) 每条焊缝宜一次焊完。当中断焊接时,对冷裂纹敏感的焊件应及时采取保温、后热或缓冷等措施。重新施焊时,仍需按原规定预热。
12) 可锤击的钢质焊缝金属和热影响区,采用锤击消除接头残余应力时,打底层焊缝和盖面层焊缝不宜锤击。

锤击会使焊缝金属侧向扩展,使焊道的内部拉力在冷却时被抵消,故锤击焊缝金属有控制变形、稳定尺寸、消除残余应力和防止焊接裂纹的作用。锤击必须在每一条焊道上进行才能有效,锤击的有效程度随着焊道厚度或层数增加而降低,第一道焊道比较薄弱,经不起重锤敲打,而盖面层焊缝会因锤击而冷作硬化,没有被下一层焊缝热处理的可能,故第一层焊缝和盖面层焊缝不宜锤击。

13)引弧板、引出板、产品焊接试件不应锤击拆除。

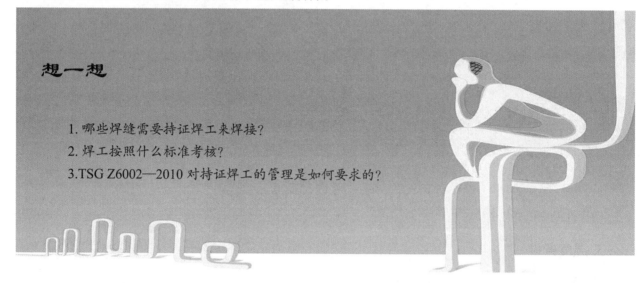

想一想

1. 哪些焊缝需要持证焊工来焊接?
2. 焊工按照什么标准考核?
3. TSG Z6002—2010 对持证焊工的管理是如何要求的?

技能资料七　特种设备持证焊工选择

1. 焊工持证上岗的意义

为了保证特种设备的安全运行,减少不必要的人员和财产损失,提高特种设备焊接操作人员的技能水平和综合素质,保证特种设备的焊接质量,国家市场监督管理总局颁布了《特种设备焊接操作人员考核细则》(TSG Z6002—2010),所有从事《特种设备安全监察条例》中规定的锅炉、压力容器(含气瓶,下同)、压力管道(以下统称为承压类设备)和电梯、起重机械、客运索道、大型游乐设施、场(厂)内专用机动车辆(以下统称为机电类设备)的焊接操作人员(以下简称焊工),都必须通过考核,持证上岗。

依据 NB/T 47015—2011 第 3.4.2 条,施焊下列各类焊缝的焊工必须按 TSG Z6002—2010 规定考试合格:
1)受压元件焊缝;
2)与受压元件相焊的焊缝;
3)熔入永久焊缝内的定位焊缝;
4)受压元件母材表面堆焊、补焊。

分析分离器 A、B、C、D、E 类焊接接头的特点,它们都必须由依据 TSG Z6002—2010 考核合格并持有相应资格证书的焊工焊接。

2. 持证焊工项目代号和影响因素

依据 TSG Z6002—2010 第 A9.1.1 条,手工焊焊工操作技能考试项目表示为①—②—③—④/⑤—⑥—⑦,如果操作技能考试项目中不出现其中某项时,则不包括该项。项目具体含义如下:
①——焊接方法代号。
②——金属材料类别代号。
③——试件位置代号,带衬垫加代号(K)。
④——焊缝金属厚度。
⑤——外径。
⑥——填充金属类别代号。
⑦——焊接工艺要素代号。

3. 焊工项目的影响因素与考试规定

(1)焊接方法及其考试规定

常用焊接方法与代号见表 8-3,每种焊接方法都可以表现为手工焊、机动焊、自动焊等操作方式。

表 8-3　常用焊接方法与代号

焊接方法	代号
焊条电弧焊	SMAW
气焊	OFW
钨极气体保护焊	GTAW

续表

焊接方法	代号
熔化极气体保护焊	GMAW（含药芯焊丝电弧焊 FCAW）
埋弧焊	SAW
电渣焊	ESW
等离子弧焊	PAW
气电立焊	EGW
摩擦焊	FRW
螺柱电弧焊	SW

焊接方法的考试规则：

1）变更焊接方法，焊工需要重新进行焊接操作技能考试。

2）在同一种焊接方法中，当发生下列情况时，焊工也需重新进行焊接操作技能考试：

①手工焊焊工变更为焊机操作工，或者焊机操作工变更为手工焊焊工；

②手动焊焊工变更为机动焊焊工。

由以上分析可知，特种设备焊工考试的时候，考核的焊接方法和实际生产中能焊接的方法是完全一样的。

Φ273×10 mm
Q235B 钢管对接氩弧焊打底

（2）金属材料及其考试规定

金属材料类别与示例见表 8-4。

表 8-4 金属材料类别与示例

种类	类别	代号	材料、牌号、级别				
钢	低碳钢	FeⅠ	Q195 Q215 Q235 Q245R Q275	10 15 20 25 20G	HP245 HP265	L175 L210 WCA	S205
	低合金钢	FeⅡ	HP295 HP325 HP345 HP365 Q295 Q345 Q390 Q420	L245 L290 L320 L360 L415 L450 L485 L555 S240 S290 S315 S360 S385 S415 S450 S480	Q345R 16Mn Q370R 15MnV 20MnMo 10MnWVNb 13MnNiMoR 20MnMoNb 07MnCrMoVR 12MnNiVR 20MnG 10MnDG	15MoG 20MoG 12CrMo 12CrMoG 15CrMo 15CrMoR 15CrMoG 14Cr1Mo 14Cr1MoR 12Gr1MoV 12Cr1MoVG 12Cr2Mo 12Cr2Mo1 12Cr2Mo1R 12Cr2MoG 12CrMoWVTiB 12Cr3MoVSiTiB	09MnD 09MnNiD 09MnNiDR 16MnD 16MnDR 16MnDG 15MnNiDR 20MnMoD 07MnNiCrMoVDR 08MnNiCrMoVD 10Ni3MoVD 06Ni3MoDG ZG230—450 ZG20CrMo ZG15Cr1Mo1V ZG12Cr2Mo1G

续表

种类	类别	代号	材料、牌号、级别
钢	Cr≥5%铬钼钢、铁素体刚、马氏体钢	FeⅢ	1Cr5Mo　　06Cr13　　12Cr13　　10Cr17　　1Cr9Mo1 10Cr9MoVNb　00Cr27Mo　06Cr13A1　ZG16Cr5MoG
	奥氏体钢、奥氏体与铁素体双相钢	FeⅣ	06Cr19Ni10　　　06Cr17Ni12Mo2　　　06Cr23Ni13 06Cr19Ni11Ti　　06Cr17Ni12Mo2Ti　　06Cr25Ni20 022Cr19Ni10　　06Cr19Ni13Mo3　　　12Cr18Ni9 CF3　　　　　　022Cr17Ni12Mo2 CF8　　　　　　022Cr19Ni13Mo3 　　　　　　　　022Cr19Ni5Mo3Si2N

焊工采用某类别任一钢号，经过焊接操作技能考试合格后，当发生下列情况时，不需重新进行焊接操作技能考试：

1) 手工焊焊工焊接该类别其他钢号；
2) 手工焊焊工焊接该类别钢号与类别号较低钢号所组成异种钢号焊接接头；
3) 除 FeⅣ 类外，手工焊焊工焊接较低类别钢号；
4) 焊机操作工焊接各类别中的钢号。

因此，金属材料的考试和产品焊接的关系见表 8-5。

表 8-5 考试用金属材料和产品材料焊接范围对应关系

考试用金属材料	产品材料焊接范围
FeⅠ	FeⅠ
FeⅡ	FeⅡ、FeⅠ、FeⅡ+FeⅠ
FeⅢ	FeⅢ、FeⅡ、FeⅠ、FeⅢ+FeⅡ、FeⅢ+FeⅠ、FeⅡ+FeⅠ
FeⅣ	FeⅣ、FeⅣ+FeⅢ、FeⅣ+FeⅡ、FeⅣ+FeⅠ

假如，焊工考试用的是 FeⅡ 金属材料，那么该焊工取得证书后，可以焊接的产品材料包括 FeⅡ、FeⅠ、FeⅡ+FeⅠ 三种。

（3）试件位置及其考试规定

1) 试件类别、位置和代号

焊缝位置基本上由试件位置决定。按照《特种设备焊接作业人员工考核细则》(TSG Z6002—2010) 规定，特种设备焊工考试的试件类别分成6大类，共计27个试件位置和代号。试件类别、位置与其代号见表 8-6。板材对接焊缝试件如图 8-3 所示，管材对接焊缝试件如图 8-4 所示，管板角接头试件如图 8-5 所示。

表 8-6 试件类别、位置与代号

试件类别	试件位置	代号
板材对接焊缝试件	平焊试件	1G
	横焊试件	2G
	立焊试件	3G
	仰焊试件	4G

续表

试件类别	试件位置		代号
板材角焊缝试件	平焊试件		1F
	横焊试件		2F
	立焊试件		3F
	仰焊试件		4F
管材对接焊缝试件	水平转动试件		1G（转动）
	垂直固定试件		2G
	水平固定试件	向上焊	5G
		向下焊	5GX（向下焊）
	45°固定试件	向上焊	6G
		向下焊	6GX（向下焊）
管材角焊缝试件（分管-板角焊缝试件和管-管角焊缝试件两种）	45°转动试件		1F（转动）
	垂直固定横焊试件		2F
	水平转动试件		2FR
	垂直固定仰焊试件		4F
	水平固定试件		5F
管板角接头试件	水平转动试件		2FRG（转动）
	垂直固定平焊试件		2FG
	垂直固定仰焊试件		4FG
	水平固定试件		5FG
	45°固定试件		6FG
螺柱焊试件	平焊试件		1S
	横焊试件		2S
	仰焊试件		4S

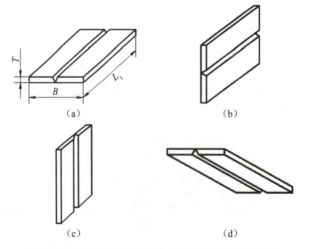

焊接试件位置与代号

图 8-3　板材对接焊缝试件（无坡口时为堆焊试件）
（a）平焊试件代号 1G　（b）横焊试件代号 2G　（c）立焊试件代号 3G　（d）仰焊试件代号 4G

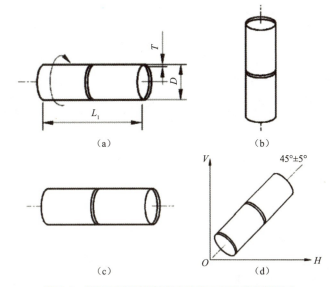

图 8-4　管材对接焊缝试件(无坡口时为堆焊试件)

(a)平焊转动试件代号 1G(转动)　(b)垂直固定试件代号 2G
(c)水平固定试件代号 5G、5GX(向下焊)　(d)45°固定试件代号 6G、6GX(向下焊)

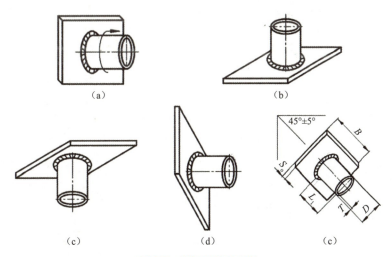

图 8-5　管板角接头试件

(a)水平转动试件代号 2FRG(转动)　(b)垂直固定平焊试件代号 2FG
(c)垂直固定仰焊试件代号 4FG　(d)水平固定试件代号 5FG　(e)45°固定试件代号 6FG

2)试件适用焊件焊缝和焊件位置

①手工焊焊工和焊机操作工,采用对接焊缝试件、角焊缝试件和管板角接头试件,经过焊接操作技能考试合格后,按照 TSG Z6002—2010 规定,适用于焊件的焊缝和焊件位置见表 8-7。

②管材角焊缝试件焊接操作技能考试时,可在管-板角焊缝试件与管-管角焊缝试件中任选一种。

③手工焊焊工向下立焊试件考试合格后,不能免考向上立焊,反之也不可。

④手工焊焊工或者焊机操作工采用不带衬垫对接焊缝试件或者管板角接头试件,经焊接操作技能考试合格后,分别适用于带衬垫对接焊缝焊件或者管板角接头焊件,反之不适用。

表 8-7 试件适用焊件焊缝和焊件位置

试件		适用焊件范围			
		对接焊缝位置		角焊缝位置	管板角接头焊件位置
形式	代号	板材和外径大于600 mm的管材	外径小于或等于600 mm的管材		
板材对接焊缝试件	1G	平	平(注A-2)	平	—
	2G	平、横	平、横(注A-2)	平、横	—
	3G	平、立(注A-1)	平(注A-2)	平、横、立	—
	4G	平、仰	平(注A-2)	平、横、仰	—
管材对接焊缝试件	1G	平	平	平	平
	2G	平、横	平、横	平、横	平、横
	5G	平、立、仰	平、立、仰	平、立、仰	平、立、仰
	5GX	平、立向下、仰	平、立向下、仰	平、立向下、仰	平、立向下、仰
	6G	平、横、立、仰	平、横、立、仰	平、横、立、仰	平、横、立、仰
	6GX	平、立向下、横、仰	平、立向下、横、仰	平、立向下横、仰	平、立向下、横、仰
管板角接头试件	2FG	—	—	平、横	2FG
	2FRG	—	—	平、横	2FRG、2FG
	4FG	—	—	平、横、仰	4FG、2FG
	5FG	—	—	平、横、立	5FG、2FRG、2FG
	6FG	—	—	平、横、立、仰	所有位置
板材角焊缝试件	1F	—	—	平(注A-3)	—
	2F	—	—	平、横(注A-3)	—
	3F	—	—	平、横、立(注A-3)	—
	4F	—	—	平、横、仰(注A-3)	—
管材角焊缝试件	1F	—	—	平	
	2F	—	—	平、横	
	2FR	—	—	平、横	
	4F	—	—	平、横、仰	
	5F	—	—	平、立、横、仰	

注 A-1：表中"立"表示向上立焊；向下立焊表示为"立向下"焊；
注 A-2：板材对接焊缝试件考试合格后，适用于管材对接焊缝焊件时，管外径应大于或等于 76 mm；
注 A-3：板材角焊缝试件考试合格后，适用于管材角焊缝焊件时，管外径应大于或等于 76 mm。

假如，某焊工考试位置是横焊 2G，能焊接产品的位置有板材和外径≥76 mm 的管材的平焊和横焊，以及角焊缝的平焊和横焊。

3）衬垫。

①板材对接焊缝试件、管材对接焊缝试件和管板角接头试件，都分为带衬垫和不带衬垫两种。试件和焊件的双面焊、角焊缝，焊件不要求焊透的对接焊缝和管板角接头，均视为带衬垫。

②手工焊焊工或者焊机操作工采用不带衬垫对接焊缝试件或者管板角接头试件，经焊接操作技能考试合格后，分别适用于带衬垫对接焊缝焊件或者管板角接头焊件，反之不适用。

（4）焊缝金属厚度及其考试规定

1）手工焊焊工采用对接焊缝试件，经焊接操作技能考试合格后，适用于焊件焊缝金属厚度范围见表8-8[其中，t 为每名焊工、每种焊接方法在试件上的对接焊缝金属厚度（余高不计）]，当某焊工用一种焊接方法考试且试件截面全焊透时，t 与试件母材厚度 T 相等（t 不得小于 12 mm，且焊缝不得少于 3 层）。

2）手工焊焊工采用半自动熔化极气体保护焊，短路弧焊接对接焊缝试件，焊缝金属厚度 $t<12$ mm，经焊接操作技能考试合格后，适用于焊件焊缝金属厚度为小于或者等于 1.1 t；若当试件焊缝金属厚度 $t \geqslant 12$ mm，且焊缝不得少于 3 层，经焊接操作技能考试合格后，适用于焊件焊缝金属厚度不限。

表8-8　手工焊对接焊缝试件适用的对接焊缝焊件焊缝金属厚度范围　　　　　　（单位：mm）

试件母材厚度 T	适用于焊件焊缝金属厚度	
	最小值	最大值
<12 mm	不限	2 t
≥12 mm	不限	不限

（5）对接焊缝和管板角接头管材外径及其考试规定

1）手工焊焊工采用管材对接焊缝试件，经焊接操作技能考试合格后，适用的管材对接焊缝焊件外径范围见表8-9，适用的焊缝金属厚度范围见表8-8。

表8-9　手工焊管材对接焊缝试件适用的对接焊缝焊件外径范围　　　　　　（单位：mm）

管材试件外径 D	适用于管材焊件外径范围	
	最小值	最大值
<25	D	不限
25≤D<76	25	不限
≥76	76	不限
≥300[1]	76	不限

[1]管材向下焊试件。

假如，焊工考试用的试件是直径 38 mm 的管子，那考试合格后该焊工能够焊接产品的钢材外径最小值是 25 mm。

2）手工焊焊工采用管板角接头试件，经焊接操作技能考试合格后，适用的管板角接头焊件尺寸范围见表8-10。当某焊工用一种焊接方法考试且试件截面全焊透时，t 与试件板材厚度 S_0 相等；当 $S_0 \geqslant 12$ mm 时，t 应不小于 12 mm，且焊缝不得少于 3 层。

表8-10　手工焊管板角接头试件适用的管板角接头焊件尺寸范围　　　　　　（单位：mm）

试件管外径 D	适用于管板角接头焊件尺寸范围				
	管外径		管壁厚度	焊件焊缝金属厚度	
	最小值	最大值		最小值	最大值
<25	D	不限	不限	不限	当 $S_0<12$ 时，2 t 当 $S_0 \geqslant 12$ 时，不限
25≤D<76	25	不限	不限		
≥76	76	不限	不限		

假如,焊工管板角接头,考试用管径38 mm,管板12 mm,采用焊条电弧焊考试且试件截面全焊透时,那么他能焊接所有厚度的管板,管径≥25 mm、所有厚度的管板、组成的管接头。

3)焊机操作工采用管材对接焊缝试件或管板角接头试件考试时,管外径由焊工考试机构自定,经焊接操作技能考试合格后,适用于管材对接焊缝焊件外径或管板角接头焊件,管外径不限。

(6)填充金属类别及其考试规定

手工焊焊工采用某类别填充金属材料,经焊接操作技能考试合格后,适用的焊件相应种类的填充金属材料类别范围参见表8-11。

表8-11 填充金属类别、示例的适用范围

填充金属		试件用填充金属类别代号	相应型号、牌号	适用于焊件填充金属类别范围	相应标准
种类	类别				
钢	碳钢焊条、低合金钢焊条、马氏体钢焊条、铁素体钢焊条	Fef1（钛钙型）	EXX03	FeF1	NB/T 47018—2011系列
		Fef2（纤维素型）	EXX10　EXX11 EXX10-X　EXX11-X	FeF1 FeF2	
		Fef3（钛型、钛钙型）	EXXX(X)-16 EXXX(X)-17	FeF1 FeF3	
		Fef3J（低氢型、碱性）	EXX15　EXX16 EXX18　EXX48 EXX15-X　EXX16-X EXX18-X　EXX48-X EXXX(X)-15 EXXX(X)-16 EXXX(X)-17	FeF1 FeF3 FeFJ	
	奥氏体钢焊条、奥氏体与铁素体双相钢焊条	Fef4（钛型、钛钙型）	EXXX(X)-16 EXXX(X)-17	FeF4	NB/T 47018—2011系列
		Fef4J（碱性）	EXXX(X)-15 EXXX(X)-16 EXXX(X)-17	FeF4 FeF4J	
	全部钢焊丝	FefS	全部实芯焊丝和药芯焊丝	FeFS	NB/T 47018—2011系列

假如,某焊工考试使用的是E4315(J427)焊条,焊条类别代号是Fef3J。焊接产品时,该焊工能够焊接的焊条包括Fef1、Fef3和Fef3J三类。

(7)焊接工艺因素及其考试规定

按照TSG Z6002—2010的规定,焊接工艺因素与代号共有20个见表8-12。

表 8-12　焊接工艺因素与代号

机动化程度	焊接工艺因素		焊接工艺因素代号
手工焊	气焊、钨极气体保护焊、等离子弧焊用填充金属丝	无	01
		实芯	02
		药芯	03
	钨极气体保护焊、熔化极气体保护焊和等离子弧焊时,背面保护气体	有	10
		无	11
	钨极气体保护焊电流类别与极性	直流正接	12
		直流反接	13
		交流	14
	熔化极气体保护焊	喷射弧、熔滴弧、脉冲弧	15
		短路弧	16
机动焊	钨极气体保护焊自动稳压系统	有	04
		无	05
	各种焊接方法	目视观察、控制	19
		遥控	20
	各种焊接方法自动跟踪系统	有	06
		无	07
	各种焊接方法每面坡口内焊道	单道	08
		多道	09
自动焊	摩擦焊	连续驱动磨擦	21
		惯性驱动磨擦	22

当表 8-12 中焊接工艺因素代号 01、02、03、04、06、08、10、12、13、14、15、16、19、20 中某一代号因素变更时,焊工需重新进行焊接操作技能考试。

4. 项目代号应用举例

1)厚度为 14 mm 的 Q345R 钢板对接焊缝平焊试件带衬垫,使用 J507 焊条手工焊接,试件全焊透。项目代号为 SMAW-Fe II-1G(K)-14-Fef3J。

2)厚度为 12 mm 的 Q235B 钢板,背面不加衬垫,采用 J427 焊条、立焊位置、单面焊背面自由成形。项目代号为 SMAW-Fe I -3G-12- Fef3J。

3)管板角接头无衬垫水平固定试件,管材壁厚为 3 mm,外径为 25 mm,材质为 20 钢,板材厚度为 8 mm,材质为 Q235B,焊条电弧焊,采用 J427 焊条。项目代号为 SMAW-Fe I -5FG- 8/25 -Fef3 J。

如果某企业已取得特种设备焊接作业资格证书的焊工见表 8-13,分析他们能够焊接的范围。

表 8-13　焊工持证项目一览表

姓名	钢印号	焊工项目代号	有效期
刘振	H01	SMAW-Fe II -2G-12-Fef3J	2021.12.31—2025.12.30
任勃	H02	SMAW-Fe II -5FG-12/42-Fef3J	2021.12.31—2025.12.30

续表

姓名	钢印号	焊工项目代号	有效期
郭毅	H03	SAW-1G(K)-07/09/19	2021.12.31—2025.12.30
丁生	H04	SMAW-FeⅣ-3G-12-Fef4J	2021.12.31—2025.12.30
马楠	H05	SMAW-FeⅣ-5FG-12/38-Fef4J	2021.12.31—2025.12.30
杨仁	H06	GTAW-FeⅣ-6G-6/38-FefS-02/10/12	2021.12.31—2025.12.30
韩鹏	H07	GTAW-FeⅣ-5FG-12/14-FefS-02/10/12	2021.12.31—2025.12.30

技能资料八　承压设备焊接试件要求

生产分离器产品时,必须依据 TSG 21—2016 第 4.2.2 条"试件(板)与试样"、GB 150.4—2011 第 9 条"试件与试样"、《承压设备产品焊接试件的力学性能检验》(NB/T 47 016—2011)的要求,制作焊接产品试件。

1. 产品焊接试件的设置

因为理论上承压设备产品 A 类焊接接头承受的工作应力是 B 类焊接接头的 2 倍,所以产品焊接试件的设置为:

1)筒节纵向接头的板状试件应置于其焊缝延长部位,与所代表的筒节同时施焊。
2)环向接头所用管状试件或板状试件,应在所代表的承压设备元件焊接过程中施焊。

2. 试件焊接工艺

1)当受检焊接接头经历不同的焊接工艺时,试件经历的焊接工艺过程与条件应与所代表的焊接接头相同,应选择使其力学性能较低的实际焊接工艺(含焊后热处理)制备试件。
2)焊接试件的焊工应是参加该承压设备元件焊接的焊工。
3)试件按编制的专用焊接工艺文件制备。焊接工艺文件中应明确试件代号、工作令号或承压设备编号、材料代号。
4)试件应有施焊记录。

3. 试件焊缝返修

试件焊缝允许焊接返修,返修工艺应与所代表的承压设备元件焊缝的返修工艺相同。

4. 试件检验

1)试件经外观检验和无损检测后,在无缺陷、缺欠部位制取试样。
2)当试件采用两种或两种以上焊接方法,或重要因素、补加因素不同的焊接工艺时,所有焊接方法或焊接工艺所施焊的焊缝金属及热影响区都应经过力学性能和弯曲性能检验。
3)试件力学性能和弯曲性能检验类别和试样数量见表 8-14。

表 8-14　试件力学性能和弯曲性能检验类别和试样数量

试件母材厚度 T (mm)	检验类别和试样数量(个)						
	拉伸试验		弯曲试验			冲击试验	
	接头拉伸	全焊缝金属拉伸	面弯	背弯	侧弯	焊缝区	热影响区
$T<1.5$	1	—	1	1	—	—	—
$1.5 \leqslant T \leqslant 10$	1	—	1	1	—	3	3
$10<T<20$	1	(≥16)1	1	1	—	3	3
$T \geqslant 20$	1	1	—	—	2	3	3

6. 识别标记

试件应做下列识别标记：
1) 试件代号。
2) 材料标记号。
3) 焊工代号。

工作实施

工作案例一 完善空气储罐焊接接头编号表

分析空气储罐的产品技术要求,根据企业的场地、设备和人员等条件,根据焊接接头的钢号、厚度和实际生产条件选择焊接方法;选择合适的焊接工艺和持证焊工,完善空气储罐焊接接头编号表,见表1-1。

在项目一中,我们已经完成空气储罐焊接接头标号表中的接头编号图和接头编号部分,焊接工艺评定也已经做完,我们需要继续完成焊接工艺卡编号、焊接工艺评定编号、焊工持证项目和无损检测要求4个部分。

1. A1、B2 焊接接头

A1、B2 接头为筒体纵缝和筒体与下封头环缝的连接接头。

(1)焊接工艺卡编号

焊接工艺卡编号的第一单元,使用"焊卡"两字的拼音字头 HK;第二单元顺延空气储罐焊接工艺评定编号 PQR02 的"02"(分离器相关文件编号为01);第三单元一般为该接头焊接工艺卡的页码号,空气储罐焊接接头编号表为第1页,则A1、B2焊接接头的焊接工艺卡编号表为第2页。因此,A1、B2焊接接头的焊接工艺卡编号为"HK02-2"。

(2)焊接工艺评定编号

在项目二中,我们已经确定空气储罐 4 mm 焊条电弧焊对接接头的焊接工艺评定可涵盖其相应其他焊接接头,故此处应填写"PQR02"。

(3)焊工持证项目

查阅表 8-13 焊工持证项目一览表,根据《特种设备焊接作业人员工考核细则》(TSG Z6002—2010)规定,表中刘振的焊工项目代号为 SMAW-FeⅡ-2G-12-Fef3J,现分析如下:

1)SMAW:焊接方法为焊条电弧焊,与 A1、B2 焊接接头一致;

2)FeⅡ:FeⅡ类金属材料,可焊接的金属材料包括 FeⅡ类低合金钢、FeⅠ类低碳钢、FeⅡ类+FeⅠ类,故可以涵盖 A1、B2 接头 Q235B 的 FeⅠ类低碳钢;

3)2G:焊件位置为横焊,可焊接的焊件位置包括 2G、1G、2F、1F、2G(K)和1G(K),故可以涵盖 A1、B2 接头的 1G 平焊位置;

4)12:试件母材厚度 12 mm,适用于焊件焊缝金属厚度的最大值和最小值均不限,故可适用于 A1、B2 接头的 6 mm 焊件;

5)Fef3J:填充金属种类 Fef3J 为低氢型、碱性焊条,适用范围包括 Fef1(钛钙型)、Fef3(钛型、钛钙型)、Fef3J(低氢型、碱性),故能够涵盖 A1、B2 接头的 E4303 钛钙型焊条。

经以上分析,A1、B2 焊接接头可选择刘振施焊。

（4）无损检测要求

查阅空气储罐图纸中设计、制造、检验及验收部分，A、B类焊接接头需进行无损检测，要求为"各焊接接头长度的20%，且不少于250 mm，X射线检测，符合NB/T 47013.2—2015 Ⅲ级合格"。故此处应填写"20%RT且不少于250 mm，Ⅲ级合格"。

2. B1 焊接接头

B1 接头为筒体环缝焊接接头。

（1）焊接工艺卡编号

B1 接头同 A1、B2 接头均为 6 mm 对接接头，区别在于 B1 为带衬垫焊接，故单独做 1 张焊接工艺卡。工艺卡编号顺延 A1、B2 接头，为 HK02-3。

（2）焊接工艺评定编号

焊接工艺评定编号和无损检测要求均与 A1、B2 接头相同。

（3）焊工持证项目

根据 TSG Z6002—2010 中 A4.3.6 条规定，在刘振的焊工项目代号"SMAW-FeⅡ-2G-12-Fef3J"中，2G 表示采用不带衬垫对接焊缝试件或管板角接头试件，经焊接操作技能考试合格后，分别适用于带衬垫对接焊缝焊件或者管板角接头焊件，故刘振仍可施焊 B1 焊接接头。

3. C1~C5 焊接接头

一般在制造压力容器时，先将接管与法兰焊好后，再与筒体装配焊接，所以先焊 C1~C5 接头，再焊 D1~D5 接头。

（1）焊接工艺卡编号

C1~C5 接头为空气储罐接管与法兰连接的焊接接头，接头形式相同，故编在同一张焊接工艺卡上。工艺卡编号顺延 B1 接头，为 HK02-4。

（2）焊接工艺评定编号

对接焊缝工艺评定报告 PQR02，可以涵盖角焊缝，且角焊缝焊件母材厚度和焊缝金属厚度均不限，故此处仍填写 PQR02。

（3）焊工持证项目

根据 TSG Z6002—2010 规定，在刘振的焊工项目代号"SMAW-FeⅡ-2G-12-Fef3J"中，2G 对应的试件为板材对接焊缝试件；考试合格后，适用于管材焊件时，管外径范围为 76~600 mm。而空气储罐 C1~C5 接头管外径最小 32 mm，故不应选择刘振施焊。

查阅表 8-13 焊工持证项目一览表，任勃的焊工项目代号为"SMAW-FeⅡ-5FG-12/42-Fef3J"。SMAW、FeⅡ和 Fef3J 此 3 项均满足 C1~C5 接头要求。按照 TSG Z6002—2010 规定，5FG 对应管板角接头试件水平固定焊可焊接的位置包括 5FG、2FRG、2FG 和 1F、2F、3F、4F，满足要求。12/42 中的 12 为焊缝金属厚度 12 mm，42 为管径 42 mm。可以焊接的试件管外径最小值 25 mm，最大值不限，故满足 C1~C5 接头要求。

经以上分析，A1、B2 焊接接头可选择任勃施焊。

（4）无损检测要求

查阅空气储罐图纸中设计、制造、检验及验收部分，仅要求 A、B 类焊缝进行无损检测，其他焊缝可不检测，故此处划"/"。

4.D1~D5 焊接接头

（1）焊接工艺卡编号

D1~D5 接头为空气储罐接管与筒体和封头连接的焊接接头，接头形式相同，故编在同一张焊接工艺卡上。工艺卡编号顺延 C1~C5 接头，为 HK02-5。

（2）焊接工艺评定编号

焊接工艺评定编号和无损检测要求　同 C1~C5 焊接接头。

（3）焊工持证项目

D1~D5 接头与 C1~C5 接头对焊工持证项目的要求相同，管径也相同，故仍选择任勃施焊。

5.E1、E2、E3 焊接接头

（1）焊接工艺卡编号

E1、E2 接头为空气储罐手孔拉手与法兰盲板连接的焊接接头，E3 为铭牌座与筒体的焊接接头，二者均为非受压元件与受压元件的连接接头，接头形式相同，故编写在同一张焊接工艺卡上。工艺卡编号顺延 D1~D5 接头，为 HK02-6。

（2）焊接工艺评定编号

根据 NB/T 47014—2011 规定，受压构件焊缝的焊接工艺评定合格后适用于非受压构件的焊缝，故 PQR02 适用于 E1~E3 焊接接头。

（3）焊工持证项目和无损检测要求

任勃的焊工持证项目能够满足角焊缝焊接，故仍选择任勃施焊。空气储罐图纸中未要求无损检测，故划"/"。

6.E4~E7 焊接接头

（1）焊接工艺卡编号

E4~E7 接头为空气储罐支腿垫板与筒体连接的焊接接头，也是非受压元件与受压元件的连接接头，接头形式完全相同，故编写在同一张焊接工艺卡上。工艺卡编号顺延 E1~E3 接头，为 HK02-7。

（2）焊接工艺评定编号、焊工持证项目和无损检测要求

焊接工艺评定编号、焊工持证项目和无损检测要求均同 E1~E3 焊接接头。

工作案例二　编制空气储罐焊接接头的焊接作业指导书

1. 编制思路

分析空气储罐的焊接生产工艺过程,一般来说,对于一种类型(材质、厚度、接头形式、焊接方法、技术要求相同)的焊接接头,应编制一张焊接工艺卡,把涉及的内容都叙述清楚,持证焊工按照焊接作业指导书进行焊接操作时,能够使焊接质量再现,生产出合格的产品。

1)焊接接头的焊接作业指导书样式见表 8-15。根据空气储罐装配图及其他技术条件,分析空气储罐焊缝的焊接特点,选择能够覆盖的焊接工艺评定,确定坡口形状和尺寸等,选择焊接材料,确定焊条的烘干保温时间、焊接用量、焊接电流的极性和电流值、电弧电压和焊接速度等;根据实际的生产条件确定焊接顺序、焊接技术要求等内容。

2)绘制焊接接头简图,包括坡口形状和尺寸等,选择能够覆盖的焊接工艺评定;根据焊接工艺评定编制具体的焊接参数,即每层焊道的填充材料的牌号、直径、烘干和保温时间、焊接用量、焊接电流的极性和电流值、电弧电压、焊接速度等;根据焊接工艺评定和实际的生产条件、技术要求和生产经验,编制焊接顺序,如坡口清理、预热、定位焊、焊接和清根的顺序、位置和范围等。

3)根据焊接方法、焊接位置、焊接厚度、焊条型号等选择合适的持证焊工。

4)根据产品标准和图样技术要求确定产品的检验,包括检验方法和比例、合格要求等。

5)根据 TSG 21—2016 和 GB/T 150—2011 系列标准的要求确定是否要带焊接产品试板,焊接产品试板的制作要符合《承压设备产品焊接试件的力学性能检验》(NB/T 47016—2011)。

6)焊条的定额计算,焊条定额的计算应考虑药皮的质量系数,包括因烧损、飞溅及未利用的焊条头等损失。焊条消耗量的计算公式为

$$m_{条} = \frac{AL\rho}{1000K_n}(1+K_b)$$

式中:$m_{条}$ 为焊条消耗量(kg);A 为焊缝熔敷金属横截面积(mm^2);L 为焊缝长度(m);ρ 为熔敷金属密度(g/cm^3);K_n 为金属由焊条到焊缝的转熔系数,包括了因烧损、飞溅及未利用的焊条头损失,对于常用的 E5015 焊条,可取 K_n=0.78;K_b—药皮的质量系数,对于常用的 E4315 焊条,可取 K_b=0.32。

不同的企业可根据自己的实际情况增加或减少一些内容,但必须保证焊工或焊机操作工能根据焊接工艺卡进行实际操作。

2. 编制内容

将表 8-14 中各项按内容分成若干区域,以不同的颜色分别标示并编号,现以 A1、B2 焊接接头的焊接工艺卡为例,按编号逐一展开解析。

(1)焊接工艺卡信息

焊接工艺卡编号、接头编号、焊接工艺评定报告编号、焊工持证项目均按照空气储罐的焊接接头编号表对应填写即可。图号:需查阅空气储罐装配图。接头名称:需写清楚是对应空气储罐哪个部位的焊接接头,

A1为筒体纵缝焊接接头，B2为筒体与下封头环焊缝。

（2）接头简图

查阅空气储罐装配图，A、B类6 mm Q235B焊接接头简图如图8-6（a）所示；焊接工艺评定报告PQR02中，4 mm Q235B焊条电弧焊对接焊缝接头简图如图8-6（b）所示，可见两处接头的形式尤其是各部位尺寸并不相同。根据NB/T 47014—2011标准规定，接头形式对于焊条电弧焊来说是次要因素，所以我们在实际焊接时，可根据实际情况进行调整。

实际焊接时，坡口角度一般为60°左右，因实际焊接往往电流较大，焊接速度较快，所以为了防止烧穿，钝边应稍厚一些，取2 mm。因筒体结构装配难度较大，故间隙取2 mm左右，一般1~3 mm均可。企业在实际焊接过程中，为了保证焊接质量，一般采用双面焊接，多在容器的内侧开坡口，6 mm厚钢板内侧焊2层，焊完后背面清根，在背面焊接第3层。A1、B2焊接接头简图如图8-7所示。

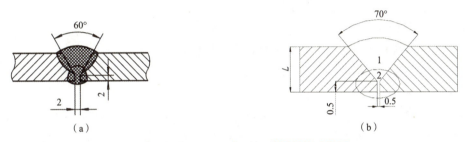

图8-6　装配图和PQR02中A、B类焊接接头简图

（a）装配图中A、B类焊接接头简图　（b）PQR02中A、B类焊接接头简图

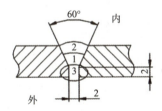

图8-7　焊接作业指导书中A1、B2焊接接头简图

（3）焊接工艺程序

此项需填写的具体内容如下：

1）根据标准要求填写焊前坡口及焊接区域的清理要求；

2）明确焊接接头的装配要求；

3）假如需要预热的话，必须在明确预热的区域，并且在定位焊前预热；

4）明确采用什么焊接方法，什么焊材进行定位焊；

5）明确焊接的顺序，先焊哪一面，哪一道，质量要求怎么样；

6）假如是双面焊的话，背面采用何种方法清根，如何焊接，质量要求如何；

7）焊接接头全部焊接完成后必须自检，然后再由专职检验员进行检验。

下面我们逐项填写A1、B2焊接接头的焊接工艺卡。

1）焊前清理要求：根据《压力容器焊接规程》（NB/T 47015—2011）第4.3.3条，坡口表面及附近（以离坡口边缘的距离计，焊条电弧焊每侧约10 mm，埋弧焊、等离子弧焊、气体保护焊每侧约20 mm）应将水、锈、油污、积渣和其他有害杂质清理干净。

在正常情况下，实际焊接时，焊条电弧焊的清理要求会适当提高，一般也是清理坡口每侧约20 mm范围。

2）装配要求：按照接头简图装配组对，采用与正式焊缝相同的焊接方法；选择焊条时，为了保证定位焊质量，可选用φ3.2 mm碱性焊条E4315（J427）施焊。因焊接工艺评定报告PQR02采用酸性焊条E4303

（J422），根据 NB/T 47014—2011 标准，实际焊接时可以用碱性焊条代替酸性焊条。

3）焊接顺序：焊接层数和参数严格按本工艺卡要求进行，先焊坡口内侧，焊满坡口后用砂轮机背面清根，再焊第3层。

4）焊接完成后清理，自查，按规定标记焊工的钢印代号。

5）由专职检验员进行外观检查和无损检测。

（4）母材

空气储罐的母材是 Q235B，厚度为 6 mm，焊接接头两侧母材相同。

（5）焊缝金属

假如该焊缝是由多种焊接方法共同施焊的组合焊缝，此处应写清每种焊接方法及其对应的焊缝厚度。A1、B2 焊接接头采用单一焊接方法（焊条电弧焊），焊缝金属的厚度即为母材厚度（6 mm）。第二种方法处划"/"。

（6）焊接位置和热处理

1）焊接位置：焊接位置采用平焊（1G），更易保证焊接质量。

2）预热温度：A1、B2 焊接接头不需要预热，故预热温度处填写"室温"，但是要特别注意，当外界温度低于 0° 时，应采取措施使其保持在 0° 以上。

3）道间温度：要严格执行 PQR02 的要求，PQR02 上写的是 235 ℃，此处应填写"≤235 ℃"。

4）焊后热处理和后热：对于该焊缝，PQR02 未要求进行焊后热处理和后热，故此均处划"/"。

5）钨极直径、喷嘴直径、气体成分流量：焊条电弧焊均不涉及，均划"/"。

（7）层道焊接数据

1）第一层：依次对应填入 SMAW，J427，φ3.2 mm，直流反极性，90~110 A（第一层电流可适当小一些），22~26 V，11~14 cm/min。

2）第二层和第三层：此两层电流可稍大一些取 100~120 A，焊接速度稍快些分别取 11~14 cm/min 和 12~15 cm/min，其他与第一层均相同。

（8）线能量

计算公式为 $I \times U/V$，为了保证焊接质量，一般应填写最大线能量，故采用最大电流 × 最大电压/最小的焊接速度。线能量是非常重要的焊接参数，焊接工艺卡中的线能量一定要小于焊接工艺评定报告 PQR02 中的线能量。PQR02 中要求，最大线能量≤17.1 kJ/cm。通过计算各层线能量分别为 15.6 kJ/cm、17.02 kJ/cm、15.6 kJ/cm，均小于 17.1 kJ/cm，故本焊接工艺卡中编制的焊接参数是合理的。

（9）检验

主要依据产品生产的技术要求和执行的标准确定。下面以空气储罐 A 类焊接接头为例说明，需要按照分离器的执行标准 TSG 21—2016、GB 150—2011 系列，以及空气储罐装配图中的技术要求填写。主要包括以下内容。

1）外观检查：按照 TSG 21—2016 第 4.2.4.2 条和 GB 150.4—2011 第 7.3 条规定检查。

①不得有表面裂纹、未焊透、未熔合、表面气孔、弧坑、未填满、夹渣、和飞溅物；焊缝与母材应圆滑过渡。

②单面坡口的焊缝正面余高 e_1 是 0%~15%δ，且≤4 mm，空气储罐的 δ=6 mm，所以 e_1 为 0~0.9 mm，背面余高 e_2 为 0~1.5 mm。

2）射线检测：按照空气储罐装配图的技术要求，A 类焊接接头焊后需要射线检测，范围为焊接接头长度的 20%且不小于 250 mm，应符合《承压设备无损检测 第 2 部分：射线检测》（NB/T 47013.2—2015）Ⅲ级合格标准。

3）水压试验：按照空气储罐装配图的技术要求，A 类焊接接头焊接完成后，最后和产品一起进行水压试验，试验压力为 0.44 MPa。

（10）监检单位

一般填写地方特检院。

（11）第三方或用户

空气储罐为国内产品，监检单位均为国内，在第三方或用户栏均划"/"。如果产品是出口的，则用户会委托第三方，如国际权威的SGS公司等监检公司。

以上内容检查完成后，A1、B2焊接接头基本符合要求。

3. 编制结果

焊接接头的焊接工艺卡见表8-15。编制完成的空气储罐焊接接头编号表见表8-16。编制好的空气储罐A、B、C、D、E类焊接接头焊接接头的焊接工艺卡（焊接工艺规程），见表8-17至表8-22。

表8-15 焊接接头的焊接工艺卡（焊接作业指导书）

接头简图：				焊接工艺程序			焊接工艺卡编号		
							图号		
							接头名称		
							接头编号		
							焊接工艺评定报告编号		
							焊工特证项目		
							序号	本厂	监检单位	第三方或用户
				母材		厚度 mm	检验		
				焊缝金属		厚度 mm			
焊接位置		层道	焊接方法	填充材料		焊接电流		电弧电压（V）	焊接速度（cm/min）	线能量（kJ/cm）
施焊技术				牌号	直径（mm）	极性	电流（A）			
预热温度（℃）										
道间温度（℃）										
焊后热处理										
后热										
钨极直径										
喷嘴直径										
脉冲频率										
脉度比（%）										
气体流量	气体流量	正面								
		背面								
编制		日期		审核		日期		批准		日期

表 8-16 空气储罐焊接接头编号表

接头编号	焊接工艺卡编号	焊接工艺评定编号	焊工特征项目	无损检测要求
/				/
				/
/				
E4	HK02-7	PQR02	SMAW-FeⅡ-5FG-12/42-Fef3J	/
E1,2,3	HK02-6	PQR02	SMAW-FeⅡ-5FG-12/42-Fef3J	/
D1-5	HK02-5	PQR02	SMAW-FeⅡ-5FG-12/42-Fef3J	/
C1-5	HK02-4	PQR02	SMAW-FeⅡ-5FG-12/42-Fef3J	/
B1	HK02-3	PQR02	SMAW-FeⅡ-2G-12-Fef3J	20%RT 且不少于 250 mm，Ⅲ合格
A1,B2	HK02-2	PQR02	SMAW-FeⅡ-2G-12-Fef3J	20%RT 且不少于 250 mm，Ⅲ合格
接头编号	焊接工艺卡编号	焊接工艺评定编号	焊工特征项目	无损检测要求

表 8-17　A1 和 B2 焊接接头焊接作业指导书（焊接工艺卡）

接头简图：	焊接工艺程序		焊接工艺卡编号	HK02-2
	1. 清理坡口内及其边缘 20 mm 范围内的油、水等污物		图号	C02-00
	2. 按照接头简图装配组对，采用 SMAW 点固		接头名称	筒体纵缝和筒体与下封头环缝
	3. 焊接层数和参数严格按本工艺卡要求进行		接头编号	A1，B2
	4. 焊接过程中略微摆动焊接，每层焊接完成必须采用砂轮机清理打磨方可进行下道焊接		焊接工艺评定报告编号	PQR02
	5. 焊工自检合格后，按规定打上钢印代号		焊工特证项目	SMAW-FeⅡ-2G-12-Fef3J
	6. 20%RT 且不少于 250 mm，NB/T 47013.2—2015 Ⅲ合格			

					序号	本厂	监检单位	第三方或用户
母材	Q235B	厚度（mm）	6	检验	1	外观	特检院	/
	Q235B		6		2	RT	特检院	/
焊缝金属	SMAW /	厚度（mm）	6 /		3	水压	特检院	/

焊接位置	1G	层道	焊接方法	填充材料		焊接电流		电弧电压（V）	焊接速度（cm/min）	线能量（kJ/cm）
				牌号	直径（mm）	极性	电流（A）			
预热温度（℃）	室温									
道间温度（℃）	≤235	1	SMAW	J427	φ3.2	直流反接	90~110	22~26	11~14	15.6
焊后热处理	/	2	SMAW	J427	φ3.2	直流反接	100~120	22~26	11~14	17.02
后热	/	3	SMAW	J427	φ3.2	直流反接	100~120	22~26	12~15	15.6
钨极直径	/	/								
喷嘴直径	/									
气体流量	/ /	气体流量	正面 背面							

编制	×××	日期	×××	审核	焊接责任工程师	日期	×××	批准	/	日期	/

表 8-18　B1 焊接接头焊接作业指导书（焊接工艺卡）

接头简图：	焊接工艺程序				焊接工艺卡编号			HK02-3	
	1. 清理坡口内及其边缘 20 mm 范围内的油、水等污物				图号			C02-00	
	2. 按照接头简图装配组对，采用 SMAW 点固				接头名称			筒体环缝	
	3. 焊接层数和参数严格按本工艺卡要求进行				接头编号			B1	
	4. 焊接过程中略微摆动焊接，每层焊接完成必须采用砂轮机清理打磨方可进行下道焊接				焊接工艺评定报告编号			PQR02	
	5. 焊工自检合格后，按规定打上钢印代号				焊工特证项目			SMAW-FeⅡ-2G-12-Fef3J	
	6. 20%RT 且不少于 250 mm，NB/T 47013.2—2015 Ⅲ合格								
	母材	Q235B	厚度（mm）	6	检验	序号	本厂	监检单位	第三方或用户
		Q235B		6		1	外观	特检院	/
	焊缝金属	SMAW	厚度（mm）	6		2	RT	特检院	
		/		/		3	水压	特检院	

焊接位置	1G	层道	焊接方法	填充材料		焊接电流		电弧电压（V）	焊接速度（cm/min）	线能量（kJ/cm）
				牌号	直径（mm）	极性	电流（A）			
预热温度（℃）	室温									
道间温度（℃）	≤235	1	SMAW	J427	φ3.2	直流反接	90~110	22~26	11~14	15.6
焊后热处理	/	2	SMAW	J427	φ3.2	直流反接	100~120	22~26	11~14	17.02
后热	/	3	SMAW	J427	φ3.2	直流反接	100~120	22~26	12~15	15.6
钨极直径	/	/								
喷嘴直径	/									
气体流量	/	气体流量	正面							
	/		背面							
编制	×××	日期	×××	审核	焊接责任工程师	日期	×××	批准	/	日期	/

表 8-19　C1~C5 焊接接头焊接作业指导书（焊接工艺卡）

接头简图：		焊接工艺程序			焊接工艺卡编号		HK02-4	
		1. 清理坡口内及其边缘 20 mm 范围内的油、水等污物			图号		C02-00	
		2. 按照接头简图装配组对，采用 SMAW 点固			接头名称		法兰与接管	
		3. 焊接层数和参数严格按本工艺卡要求进行			接头编号		C1-5	
		4. 焊接过程中略微摆动焊接，每层焊接完成必须采用砂轮机清理打磨方可进行下道焊接			焊接工艺评定报告编号		PQR02	
		5. 焊工自检合格后，按规定打上钢印代号			焊工特证项目		SMAW-FeⅡ-5FG-12/42-Fef3J	
		母材	Q235B	厚度（mm）	6	检验	序号	本厂	监检单位	第三方或用户
			20		3.5、4		1	外观	特检院	/
		焊缝金属	SMAW	焊脚尺寸（mm）	3.5、4		2	水压	特检院	/
			/		/					

焊接位置	1G	层道	焊接方法	填充材料		焊接电流		电弧电压（V）	焊接速度（cm/min）	线能量（kJ/cm）
				牌号	直径（mm）	极性	电流（A）			
预热温度（℃）	室温									
道间温度（℃）	≤235	1	SMAW	J427	φ3.2	直流反接	90~110	22~26	11~14	15.6
焊后热处理	/	2	SMAW	J427	φ3.2	直流反接	100~120	22~26	11~14	17.02
后热										/
钨极直径										/
喷嘴直径										/
气体流量	/	气体流量	正面							
	/		背面							
编制	×××	日期	×××	审核	焊接责任工程师	日期	×××	批准	/	日期	/

表 8-20　D1~D5 焊接接头焊接作业指导书（焊接工艺卡）

接头简图：		焊接工艺程序		焊接工艺卡编号		HK02-5	
		1. 清理坡口内及其边缘 20 mm 范围内的油、水等污物		图号		C02-00	
		2. 按照接头简图装配组对，采用 SMAW 点固		接头名称		筒体与接管	
		3. 焊接层数和参数严格按本工艺卡要求进行		接头编号		D1-5	
		4. 焊接过程中略微摆动焊接，每层焊接完成必须采用砂轮机清理打磨方可进行下道焊接		焊接工艺评定报告编号		PQR02	
		5. 焊工自检合格后，按规定打上钢印代号		焊工特证项目		SMAW-FeⅡ-5FG-12/42-Fef3J	
		母材	Q235B	厚度(mm)	6	检验	序号	本厂	监检单位	第三方或用户
			20		4.5、4、3.5		1	外观	特检院	/
		焊缝金属	SMAW	厚度(mm)	6		2	水压	特检院	/
			/		/					

焊接位置	1G	层道	焊接方法	填充材料		焊接电流		电弧电压（V）	焊接速度（cm/min）	线能量（kJ/cm）
				牌号	直径（mm）	极性	电流（A）			
预热温度(℃)	室温									
道间温度(℃)	≤235	1	SMAW	J427	φ3.2	直流反接	90~110	22~26	11~14	15.6
焊后热处理	/	2	SMAW	J427	φ3.2	直流反接	100~120	22~26	11~14	17.02
后热										/
钨极直径										/
喷嘴直径										/
气体流量	/	气体流量	正面							
	/		背面							
编制	×××	日期	×××	审核	焊接责任工程师	日期	×××	批准	/	日期	/

表 8-21　E1~E3 焊接接头焊接作业指导书（焊接工艺卡）

接头简图：		焊接工艺程序			焊接工艺卡编号		HK02-6
		1. 清理坡口内及其边缘 20 mm 范围内的油、水等污物			图号		C02-00
		2. 按照接头简图装配组对，采用 SMAW 点固			接头名称		把手与法兰盖，铭牌与筒体
		3. 焊接层数和参数严格按本工艺卡要求进行			接头编号		E1,2,3
		4. 焊接过程中略微摆动焊接，每层焊接完成必须采用砂轮机清理打磨方可进行下道焊接			焊接工艺评定报告编号		PQR02
		5. 焊工自检合格后，按规定打上钢印代号			焊工特证项目		SMAW-FeⅡ-5FG-12/42-Fef3J
		母材	Q235B	厚度（mm）	6	检验	序号	本厂	监检单位	第三方或用户
			Q235B		6		1	外观	特检院	/
		焊缝金属	SMAW	焊脚尺寸（mm）	薄板厚度		2	水压	特检院	/
				/	/					

焊接位置	1G	层道	焊接方法	填充材料		焊接电流		电弧电压（V）	焊接速度（cm/min）	线能量（kJ/cm）
				牌号	直径（mm）	极性	电流（A）			
预热温度（℃）	室温									
道间温度（℃）	≤235	1	SMAW	J427	φ3.2	直流反接	90~110	22~26	11~14	15.6
焊后热处理	/									
后热										/
钨极直径										/
喷嘴直径										/
气体流量	/	气体流量	正面							
	/		背面							
编制	×××	日期	×××	审核	焊接责任工程师	日期	×××	批准	/	日期	/

表 8-22 E4 焊接接头焊接作业指导书（焊接工艺卡）

接头简图：		焊接工艺程序				焊接工艺卡编号		HK02-7	
		1. 清理坡口内及其边缘 20 mm 范围内的油、水等污物				图号		C02-00	
		2. 按照接头简图装配组对,采用 SMAW 点固				接头名称		筒体与支腿垫板	
		3. 焊接层数和参数严格按本工艺卡要求进行				接头编号		E4	
		4. 焊接过程中略微摆动焊接,每层焊接完成必须采用砂轮机清理打磨方可进行下道焊接				焊接工艺评定报告编号		PQR02	
		5. 焊工自检合格后,按规定打上钢印代号				焊工特证项目		SMAW-FeⅡ-5FG-12/42-Fef3J	
						序号	本厂	监检单位	第三方或用户
		母材	Q235B	厚度（mm）	6	检验	1 外观	特检院	/
			Q235B		6		2 水压	特检院	/
		焊缝金属	SMAW	焊脚尺寸（mm）	6				
			/		/				

焊接位置	1G	层道	焊接方法	填充材料		焊接电流		电弧电压（V）	焊接速度（cm/min）	线能量（kJ/cm）
				牌号	直径（mm）	极性	电流（A）			
预热温度（℃）	室温									
道间温度（℃）	≤235	1	SMAW	J427	φ3.2	直流反接	90~110	22~26	11~14	15.6
焊后热处理	/	2	SMAW	J427	φ3.2	直流反接	100~120	22~26	11~14	15.6
后热	/									
钨极直径	/									
喷嘴直径	/									
气体流量	/	气体流量	正面							
	/		背面							
编制	×××	日期	×××	审核	焊接责任工程师	日期	×××	批准	/	日期	/

工作任务　编制分离器焊接工艺规程

1. 分析分离器的焊接结构和技术要求；
2. 查阅《大容规》和 GB 150—2011 系列、NB/T 47015—2011 等标准中对焊接作业指导书编制的相关要求；
3. 选择遵循的焊接工艺评定、焊接材料和焊接工艺参数；
4. 按照分离器生产标准要求编制分离器 A、B、C、D、E 类焊接接头的焊接作业指导书。

焊接作业指导书（样表）

复习思考

一、单选题

1. 当变更任何一个(　　)时,不需要重新进行焊接工艺评定。
   A. 重要因素　　　　B. 补加因素　　　　C. 次要因素　　　　D. 特殊因素
2. 当变更任何一个(　　)时,需要重新进行焊接工艺评定。
   A. 重要因素　　　　B. 补加因素　　　　C. 次要因素　　　　D. 特殊因素
3. 当变更任何一个(　　)时,有冲击要求的评定需要重新进行焊接工艺评定。
   A. 重要因素　　　　B. 补加因素　　　　C. 次要因素　　　　D. 特殊因素
4. 当变更(　　)时,不需要重新进行焊接工艺评定。
   A. 焊接方法　　　　B. 焊后热处理类别　　C. 坡口根部间隙　　D. 金属材料的类别号
5. 根据 NB/T 47014—2011 的规定,当规定进行冲击试验时,焊接工艺评定合格后,若 $T \geqslant (\quad)$ mm 时,适用于焊件母材厚度的有效范围最小值为试件厚度 T 与(　　)mm 两者中的较小值。
   A.6;14　　　　　　B.6;16　　　　　　C.8;14　　　　　　D.8;16
6. 设备焊接作业证书的有效期一般是(　　)年。
   A.3　　　　　　　B.4　　　　　　　C.5　　　　　　　D.6
7. 下列哪个选项不属于手工焊焊工操作技能考试的项目(　　)。
   A. 焊接方法　　　　B. 金属材料类别　　C. 焊接工艺编制　　D. 填充金属类别
8. 手工焊焊工考试用的金属材料为(　　),其能够焊接的材料为(　　)。
   A.FeⅠ;FeⅡ　　　B.FeⅡ;FeⅡ+FeⅢ　C.FeⅢ;FeⅠ+FeⅡ　D.FeⅣ;FeⅠ+FeⅡ

9. 手工焊焊工采用教材对接焊缝试件,其考试用试件母材厚度为 8 mm,焊接考试合格后,其能焊接的焊缝金属厚度的最大值为(　　)mm。
　　A.6　　　　　　　　B.8　　　　　　　　C.14　　　　　　　　D.16

10. 手工焊焊工采用管材对接焊缝试件,其试件管外径为 28 mm,焊接考试合格后,其能焊接的管外径的最小值为(　　)mm。
　　A.25　　　　　　　B.26　　　　　　　　C.27　　　　　　　　D.28

11. 如焊工的持证项目代号为 SMAW-FeⅡ-5FG-12/14-Fef3J,其能焊接的管径为(　　),最小壁厚为(　　)mm。
　　A. 不限;25　　　　B.24;28　　　　　　C.24;14　　　　　　D. 不限;14

12. 厚度为 14 mm 的 Q345R 钢板对接焊缝平焊试件带衬垫,使用 J507 焊条手工焊接,试件全焊透,项目代号为(　　)。
　　A. SMAW-FeⅡ-1G-14-Fef3J　　　　　　B. SMAW-FeⅡ-1G(K)-14-Fef3J
　　C. SAW-FeⅡ-1G(K)-14-Fef3J　　　　　D. GTAW-FeⅡ-1G(K)-14-Fef3J

13. 壁厚为 10 mm、外径为 86 mm 的 Q345 钢制管材垂直固定试件,使用 A312 焊条沿圆周方向手工堆焊,项目代号为(　　)。
　　A. SMAW(N10)-FeⅡ-2G-86-Fef2　　　　B. SMAW(N10)-FeⅡ-1G-86-Fef4
　　C. SMAW(N10)-FeⅡ-2G-86-Fef4　　　　D. SMAW-FeⅡ-2G--86-Fef4

14. 壁厚为 4.5 mm、外径为 89 mm 的 06Cr19Ni10 管材 45° 固定试件,使用 H08Cr19Ni10 焊丝钨极氩弧焊接,背面用 Ar 气保护,试件全焊透,项目代号为(　　)。
　　A. GTAW-FeⅣ-6G-4.5/89-FefS-02/10/12　　　B. GTAW-FeⅣ-6G-4.5/89-FefS-02/11/12
　　C. GTAW-FeⅡ-6G-4.5/89-FefS-02/10/12　　　D. GTAW-FeⅣ-1F-4.5/89-FefS-02/10/12

15. 根据 NB/T 47015—2011 规定,使用气体保护焊时,在坡口内及两侧约(　　)mm 范围内应将水、锈、油污、积渣和其他有害杂质清理干净。
　　A.10　　　　　　　B.20　　　　　　　　C.30　　　　　　　　D.40

二、多选题

1. 施焊压力容器产品前(　　)以及上述焊缝的返修焊缝都应当进行焊接工艺评定或者有经过评定合格的焊接工艺规程支持。
　　A. 受压元件焊缝　　　　　　　　　　B. 与受压元件相焊的焊缝
　　C. 熔入永久焊缝内的定位焊缝　　　　D. 受压元件母材表面堆焊与补焊

2. 焊工项目代号 SMAW-FeⅡ-2G-12-Fef3J 与焊工项目编号 SMAW-FeⅡ-5FG-12/42-Fef3J 的区别表现在(　　)。
　　A. 接头形式　　　B. 焊接位置　　　C. 管径　　　D. 填充金属类别

三、判断题

1. 专用焊接工艺评定因素可分为重要因素、补加因素、次要因素。(　　)

2. FeⅠ类钢材埋弧焊多层焊时,改变焊剂类型(中性熔剂、活性熔剂),需要重新进行焊接工艺评定。(　　)

3. 根据 NB/T 47014—2011 的规定,对接焊缝的工艺评定合格的焊接工艺用于焊件的角焊缝时,焊件厚度的有效范围不限。(　　)

4. 合格的焊接工艺评定是制定焊接工艺规程的基础。（   ）
5. 焊工的持证项目代号为 SMAW-Fe Ⅱ-2G-12-Fef3J，其能焊接的板厚度不限。（   ）
6. 焊接生产空气储罐时，按照图样，筒体先与上封头焊接，焊接完成后再与下封头进行焊接。（   ）
7. 焊接热输入仅与焊接电流和电弧电压有关，而与焊接速度无关。（   ）
8. 焊接热输入的大小由焊接参数决定。（   ）
9. 焊缝金属的力学性能和焊接热输入量无关。（   ）
10. 某个储罐筒体采用双面焊时，开的坡口朝向筒体外侧。（   ）
11. 有材料冲击韧性要求时，产品焊接作业指导书的焊接热输入可以比合格的评定高。（   ）
12. 焊接作业指导书是制造焊件有关的加工和操作细则性文件。（   ）

附录：焊接工艺评定示例

文件编号：202×-1

焊接工艺评定

评定执行标准：NB/T 47014—2011

编制： ×××

审核： ×××

审批： ×××

202× 年 8 月 26 日

××工程设备有限公司

目 录

1 焊接工艺评定任务书 …………………………………………………………… 220
2 预焊接工艺规程（pWPS） ……………………………………………………… 221
3 焊接工艺评定施焊记录 ………………………………………………………… 222
4 焊缝射线检测报告 ……………………………………………………………… 224
5 试样检查记录 …………………………………………………………………… 225
6 机械性能检验报告 ……………………………………………………………… 226
7 焊接工艺评定报告（PQR） ……………………………………………………… 227
8 焊工技能证书 …………………………………………………………………… 230
9 母材材质单 ……………………………………………………………………… 230
10 焊材材质单 ……………………………………………………………………… 231

焊接工艺评定任务书

单位名称	××工程设备有限公司			工作令号	PQR02
				预焊接工艺规程编号	pWPS02
评定标准	NB/T 47014—2011			评定类型	对接
母材牌号	母材规格		焊接方法	焊接材料	熔敷厚度
Q235B	4 mm		SMAW	E4303（J422）	4 mm
焊接位置	平焊（1G）				
试件检验:试验项目、试样数量、试验方法和评定指标					
外观检验	不得有裂纹				
无损检测	100%RT，按 NB/T 47013.2—2015，不得有裂纹				
试验项目		试样数量	试验方法	合格指标	备注
力学性能	拉伸试验 常温	2	GB/T 228.1—2021	$R_m \geqslant 370$ MPa	焊接接头
	拉伸试验 高温	/	/	/	/
	弯曲试验 ☑横向 □纵向 面弯	2	GB/T 2653—2008 弯心直径 D=16 mm 支座间距离 L=27 mm 弯曲角度 α=180°	拉伸面上沿任何方向不得有单条长度大于 3 mm 的裂纹或缺陷	/
	弯曲试验 背弯	2			/
	弯曲试验 侧弯	/			/
	冲击试验 焊缝区	/	/	/	/
	冲击试验 热影响区	/			/
宏观金相检验		/	/	/	/
化学成分分析		/	/	/	/
硬度试验		/	/	/	/
腐蚀试验		/	/	/	/
铁素体测定		/	/	/	/
其他	/				
编制	×××	日期	×××	审核 （焊接责任工程师）	日期 ×××

预焊接工艺规程 pWPS02

单位名称　　　　　　　××工程设备有限公司　　　　　　　　　　
预焊接工艺规程编号　pWPS02　日期　　　　　所依据焊接工艺评定报告编号　PQR02　
焊接方法　　SMAW　　机械化程度(手工、机动、自动)　　　手工　　

焊接接头：	简图：(接头形式、坡口形式与尺寸、焊层、焊道布置及顺序)
坡口形式　　Y形坡口　　 衬垫(材料及规格)母材和焊缝 金属　　　　　　　　　 其它　　　　/	

母材：
类别号　Fe-1　　组别号　Fe-1-1　　与类别号　Fe-1　别号　Fe-1-1　相焊或
标准号　　/　　钢　号　Q235B　与标准号　　/　　钢号　Q235B　相焊
对接焊缝焊件母材厚度范围　　　　2~8 mm　　　　　　　
角焊缝焊件母材厚度范围　　　　　不限　　　　　　　
管子直径、壁厚范围：对接焊缝　　2~8 mm　　角焊缝　　　不限　　
其他：　　　　　　/　　　　　　　

填充金属：

焊材类别	FeT-1-1	/
焊材标准	NB/T 47018.2—2017	/
填充金属尺寸	φ3.2 mm	/
焊材型号	E4303	/
焊材牌号(金属材料代号)	J422	/
填充金属类别	焊条	/

其它　　　　　　　　/　　　　　　　
对接焊缝焊件焊缝金属厚度范围　　≤8 mm　　角焊缝焊件焊缝金属厚度范围　　不限　　
耐蚀堆焊金属化学成分(质量分数,%)

C	Si	Mn	P	S	Cr	Ni	Mo	V	Ti	Nb
/	/	/	/	/	/	/	/	/	/	/

其他　　　　　　　　/　　　　　　　
注：对每一种母材与焊接材料的组合均需分别填表

焊接位置： 对接焊缝位置　　　　1G　　　　 立焊的焊接方向(向上、向下)　　/　　 角焊缝位置　　　　/　　　　 立焊的焊接方向(向上、向下)　　/	焊后热处理： 温度范围(℃)　　/　　 保温时间范围(h)　　/
预热： 最小预热温度(℃)　　　室温　　 最大道间温度(℃)　　≤300　　 保持预热时间　　　/　　　 加热方式　　　　/	气体： 气体种类混合比　流量(L/min)保护气　　/　　 　　　　/　　　　　　 尾部保护气　　/　　/　　/　　 背面保护气　　/　　/　　/

续表

单位名称	××工程设备有限公司

预焊接工艺规程编号 pWPS02　　日期 _____　　所依据焊接工艺评定报告编号 PQR02
焊接方法 SMAW　　机械化程度(手工、机动、自动) 手工

电特性：
电流种类　　直流(DC)　　　　　　　极性　　反接(EP)
焊接电流范围(A)　90~120　　　　　电弧电压(V)　23~26
焊接速度(范围)　10~13 cm/min
钨极类型及直径　　/　　　　　　　　喷嘴直径(mm)　/
焊接电弧种类(喷射弧、短路弧等)　/　　焊丝送进速度(cm/min)　/
(按所焊位置和厚度,分别列出电流和电压范围,记入下表)

焊道/焊层	焊接方法	填充材料		焊接电流		电弧电压(V)	焊接速度(cm/min)	线能量(kJ/cm)
		牌号	直径(mm)	极性	电流(A)			
1	SMAW	J422	φ3.2	DCEP	90~110	23~25	10~13	16.5
2	SMAW	J422	φ3.2	DCEP	110~120	23~25	10~13	16.5
/	/	/	/	/	/	/	/	/
/	/	/	/	/	/	/	/	/
/	/	/	/	/	/	/	/	/
/	/	/	/	/	/	/	/	/

技术措施：
摆动焊或不摆动焊　不摆动焊　　　　　摆动参数　　/
焊前清理和层间清理　刷或磨　　　　　背面清根方法　碳弧气刨+修磨
单道焊或多道焊(每面)　单道焊　　　　单丝焊或多丝焊　/
导电嘴至工件距离(mm)　/　　　　　　锤击　　/
其他：　环境温度>0 ℃　相对湿度<90%

编制	×××	日期	×××	审核	×××	日期	×××	批准	×××	日期	×××

焊接工艺评定施焊记录

工艺评定号	PQR02	母材材质		Q235B	规格	T=4 min
焊接记录	层次	1		2	/	
	焊接方法	SMAW		SMAW		
	焊接位置	1G		1G		
	焊材牌号或型号	J422		J422		
	焊材规格	φ3.2		φ3.2		
	电源极性	DCEP		DCEP		
	电流(A)	100		120		
	电压(V)	25		25		
	焊速(cm/min)	11.8		10.5		
	钙棒直径	/		/		
	气体流量(L/min)	/		/		
	层间温度	/		235		
	线能量(kJ/cm)	12.7		17.1		

焊前坡口检查				
坡口角度	钝边(mm)	间隙(mm)	宽度(mm)	错边(nun)
70°	0.5	0.5	6	0
温度:	30 ℃	湿度:	60%	

焊后检查			
正面	焊缝宽度(mm)	焊脚高度(mm)	焊缝余高(mm)
	6.5	/	1.5
反面	焊缝宽度(mm)	焊缝余高(mm)	结论
	5.5	1.8	合格
裂纹	无	气孔	无
咬边	深度(mm)	正面:无	无反面:无
	长度(mm)	正面:无	无反面:无
焊工姓名、日期:		×××、2016.8.31	
检验员姓名、日期:		×××、2016.8.31	

焊接工艺评定射线检测报告

工件	材料牌号	Q235B		
检测条件及工艺参数	源种类	□ × □ Ir192 □ Co60	设备型号	2515
	焦点尺寸	3 mm	胶片牌号	爱克发
	增感方式	□ Pb □ Fe 前屏 后屏	胶片规格	80 mm × 360 mm
	像质计型号	FE10-16	冲洗条件	□自动 ☑手工
	显影配方	/	显影条件	时间 6 min,温度 20 ℃
	照相质量	☑ AB □ B	照片黑度	1.5~3.5
	焊缝编号	2016-01	2016-01	
	板厚(mm)	8	8	
检测条件及工艺参数	透照方式	直缝	直缝	
	L_1(焦距)(mm)	700	700	
	能量(kV)	150	150	
	管电流(源活度)(mA(Bq))	10	10	
	曝光时间(min)	2	2	
	要求像质指数	13	13	
	焊缝长度(mm)	400	400	
	一次透照长度(mm)	200	200	
	合格级别	Ⅱ	Ⅱ	
要求检测比例(%)		100	100	
实际检测比例(%)		100	100	
检测标准		NB/T 47013—2015	检测工艺编号	

含格片数	A类焊缝(张)	B类焊缝(张)	相交焊缝(张)	共计(张)	最终评定结果	Ⅰ级(张)	Ⅱ级(张)	Ⅲ级(张)	Ⅳ级(张)
	2	/	/	2			1	1	/

缺陷及返修情况说明	检测结果
1. 本台产品返修部位共计____处,最高返修次数____次 2. 超标缺陷部位返修后经复验合格 3. 返修部位原缺陷情况见焊缝射线检测底片评定表	1. 本台产品焊缝质量符合____级的要求,结果合格 2. 检测位置及底片情况详见焊缝射线底片评定表及射线检测位置示意图(另附)

报告人(资格) 年 月 日	审核人(资格) 年 月 日	无损检测专用章 年 月 日

焊接工艺评定拉伸、弯曲试样检测表

(单位:mm)

		试样检查结果				
拉伸试样		L-1	W=20.0	S=3.8	L_0=6.5	h_k=50
			R_1=25	h_1=50	A=6	B=32
		L-2	W=20.0	S=3.8	L_0=6.5	B=32
			R_1=25	h_1=50	A=6	h_k=50
弯曲试样		W-1	L_1=140	B_1=38	R_1=3	S_1=3.8
		W-2	L_1=140	B_1=38	R_1=3	S_1=3.8
		W-3	L_1=140	B_1=38	R_1=3	S_1=3.8
		W-4	L_1=140	B_1=38	R_1=3	S_1=3.8

焊接工艺评定拉伸、弯曲试验报告

炉号:		样品名称:焊接工艺评定		制令:		报告编号:PQR02
批号:		材质:Q235B,T=4mm		状态:		室温:23℃
拉伸(GB/T 228.1—2010)	试样号	宽度(mm)	厚度(mm)	横截面积(mm^2)	屈服载荷(kN)	屈服强度(MPa)
	L-1	20.0	3.8	76	/	/
	L-2	20.0	3.8	76	/	/
	试样号	极限载荷(kN)		拉伸强度(MPa)	延伸率(%)(G=60 mm)	断裂类型及位置
	L-1	34		447	/	韧性、热影响区
	L-2	34		447	/	韧性、热影响区
弯曲(GB/T 2653—2008)	试样号	母材	面弯	背弯	侧弯	弯曲直径(mm)
	W-1	Q235B	合格			16
	W-2	Q235B	合格			弯曲角度
	W-3	Q235B		合格		180°
	W-4	Q235B		合格		
冲击(夏比V形)	试样号	缺口位置	试样尺寸(mm)	试验温度(℃)	冲击吸收能量(J)	侧向膨胀量(mm)
	/					
	/					
评定标准		NB/T 47014—2011		评定结果		合格
试验员		×××		审核		×××
日期		×××		日期		×××

焊接工艺评定报告

单位名称：	××工程设备有限公司
焊接工艺评定报告编号	PQR02
预焊接工艺规程编号	pWPS02
焊接方法	SMAW
机械化程度（手工、半自动、自动）	手工

接头简图：（坡口形式、尺寸、衬垫、每种焊接方法或者焊接工艺的焊缝金属厚度）

[坡口简图：70°坡口，板厚4mm，钝边0.5，间隙0.5]

母材：		焊后热处理：	
材料标准	GB/T 3524	保温温度（℃）	/
材料代号	Q235B	保温时间（h）	/
类、组别号：Fe-1-1 与类、组别号：Fe-1-1 相焊		保护气体：	
厚度	4 mm		气体　混合比　气体流量（L/min）
直径	/	保护气	/　　/　　/
其他	/	尾部保护气	/　　/　　/
		背面保护气	/　　/　　/
填充金属：		电特性：	
焊材类别	FeT-1-1	电流种类	直流（DC）
焊材标准	GB/T 5117—2012、NB/T 47018—2022系列	极性	反接（EP）
焊材型号	E4303	钨极尺寸	/
焊材牌号	J422	焊接电流（A）	① 100　② 120
焊材规格	Φ3.2	电弧电压（V）	25
焊缝金属厚度	4 mm	焊接电弧种类	/
其他	入库编号 T16-03	其他	最大线能量≤17.1 kJ/cm
焊接位置：		技术措施：	
对接焊缝位置	1G 方向：（向上、向下）	焊接速度（cm/min）	① 11.8　② 10.5
角焊缝位置	/ 方向：（向上、向下）	摆动或不摆动	不摆动
预热：		摆动参数	/
预热温度（℃）	室温	多道焊或单道焊（每面）	单道焊
道间温度（℃）	235	多丝焊或单丝焊	/
其他	/	其他	/

拉伸试验 GB/228.1—2010　　　　　　　　　　　　　　　　　试验报告编号：PQR02

试样编号	试样宽度（mm）	试样厚度（mm）	横截面积（mm²）	断裂载荷（KN）	抗拉强度（MPa）	断裂部位和特征
L-1	20.0	3.8	76	34	447	热影响区、韧性
L-1	20.0	3.8	76	34	447	热影响区、韧性

续表

单位名称：	××工程设备有限公司				
焊接工艺评定报告编号 PQR02			预焊接工艺规程编号 pWPS02		
焊接方法 SMAW			机械化程度（手工、半自动、自动） 手工		

弯曲试验 GB/T 2653—2008　　　　　　　　　　　　　　　　　　　　试验报告编号： PQR02

试样编号	试样类型	试样厚度（mm）	弯心直径（mm）	弯曲角度（°）	试验结果
W-1	面弯	4	16	180	合格
W-2	背弯	4	16	180	合格
W-3	面弯	4	16	180	合格
W-4	背弯	4	16	180	合格

冲击试验　　　　　　　　　　　　　　　　　　　　　　　　　　　　试验报告编号：＿／＿

试样编号	试样尺寸	缺口类型	缺口位置	试验温度（℃）	冲击吸收功（J）	备注
/	/	/	/	/	/	/
/	/	/	/	/	/	/
/	/	/	/	/	/	/
/	/	/	/	/	/	/
/	/	/	/	/	/	/
/	/	/	/	/	/	/
/	/	/	/	/	/	/

金相检验（角焊缝）：
根部（焊透、未焊透）＿＿＿／＿＿＿,焊缝（熔合、未熔合）＿＿＿／＿＿＿
焊缝、热影响区（有裂纹、无裂纹）＿＿＿／＿＿＿

检验截面	Ⅰ	Ⅱ	Ⅲ	Ⅳ	Ⅴ
焊脚差（mm）	/	/	/	/	/

无损检验：
RT＿＿＿无裂纹（100%Ⅱ级）＿＿＿　　　UT＿＿＿／＿＿＿
MT＿＿＿／＿＿＿　　　PT＿＿＿／＿＿＿
其他＿＿＿／＿＿＿

耐蚀堆焊金属化学成分（质量百分比,%）

C	Mn	Si	P	S	Cr	Ni	Mo	V	Ti	Nb
/	/	/	/	/	/	/	/	/	/	/

化学成分测定表面至熔合线的距离（mm）＿＿＿／＿＿＿

附加说明：／

续表

单位名称：	××工程设备有限公司								
焊接工艺评定报告编号 PQR02　　　预焊接工艺规程编号 pWPS02									
焊接方法 SMAW　　　机械化程度（手工、半自动、自动） 手工									
结论： 本评定按 NB/T 47014—2011 规定焊接试件、检验试样、测定性能、确认记录正确，									
评定结果： 合格									
焊工姓名	×××		焊工代号	×××		施焊日期	×××		
编制	×××	日期	×××	审核	×××	日期	×××	批准	×××	日期	×××
第三方检验	××××××××××××××								

焊工技能证书

说　明

1. 本证件第一页持证人照片处应当加盖首次发证机关印章，否则无效。
2. 有效期届满的1个月以前，持证人应申请办理复审。逾期未复审或复审不合格，作业项目到期失效。
3. 证件编号指居民身份证号等身份证件号。

姓　　名	刘振
证件编号	620522199902224217
发证机关	济南市市场监督管理局

考试合格作业项目（取证）

项目代号	有效期	发证机关（章） 批准日期
GTAW-FeⅡ-6G-8/60-FefS-02/11/12	自 2021 年 12 月 至 2025 年 12 月	2021 年 12 月 31 日
SMAW-FeⅡ-2G-12-Fef3J	自 2021 年 12 月 至 2025 年 12 月	2021 年 12 月 31 日
SMAW-FeⅡ-3G-12-Fef3J	自 2021 年 12 月 至 2025 年 12 月	2021 年 12 月 31 日
	自　　年　月 至　　年　月	年　月　日

考试合格作业项目（取证）

项目代号	有效期	发证机关（章） 批准日期
	自　　年　月 至　　年　月	年　月　日
	自　　年　月 至　　年　月	年　月　日
	自　　年　月 至　　年　月	年　月　日
	自　　年　月 至　　年　月	年　月　日

附录:焊接工艺评定示例

鞍钢股份有限公司 产品质量证明书
Angang Steel Company Limited — MILL TEST CERTIFICATE

中国辽宁省鞍山市铁西区鞍钢厂区 邮编 114003
Angang Production Area, Tiexi District, Anshan City, Liaoning Province, China
Tel 400-688-0898 Fax 0412-6728486

订货单位 Buyer	沈阳鞍钢国际贸易有限公司	中文产品名 Product	普通碳素结构钢	订单号 Order No.	204210125-12	证明书编号 Certificate No.	4200200141
收货单位 Consignee	德邻陆港（鞍山）有限责任公司代沈阳鞍钢国际贸易有限公司	英文产品名 Product		商检批次号 Ins.Lot.No.		发货日期 Date of Delivery	2022-06-02
客户名称 Customer		生产许可证号 Licence No.		购单号 Purchase No.		到站 Destination	配送鞍山土产库
标准 Specification	Q/ASB 271-2019	计重方式 Weight Mode	检斤 Actual Weight	总重量(kg) Total Weight	59,170	车号 Wagon No.	辽CB2073

序号 No.	钢牌号 Steel Grade	熔炼号 Heat No.	批号 Batch No.	规格 (mm*mm*mm) Size	卷/捆号 Coil/Pack No.	生产日期 MFG Date	重量(kg) Weight	卷/捆号	生产日期	重量(kg)	卷/捆号	生产日期	重量(kg)
1	Q235B	20CD0601		12*1500*C	M04D905180	2022-04-21	29,590						
2	Q235B	20CD0602		12*1500*C	M04D905190	2022-04-21	29,580						
3													

化学成分 Chemical Composition (熔炼分析 Heat Analysis) %

熔炼号 Heat No.	C 10^{-3}	Si 10^{-3}	Mn 10^{-2}	P 10^{-3}	S 10^{-3}	Als 10^{-3}	Nb 10^{-3}	V 10^{-3}	Ti 10^{-3}	Cr* 10^{-3}	Ni* 10^{-3}	Cu* 10^{-3}	Mo* 10^{-3}	B 10^{-4}	N 10^{-4}	RE 10^{-4}	Ceq 10^{-2}	Pcm 10^{-4}	10^{-4}	10^{-4}
20CD0601	190	100	28	16	4	25				11	16	10	11							
20CD0602	190	100	29	24	10	27				12	12	8	6							

批号 Batch No.	屈服 Y.S. MPa	抗拉 T.S. MPa	伸长 EL %	冷弯 Bend d= α=°	冲击功(J) Impact Energy 20℃			冲击剪切面积 Impact SA %	晶粒度 Grain Size	带状组织 Banded Structure	硬度 Hardness	低倍 Microstructure	脱碳 Decarbonization	夹杂 Inclusion A B C D	落锤试验 DWTT(SA)% ℃	屈强比 Y.S./T.S.
	299	457	30.5		70	70	70									

备注 Remarks: 性能符合订货标准要求

注释 Notes: Y.S.=Yield Strength T.S.=Tensile Strength EL=Elongation *: not over 0.02% when not listed for American Standard product

本产品已按上述标准要求制造和检验，其结果符合要求，特此证明。贵方查询有关问题，请与我公司联系。
We hereby certify that material described herein has manufactured and tested with satisfactory results in accordance with the requirements of the above material specification. If you have any questions, please contact our company.

发货单位 Deliver Department	鞍钢股份有限公司热轧带钢厂 Hot Strip Mill Plant of ANSTEEL	出口目的港 Export Destination	
发货人 Deliverer	邹林辉	总件数 Total Pieces	2
检查人 Inspector	尚英明 副厂长 Deputy Director		

冲击试样尺寸 Sample Size (mm)

SHANGHAI ATLANTIC WELDING CONSUMABLES CO., LTD
上海大西洋焊接材料有限责任公司
QUALITY CERTIFICATION FOR WELDING ELECTRODE
焊条质量证明书

DGS/ZJB.10 证书编号：NO. T170144

Trade Name 牌号	Diameter 规格	Lot No. 批号	Mfg.Date 制造日期	Executed Standard 执行标准	Type 型号	Date of Issue 发证日期
CHE422	Φ3.2mm	907002	Shown on Pack 见产品包装	GB/T 5117-2012	E4303	2017-5-26

Mechanical Properties of Deposited Metal 熔敷金属机械性能			Chemical Composition of Deposited Metal 熔敷金属化学成份 (%)					
Item 项目	Specification 规范	Actual Result 实测值	Element 成份	Specification 规范	Actual Result 实测值	Element 成份	Specification 规范	Actual Result 实测值
Tensile Strength 抗拉强度 Rm(Mpa)	≥430	494	C	≤0.20	0.106	Cr	≤0.20	0.063
Yield Strength 屈服强度 Rel/Rp0.2(Mpa)	≥330	396	Mn	≤1.20	0.46	Ni	≤0.30	0.035
Elongation 伸长率 A (%)	≥20	25.5	Si	≤1.00	0.273	Mo	≤0.30	0.006
V型冲击 Impact Temp. 冲击温度(℃)	0	0	S	≤0.035	0.013	V	≤0.08	0.010
V型冲击 Impact V-notch 冲击功(J)	≥27	88 97 98	P	≤0.040	0.023			
X-Ray X射线探伤	II	I						
Fillet of T-joint T型接头角焊缝	Passed 合格	Passed 合格						
Remark 备注								

Quality System Registered to ISO 9001 本公司质量管理体系通过英国劳氏质量认证公司 ISO 9001 认证

Tel 021-58973332、68919508; Fax.021-58977609
Post.Code 201201
Add: No.188 Qingda Rd, Heqing county, pudong New District, Shanghai China
地址：中国上海浦东新区合庆镇庆达路188号

This is to certify that the welding consumable conform with the above standards.
兹证明此焊接材料符合上述标准之要求。

Signature 检验签章

参考文献

[1] 史维琴. 特种设备焊接工艺评定及规程编制[M]. 北京:化学工业出版社,2017.

[2] 徐卫东. 焊接检验与质量管理[M]. 北京:机械工业出版社,2008.

[3] 国家能源局. 承压设备焊接工艺评定:NB/T 47014—2011[S]. 北京:原子能出版社,2011.

[4] 国家能源局. 压力容器焊接规程:NB/T 47015—2011[S]. 北京:原子能出版社,2011.

[5] 中华人民共和国国家质量监督检验检疫总局. 固定式压力容器安全技术监察规程:TSG 21—2016[S]. 北京:新华出版社,2016.

[6] 中华人民共和国国家质量监督检验检疫总局,中国国家标准化管理委员会. 压力容器:GB/T 150.1~150.4—2011[S]. 北京:中国标准出版社,2011.

[7] 中华人民共和国国家质量监督检验检疫总局. 特种设备焊接作业人员工考核细则:TSG Z6002—2010[S].2010.

[8] 中华人民共和国国家市场监督管理总局,中国国家标准化管理委员会. 金属材料 拉伸试验 第1部分:室温试验方法:GB/T 228.1—2021[S]. 北京:中国标准出版社,2021.

[9] 中华人民共和国国家质量监督检验检疫总局,中国国家标准化管理委员会. 焊接接头弯曲试验方法:GB/T 2653—2008[S]. 北京:中国标准出版社,2008.

[10] 中华人民共和国国家市场监督管理总局,国家标准化管理委员会. 金属材料 夏比摆锤冲击试验方法:GB/T 229—2020[S]. 北京:中国标准出版社,2020.

[11] 国家能源局. 承压设备无损检测:NB/T 47013—2011[S]. 北京:新华出版社,2011.

[12] 李亚江,刘强,王娟. 焊接质量控制与检验[M]. 北京:化学工业出版社,2014.

[13] 中船舰客教育科技(北京)有限公司."1+X"职业技能等级认证培训教材:特殊焊接技术(初级)[M]. 北京:高等教育出版社,2020.

[14] 中船舰客教育科技(北京)有限公司."1+X"职业技能等级认证培训教材:特殊焊接技术(基础知识)[M]. 北京:高等教育出版社,2020.

[15] 罗茗华. 焊接检测技术[M]. 北京:中国劳动社会保障出版社,2016.